本书受新疆心智发展与学习科学重点实验室资助

具身认知科学

历史动因与未来愿景

李莉莉◎著

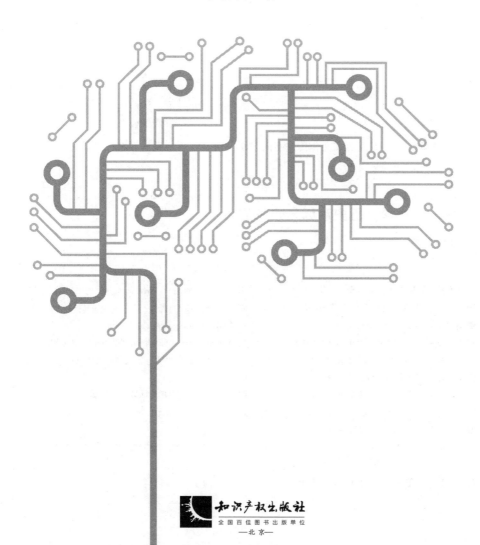

知识产权出版社
全国百佳图书出版单位
—北京—

图书在版编目（CIP）数据

具身认知科学：历史动因与未来愿景/李莉莉著 . —北京：知识产权出版社，2025.3.
ISBN 978 - 7 - 5130 - 9753 - 6

Ⅰ. B842. 1

中国国家版本馆 CIP 数据核字第 2025XT2944 号

责任编辑：王颖超　　　　　　　　　　　　　　责任校对：谷　洋
封面设计：北京麦莫瑞文化传播有限公司　　　　责任印制：刘译文

具身认知科学：历史动因与未来愿景

李莉莉　著

出版发行：知识产权出版社 有限责任公司　　　网　　址：http：//www. ipph. cn
社　　址：北京市海淀区气象路 50 号院　　　　邮　　编：100081
责编电话：010 - 82000860 转 8655　　　　　　责编邮箱：wangyingchao@ cnipr. com
发行电话：010 - 82000860 转 8101/8102　　　 发行传真：010 - 82000893/82005070/82000270
印　　刷：三河市国英印务有限公司　　　　　　经　　销：新华书店、各大网上书店及相关专业书店
开　　本：720mm×1000mm　 1/16　　　　　　印　　张：15
版　　次：2025 年 3 月第 1 版　　　　　　　　 印　　次：2025 年 3 月第 1 次印刷
字　　数：230 千字　　　　　　　　　　　　　定　　价：98. 00 元
ISBN　978 - 7 - 5130 - 9753 - 6

序

在当今这个信息爆炸、科技飞速发展的时代，人类对自身认知机制的理解显得尤为重要。具身认知科学，作为一门新兴的跨学科研究领域，近年来吸引了广泛的关注。其核心观点是：人类的认知过程不仅仅依赖于大脑，而是通过身体与环境的动态互动来实现。以现代哲学、认知科学以及人工智能领域中关切的具身性问题为主要研究对象，本书考察了这一主题出现在认知科学中的历史动因，旨在深入探讨具身认知科学的历史背景、理论发展以及未来趋势。该选题处于当前科学哲学研究的学术前沿，具有重要的理论与现实意义。

具身认知科学的历史可以追溯到 20 世纪 60 年代，当时认知心理学和计算机科学的兴起为理解人类思维提供了新的工具和方法。然而，随着研究的深入，科学家们逐渐意识到传统的认知模型无法完全解释人类的智能行为。于是，具身认知作为一种全新的理论框架应运而生，它强调身体在认知过程中的基础作用，认为身体不仅是感知世界的工具，更是构成我们思维方式的一部分。以理解和阐明认知科学中具身性主题的历史动因为研究目标，本书追溯了早期认知科学的核心纲领在 20 世纪 70 年代遭遇的困境，以此为基础，分析了具身性主题出现的学科背景，进而阐述了具身认知进路的逻辑架构及其方法论立场和主题上的起源。作者认为，早期认知科学与具身认知进路在坚持科学的研究方法上具有一致性，是具身认知科学在发展道路上为自己设置的障碍，也是其前后矛盾的根本原因。在历经近 30 年的发展之后，具身认知进路的提倡者在一些问题的主张和看法上发生了重要的变化，特别是对现象学哲学的观念。与此同时，他们也不再以一种优越的姿态来对待哲学的研究方法。这些变化从一定程度上反映了最初他们在认知科学背景中提出具身认知进路的考虑是不成熟的。一方面，他们对现象学的解释极其片面，没有充分地理解梅洛－庞蒂具身性思想的哲学背景和根基，因此在认知科学背景中引入现象学的具身性思想就显得有些盲目；另一方面，由于他们自身受限于近代以来的实证科学精神，因此他们对现象学的关注度远远不足以支撑其颠覆早期认知科学的雄心，其批判也因为停留在主题上而显得不够彻底。

通过对具身认知进路存在问题的揭示，作者力图表明在理解心身关系问题上，近现代哲学提供了丰富而极具启发性的思维方式，具身认知科学在未来的发展前景中，必须摒弃轻视哲学的固有偏见，以一种开放性的视角将对心身关系问题的关注转化为对心智起源问题的研究。随着技术的不断进步和跨学科合作的加深，具身认知科学有望为我们开启一扇通往理解人类智能的大门，未来研究可能会揭示更多关于脑与心智、语言与意识、情感与社会互动的秘密。

总之，《具身认知科学：历史动因与未来愿景》旨在为读者呈现一个多维度的具身认知世界。无论是对于学术研究者还是普通读者，这本书都将提供丰富的知识和启发性的思考。希望每位读者都能从中获益，共同见证这一充满探索与感悟的学术旅程。

2024 年 11 月 10 日于吉林大学前卫校区

目　　录

第一章 导 论

一般而言，人们认为认知科学广泛涉及哲学、心理学、脑科学、神经科学、计算机科学、语言学等诸多领域，从这一点来看，认知科学是一个跨学科的概念。而从其所关注的问题来说，有人认为，认知科学试图理解心智（mind）❶，特别是人类心智。❷ 但是对人类心智的理解恐怕可以追溯到古希腊时期，而我们并不认为古代乃至近现代的心智学说属于认知科学，认知科学可能会从近现代哲学中的认识论获得思想的资源，但哲学认识论并非认知科学本身。因此，除关注的问题之外，认知科学必须被视为在当代自然科学背景下的对心智特别是人类心智的研究。这样，认知科学与心理科学有着最为紧密的亲缘关系。实际上，认知科学在狭义的认知心理学或信息加工心理学中有其显要的开端。20 世纪 50 年代，出于对实验心理学的行为主义范式危机❸的反应，心理学重新将人的内部认知过程作为研究的对象，并受计算机科学的影响，形成了信息加工心理学。信息加工心理学与人工智能研究被看作早期认知科学的核心领域。此时，对人的信息加工模式的研究与计算机的信息加工模式研究是同步的，甚至是一致的。最初，信息加工心理学用计算机科学的信息加工观点来说明人的心智过程，提出了计算 – 表征模型。但随着人工智能赶超人类心智的狂妄预言日渐衰微，认知科学逐渐向研究人类本身

❶ 在传统哲学领域"mind"一词通常被翻译成心灵，而在认知科学中，"mind"则被翻译成心智。

❷ ［加］罗伯特·J. 斯坦顿. 认知科学中的当代争论 ［M］. 杨小爱，译. 北京：科学出版社，2015：Ⅳ.

❸ ［美］T. H. 黎黑. 心理学史：心理学思想的主要趋势 ［M］. 刘恩久，宋月丽，骆大森，等译. 上海：上海译文出版社，1990：421.

的认知过程回归，基于"计算机要模拟人类心智的神经相关物结构"这一理念，认知科学中又提出了联结主义网络模型。紧随其后，20 世纪 80 年代末期，同样出于对早期认知科学的批判，认知科学中的具身性主题开始兴起，并大有取代计算－表征模型和联结主义网络模型的气势。

一、认知科学中心智"具身性"观点的兴起

早期计算－表征（Computational－Representational）模型的基本逻辑是，所有来自外部世界的信息都可以按照一定规则转化成符号输入计算机，这一过程称为表征，人脑与计算机一样有着表征输入的过程，在表征输入过程之后，对这些表征符号进行计算或处理，即程序执行或思维过程，最后将计算结果或处理结果输出，计算机显示运算结果，人类做出行为。在经过了 20 多年的发展后，早期计算－表征模型的局限性越来越明显地表现出来，一方面表现为其运算过程本身的问题，即串行信息处理方式在执行大规模的运算任务时的局限，以及符号表征和规则的局部化容易引发故障；另一方面也有对其根本假设的质疑，即用计算机的信息处理模型来解释人类的认知过程是否可行。基于这两点疑问，早年与控制论一起出现的模拟神经网络的兴趣和观点复兴起来。这些观点集中认为：神经系统中并没有类似于中央处理器的部位，信息并非存储在精确的位置上，大脑运作是基于分布式的相互联结。这些复兴了的观点在 20 世纪 70 年代后期成长为模拟人的神经结构的联结主义网络模型。联结主义网络模型是一种并行分布式处理系统，这使其能够成功规避计算－表征模型第一方面的局限。同时由于联结主义网络模型是一个多层次的关联系统，大量的联结一起发生时会涌现出全局的属性，解释了认知能力的发生，这也填补了早期计算－表征模型将认知视为一种已有的静态能力的缺憾。就其整个方案（对人的神经网络的模拟）而言，联结主义重新打开了一个极具开放性的人工智能领域的前景。但是这个方案同样受到了质疑。因为，联结主义网络模型毕竟是一种抽象的构成物，在这一点上，这种联结主义网络模型与计算－表征模型一样都与人类真实的神经网络存在差距。同时，联结主义者将涌现视为认知，这显然会使人类心智与其他功能系统之间

的界限模糊起来。

认知科学的这种人工智能倾向引发了更为深刻的关于人类心智本质特征的思考。实际上，对人类心智本质特征的思考是与对符号表征的信息加工观点的批判一并发生的。20世纪80年代，分析哲学的一些观点提供了关于人类心智的不同看法。约翰·塞尔（John Searle）的中文屋思想实验是具有广泛影响力的一种主张。该主张认为计算机不可能拥有（更不用说超过）人类的心智。因为，一种机械地按照规则对符号进行操作的系统即便能通过图灵测试，却没有任何意义理解的能力。在约翰·塞尔的主张之后不久，很多研究开始关注人类的理解力在意义与原因的解释中的表现。另外，语言学中的意义实在论观点也受到了挑战。如希拉里·普特南（Hilary Putnam）指出，任何想要通过将抽象符号直接与世界相对应的方式，或借助世界的模型来为抽象符号提供意义的尝试，都一定必不可免地会损害我们对世界本身意义的最基本的理解。对早期认知科学的计算–表征模型的指摘以及分析哲学中对意义实在论的批判，共同促进了具身认知观点的兴起。

1987年，马克·约翰逊（Mark Johnson）在其《心智中的身体》一书中提到了一种意义和合理性理论的危机，并将这种危机称为客观主义的认知观念。❶ 客观主义的认知观念认为，现实有着一种合理的结构，独立于任何人的信念，正确的理性反映着这一合理结构，该结构被视为超越身体经验的，而意义被视为客观的，意义在于抽象符号与世界中的事物之间的关系。该书作者说，这种关于意义及合理性客观性质的观念在近几十年来受到越来越多的经验研究的质疑，语言学中的范畴化、概念的架构、隐喻性、多义性、语义的历史变异等研究向意义及合理性的客观主义观点提出了严正挑战。其中关于范畴化的研究显示，"我们的分类大多数都涉及理解的意象性结构（imaginative structure），而这些意象性结构都有赖于人的身体的性质，特别是有赖于

---

❶ JOHNSON M. The Body in the Mind：The Bodily Basis of Imagination，Reason，and Meaning［M］. Chicago：University of Chicago Press，1987：XI.

知觉能力和运动技能"❶。作者认为对这一危机的合理反应应该是关注被客观主义立场所忽视的人类身体。该书探索的就是人类理解的一些更为重要的具身的（embodied）意象结构，这种意象结构组成了意义网络，并产生了所有抽象水平上的推理及反思方式。作者的目的是要探讨身体在心智之中，以及身体是怎样位于心智之中的，即对于抽象的意义、对于理性，身体如何是可能且必要的，并认为作为理解的重要工具的想象有着一种身体性的基础。

同年，乔治·莱考夫（George Lakoff）在其著作中提到，认知科学是一个欲寻求如下问题的新领域：理性是什么？我们如何使自己的经验有意义？什么是概念系统，它是如何组织的？所有人都使用相同的概念系统吗？如果是，该系统是怎样的？如果不是，人类思维方式的共同之处是什么？针对这些问题的一些研究给出了新的回答。传统的观点认为，理性（reason）是抽象的和离身的（disembodied），有意义的概念及合理性超越有机体的躯体限制。与此不同，新的观点认为，"理性有其身体基础，有意义的概念及抽象理性在人类身上，或在机器中，或在其他有机体中可能是具身的"❷。莱考夫说，关于概念分类的集中研究越来越证实了这种新的观点，即人类理性具有如下一般特征：思维是具身的；思维是意象性的；思维具有体态属性；思维具有一种生态学结构。

1991年，生物学与神经学家瓦雷拉（Varela）、哲学家汤普森（Thompson）以及认知科学家罗施（Rosch）合作出版名为《具身心智：认知科学和人类经验》的著作。该书认为认知科学经历了三个连续发展阶段：认知主义、联结主义以及视认知为具身的生成进路（enactive approach），简称具身认知进路。联结主义因对认知主义的符号加工模型不满从而寻求替代方案，与此不同，生成进路向认知主义的核心——"认知从根本而言是表征"发难。具身认知进路对这种视心智为自然之镜的观念采取了严格的哲学批判态度。同时，

---

❶ JOHNSON M. The Body in the Mind: The Bodily Basis of Imagination, Reason, and Meaning [M]. Chicago: University of Chicago Press, 1987: XI.

❷ LAKOFF G. Women, Fire and Dangerous Things: What Categories Reveal about the Mind [M]. Chicago: University of Chicago Press, 1987: XIII.

具身认知进路也避免走向另一个极端，即将认知视为内在心智的表达。作者说，"我们的意图是通过将认知看成具身的活动（embodied action）而非复写或投射，以绕过这种内在－外在的极端格局"❶。作者认为，这是他们为当代认知科学所作的最具创新性的贡献。虽然该书的重要主题——将佛教教义融入心智科学从而在科学的心智与经验的心智之间搭建一座桥梁——并未赢得太多的关注和追随者，但是他们在书中所表达的对当前认知科学的表征概念和计算主义的怀疑与反叛、对联结主义认知进路的同情以及对认知必须与行动相联的主张逐渐成为具身认知研究的教条，该书也被视为具身认知研究的一部原典。❷ 今天，"认知是具身的"这一观点已经为越来越多的认知科学家所关注。可以说，具身认知进路的一些主张已经渗透到一切有关人类心智的科学研究领域中。正如美国特拉华大学教授弗雷德·亚当斯（Fred Adams）所言，具身认知正在横扫这个星球。❸

二、具身认知与传统认知科学关系的争议

诚然，具身认知是在对早期认知科学的符号主义和联结主义的反思批判的基础上建立起来的。在这个意义上，不管是将符号主义与联结主义视为认知科学的第一代研究纲领，将具身认知视为第二代研究纲领，还是将符号主义和联结主义视为认知科学发展的第一、第二阶段，把具身认知视为认知科学的第三阶段，在具身认知理念的提出者看来，具身认知都与以往的认知科学在理论立场和核心要点上有着根本性的区别。例如，莱考夫认为，传统认知科学将认知视为离身的，由于它假定合理性思维是由对抽象符号的操作所构成，且这些符号经由一种与世界的对应关系获得其意义，因此传统认知科学是一种客观主义的认识论，它根源于两千多年前对理性本质的哲学拷问。❹

---

❶ VARELA F, THOMPSON E, ROSCH E. The Embodied Mind：Cognitive Science and Human Experience [M]. Cambridge：MIT Press, 1991：172.

❷ [美] 劳伦斯·夏皮罗. 具身认知 [M]. 李恒威，董达，译. 北京：华夏出版社，2014：57.

❸ 参见弗雷德·亚当斯为劳伦斯·夏皮罗的《具身认知》一书所写的评语。

❹ LAKOFF G. Women, Fire and Dangerous Things：What Categories Reveal about the Mind [M]. Chicago：University of Chicago Press, 1987：X－XI.

今天，之所以在大量经验证据已经否证的情况下，这种客观主义的观点仍然有着广泛的支持者，是因为人们被教导用那样的语言来思维，这种根深蒂固的思维方式很难在短期内破除。同时莱考夫认为，我们需要一种更为理想的替代进路，能够既保留传统观点的正确之处，又可以对其加以改造，使其能够解释新发现的资料。莱考夫还进一步认为，认知科学中具身认知的观念不仅是对标准认知科学的颠覆，更是对以往一切哲学的颠覆。❶

而在瓦雷拉等人看来，认知科学自 20 世纪 50 年代至 90 年代的 40 年发展中，"对在日常生活以及活生生的情境中成为人意味着什么几乎什么也没说"，这显然与人们对可以称得上心智科学的期待严重失调。因此，我们需要一条不同的认知科学进路，"新的心智科学需要拓展其视野，把活生生的人类经验以及人类经验中所固有的转化的可能性包含进来"❷。更有具身认知的有力捍卫者埃瑟·泰伦（Esther Thelen）等人把具身认知进路视为对早期认知科学的一个挑战。❸ 由此可以看出，在具身认知的倡导者看来，新的认知观不仅是更为有效的认知解释模型，而且在基本立场上有别于以往的认知科学。

对此，反对的声音也一直存在。如劳伦斯·夏皮罗（Lawrence Shapiro）认为，具身认知与标准认知科学的关系并非像它们所宣称的那样有着根本性的差异。因为二者有着共同的主题，即对认知能力给出解释，并且从目前的具身认知研究来看，作为一条进路它还远未达到统一性，对于具身认知的基本观点即"认知是具身的，这意味着它产生自身体与世界的交互作用"，早期认知科学中没有人会否认这一点，他们会相信，"有机体身体上的感官界面把来自环境的刺激转译成脑能够进一步加工的符号代码。但这与认知源自身体与世界交互作用的观念并非不一致"❹。在夏皮罗来，瓦雷拉、汤普森和罗施

---

❶ LAKOFF G, JOHNSON M. Philosophy in the Flesh：The Embodied Mind and Its Challenge to Western Thought ［M］. New York：Basic Books, 1999：74 – 76.

❷ VARELA F, THOMPSON E, ROSCH E. The Embodied Mind：Cognitive Science and Human Experience ［M］. Cambridge：MIT Press, 1991：XV.

❸ THELEN E, SCHONER G, SCHEIER C, et al. The Dynamics of Embodiment：A Field Theory of Infant Perseverative Reaching ［J］. Behavioral and Brain Sciences, 2001, 24（1）：1 – 86.

❹ ［美］劳伦斯·夏皮罗. 具身认知 ［M］. 李恒威，董达，译. 北京：华夏出版社, 2014：62.

并没有达到其用具身认知科学取代标准认知科学的目标。因为他们对于其具身进路的最好实例——颜色概念化论题并没有预测出任何一个地道的传统认知主义者无法预测的东西。另有阿尔文·戈德曼（Alvin Goldman）也有类似的观点，他将具身认知研究称为具身性取向（embodiment - oriented）的认知科学，并认为从传统认知科学到具身性取向的认知科学之间的过渡是温和而缓慢的，而非激进的。❶

实际上，自 20 世纪 80 年代晚期具身认知研究兴起到今天 30 余年的发展过程中，具身认知的支持者一直致力于表明标准认知科学❷是不足的或具有误导性的，而标准认知科学家们也努力进行反击。关于二者的关系一直存在争议，且标准认知科学在今天仍然有大量的从业者和追随者，单就这两点至少表明，具身认知研究并没有达到其最初预想的革命性，这背后的原因不仅仅涉及具身认知与标准认知科学对认知的解释模型孰优孰劣问题，还在更广泛的意义上牵涉近代以来的认识论问题。因此，要更深刻地理解发生在认知科学中的具身性主题，可能需要我们进入广阔的人类思想史的空间中进行探索，来寻找这一主题出现在认知科学中的历史动因，也只有这样，才能使我们理解其"革命失败"的深层次原因。对这一历史动因的追寻和对具身认知进路未来发展可能的推估是本书的出发点和最终目标。

---

❶ GOLDMAN A I. A Moderate Approach to Embodied Cognitive Science [J]. Review of Philosophy and Psychology, 2012, 3 (1)：71 - 88.

❷ 由于以计算 - 表征为认知解释模型的早期认知科学至今仍然有着庞大的研究群体，因此，在提及这一解释模型的当代研究范式时采用夏皮罗的说法，将其称为"标准认知科学"。

第二章　早期认知科学的立场与困境

早期认知科学主要涉及认知心理学和初期人工智能两个领域。对人类心智进行科学研究是两个领域共同的旨趣，它们都将认知视为感觉输入与行为输出之间的功能状态，且将人机类比的隐喻视为逻辑基础，都以人为被试进行实验研究，在构建认知模型的努力方向上也是一致的。这使得两个领域可以互通有无、相互启发。不同的是，认知心理学由于其学科的人文性质，仍然主要关注人类的认知，更愿意服务于促进人类的学习过程；而起源于计算机科学的人工智能领域显然以制造拥有拟人心智的机器为目标，也在更宽泛的意义上解释认知过程。因此，这一章我们将沿着两条线索来考察早期认知科学的基本观念，一条线索是从计算机科学中发展起来的人工智能领域，另一条线索是从心理学的行为主义危机中成长起来的认知心理学。

第一节　认知科学的兴起

一、作为认知科学先锋的人工智能

人工智能是现代控制论、信息论、系统论和计算机技术结合的产物。20世纪40年代，人们将战争中进行导弹设计的核心思想加以拓展，致力于探索借助信息的传递和反馈来实现对某一功能系统的控制。计算机科学及其技术为实现这一目标提供了绝佳的技术基础，通过将人的指令转译成二进制代码输入一个符号处理系统，这个符号处理系统就会按照事先设计好的程序和规则进行运算并输出产生人们想要的控制结果。这种控制论思想极大地激发了人类创造一个与自己一样的机器人的想法。1948 年 9 月，美国加州理工学院举办"行为的大脑机制西克森研讨会"，会上计算机设计大师约翰·冯·诺依曼（John Von Neumann）报告了关于自复制自动机的论文，引起了当时还是一名研究生的约翰·麦卡锡（John McCarthy）的好奇。这种好奇在 1949 年麦卡锡做博士论文时发展成为一种实践，他开始尝试在机器上模拟人的智能。1955 年，麦卡锡联合申农（Shannon）、明斯基（Minsky）、罗切斯特（Rochester），发起了达特茅斯项目（Dartmouth Project），该项目被视为人工智能发展史中的一个重要事件。1956 年，作为该项目启动的一个仪式，在美国麻省理工学院召开了一次信息理论研讨会，数十名来自各个领域的学者共同讨论用计算机模拟人类智能的可能，并在麦卡锡的建议下将这一领域命名为"人工智能"。当时，纽维尔（Newell）和西蒙（Simon）展示了他们研制的"通用问题解决器"智能软件，引起了广泛的关注和兴趣。这次会议不仅开启了人工智能的新篇章，而且启发了一系列认知心理学的研究，成为早期认知科学全面展开的标志性事件。

自此之后，在人工智能发展的整个进程中，处理计算机模拟的难题与对人类智能理解的不断更新一直相伴相生地缠绕在一起，不仅促进了技术领域的不断进步，包括计算机语言的革新、模拟程序的优化等，而且引发了关于计算机语言与人类自然语言、人类心智的本质、意识与无意识认知等一系列哲学争论。实际上，人工智能已经从最初作为计算机科学的技术应用领域发展成为拥有系统理论和完整观念的独立科学。今天，当我们对这一由控制论演变而来的领域进行回溯时，可以清楚地看到人工智能研究者拥有的那个强烈的想法，即用一种明晰的机制和数学化的形式对心理现象背后的过程进行说明。这个想法一经产生就立刻在很多人那里产生了共鸣，并最终促成了认知科学的形成。虽然当前的认知科学（包括作为本书主题的具身认知进路）内部在很多问题上并未达成一致，但是以科学的方法、手段以及话语方式来描述和解释人类心智这一内在趋向却构成了一种向心力，它将所有以此为目标的心智研究统一在一起，规定了认知科学的学科本性，而对其发展过程的历史追溯最终会向我们呈现出，这一驱力在实现过程中所遭遇的重重障碍并不是向其最初的伟大构想（理解人类心智）前进的阶梯，而是条条让我们迷失在各处的偏野小径，那些严密而完美的关于心智的理想建模在令人惊叹的同时也让我们感到陌生，看着那些充满了信息加工语言的计算机程序图解不禁让人怀疑，种种假想建模在远离我们亲熟的现实生活的同时带给我们的是对自己的更为深刻的理解，还是更多的困惑和不安。当然，现在就下结论还为时尚早，随着本书论述的展开，这种不安将越发明显地呈现出来。

二、行为主义的危机与认知心理学

20 世纪 50 年代，时值行为主义陷入范式危机。一方面，在刚刚过去的战争中行为主义的效用不佳。在关于如何快速训练士兵使用复杂的先进装备以及解决压力下注意力涣散的问题上，行为主义无法提供实用的知识，这促发了一些有关知觉和注意的研究，这些研究的兴趣一直延续到了"战后"，并在发展信息论上产生了广泛的影响力。另一方面，同样在战争中发展起来的计算机科学提供了一种人机类比的思维方式。1950 年，计算机理论的重要先驱者艾伦·麦席森·图灵（Alan Mathison Turing）为这一思维方式奠定了一个绝佳的逻辑基础，对于"计算机能否像人类一样具有智慧"这一问题，图灵提供了一种检验方法，即一个人用电传打字机同另一个人以及一台计算机交谈。如果前者不能辨别出后二者的区别，那么可以说我们创造了一种智慧机或人工智能，这种计算机也被称为图灵机。这种人机类比的思维方式在一个重要的方面与行为主义有所不同，即它承认人类智慧的内在过程，并且这种内在过程可以通过为计算机提供符号编码和设定程序而得到直观的理解。如果心理学既要保持行为主义所设定的科学性质，又要承认内在的不可观察的过程，那么无疑借助一种计算机隐喻，并通过对计算机的信息加工过程的研究，间接地理解人类的心理过程是再美好不过的一种前景了。

1956 年，在美国麻省理工学院召开的信息理论研讨会上，来自各个领域的研究者作了最新的成果报告。其内容涉及广泛，但至少有两个方面的共同点：一是它们都在主题上突破了行为主义的禁区，甚至与行为主义的基本主张相对立，这加剧了行为主义的危机；二是大部分研究都参照了信息论、控制论和计算机科学的概念和术语，这为一种新的理论模式的形成奠定了基础。这些研究包括诺姆·乔姆斯基（Noam Chomsky）关于语言起源的转换生成语法理论，乔治·米勒（Gorge Miller）的短时记忆容量研究以及用信息加工的术语对人类的心理过程进行表述，杰罗姆·布鲁纳（Jerome S. Bruner）从认知加工的观点系统考察了概念形成的过程，纽维尔和西蒙开发的通用问题解决器，等等。❶ 这次会议盛况空前，令许多人感受到了新的研究动向。1960年，米勒和布鲁纳在威廉·詹姆斯（William James）的故居建立起哈佛大学认知研究中心，更加旗帜鲜明地给出了这一新动向的称谓。

在参加完 1956 年的会议之后，乌尔里克·奈塞尔（Ulrich Neisser）对当时的计算机技术留下了深刻的印象。随后，奈塞尔在具有"机器知觉之父"美誉的奥利弗·塞尔弗里奇（Oliver Selfridge）的影响下，进行了一系列有关人类模式识别的研究。实际上，一种具有计算机隐喻的信息加工心理学已经在 20 世纪 60 年代初期形成了研究的热潮，只是还没有被清晰有效地提出来。60 年代中期，奈塞尔对自"二战"后起近 20 年中的一系列同主题的研究进行了综述。这些研究涉及知觉、注意广度、视觉搜索、计算机模式识别、人类模式识别、记忆和问题解决等多个方面，奈塞尔同样用"认知"来概括这些研究的主题。他的综述最终以《认知心理学》为题于 1967 年出版，在《认知心理学》一书中，奈塞尔说道："认知过程确实存在，我们对世界的认识必然是从刺激输入开始得到某些发展的。通过模仿不同心理阶段的信息流，就可以对认知进行最好的研究，而且计算机隐喻提供了一种强有力的解释性模拟。"❷ 在奈塞尔看来，尽管计算机的硬件和人脑的神经结构不同，但两者的工作原理是基本一致的，可以在计算机的程序所表现出的功能与人的认知过程之间作类比，以形象地考察人的心理是如何工作的。因此，认知心理学应该以这种计算机隐喻为前提，注重对人的内部心理过程即感觉信息被转化、简约、精加工、储存、恢复和应用的全过程的研究，关注人怎样学习知识、

❶ 王申连，郭本禹. 奈塞尔：认知心理学开拓者 [M]. 广州：广东教育出版社，2012：50－55.
❷ NEISSER U. Cognitive Psychology [M]. New York：Appleton Century Crofts，1967：5.

储存知识和运用知识。该书首次呈现了一种整合的观点，即信息加工的认知观，以及模型建构和经验（更多的是实验）验证的研究范式，这为日后认知心理学家们在明确的范式下进行研究奠定了基础。

当然，"范式"（paradigm）一词最早是由科学哲学家托马斯·库恩（Thomas Kuhn）于1962年在其代表著作《科学革命的结构》一书中提出的，其基本的内涵是某一学科领域内研究者对其研究对象有着一致的理解，并在研究方法、研究手段甚至研究过程上遵循着共同的规范性的程序。因此，共同的研究对象及对这一对象的通约性理解、共同的研究方法、手段和研究程式即构成了该学科的研究范式。库恩范式论的提出对于处于亟待变革的心理学而言产生了巨大的影响，它"迎合了心理学家们对行为主义普遍不满的消极情绪而受到欢迎，并唤醒了他们的革命意识"[1]。这种革命意识的表现之一就是奈塞尔的《认知心理学》一书。奈塞尔坦言，他在书中想要表达出"对一种特殊心理学的明确承诺"[2]。更直白地讲，奈塞尔的认知心理学并非仅仅是对以往一系列研究的兼收并蓄或一般性概括，而是有意地要呈现出一种新的学科框架。可以说，奈塞尔是有意地发挥库恩的范式概念以区别于行为主义立场上的心理学。这种"革命精神"在20年后同样在具身认知发起者的身上重现。在这种精神的驱动下，他们努力与过去区分开来，并刻意地建立一种新的理论范式或研究纲领，而他们努力塑造的革命气质都在历史的长河中逐渐被冲刷殆尽。他们非但没有彻底"革去传统的命"，而且还与他们所反对的传统有着不可割断的传承关系。这种传承不仅有范式层面的，而且就连他们所反对和批判的对象所面临的危机困境也一同传承了下来。不管怎样，《认知心理学》一书所传达的很多观念与当时诸多认知研究的基本立场相一致，作为信息加工意义上的认知心理学也因此成为早期认知科学中的重要组成部分。

---

[1] 高申春. 范式论心理学史批判 [J]. 自然辩证法研究，2005，21（9）：31.
[2] NEISSER U. Cognitive Psychology [M]. New York：Appleton Century Crofts, 1967：Ⅶ.

第二节　计算与表征：心智的信息加工解释

一、通用问题解决器与人机类比

我们先来了解一下最能够代表早期认知科学的伟大理想，即用一种明晰的机制和数学化的形式对心理现象背后的过程进行说明的一个典型研究，这就是纽维尔和西蒙所设计的通用问题解决器，这有助于我们进一步揭示认知科学由以奠基的核心观念。

通用问题解决器（General Problem Solver，GPS）是由纽维尔和西蒙共同开发的一款计算机程序软件，旨在提供一种人类思维过程的解释模型。他们以人为被试，向其提出一些逻辑问题，被试要运用已知的转换规则将给出的逻辑表达式转换成另外的形式，同时要求他们在解决问题时自言自语，以说出整个思考的过程。然后将在计算机上实现的对同一问题的解决过程与人类的思考过程进行比较。纽维尔和西蒙认为，将计算机的算法轨迹与人类思维过程相类比，有助于评估将 GPS 作为人类思维模型的可能。虽然实验过程中不同的被试会以不同的方式解决问题，而且人机比较在步骤上存在着许多不确定性，但纽维尔和西蒙相信，这种类比形成的近似性意味着 GPS 证明了人类特定种类的思维和问题解决行为的信息－加工理论，❶ 即人类的思维过程和计算机的信息处理过程一样都需要手段－目的分析（means－ends analysis），在这种分析方法中，包含一个被有效定义的初始状态、一个良好定义的目标状态以及一组决定从初始到目标的确定规则，不论是人还是计算机，在解决问题的过程中都要对此进行表征，确定初始状态与目标状态之间的差异，然后将问题分解成若干个比较小的问题，按照规则依次实现小问题的子目标，并对当前状态与目标状态进行再评估，直到问题解决。纽维尔和西蒙认为，

---

❶ NEWELL A, SIMON H. Computer Simulation of Human Thinking [J]. Science, 1961, 134 (3495)：2011 – 2017.

这不仅适用于逻辑问题的解决，也同样适用于像国际象棋、跳棋之类的游戏以及汉诺塔问题的解决。在他们看来，GPS 提供了一种理解人类内在思维过程的有效途径，不仅消除了人类思维的神秘性，而且使其变得"可见"了。由此，手段 – 目的分析就成为一个认知模型。

将计算机解决问题的过程作为人类思维模型这一想法中蕴含着一个重要的隐喻，即人类思维过程就像计算机的程序一样，其本质是计算的，所谓计算即指符号操作。纽维尔和西蒙认为，一台电子数字计算机不单单是一个快速进行加减乘除运算的装置，更是一个符号 – 操作装置（a symbol – manipulating device），它所操作的符号可以表征数字、词甚至是非数值的、非言语的模式。计算机具有如下一般能力：读取输入装置所呈现的符号或模式，将符号存储在内存中，把符号从一个存储单元复制到另一个，清除符号，比较符号的同一性，检测它们模式之间的特定差别，以及根据过程的结果而采取相应的行为。GPS 是一个能够近似地模拟人类在某些问题领域内行为的计算机程序。在他们看来，人类被试将一个逻辑表达式转换成另一个逻辑表达式这一行为等同于计算机输出的结果，而这期间所经历的一系列思维过程等同于计算机的程序，二者由以运行的介质一个是计算机硬件，一个是神经系统。因此，他们说"可以假定在被试皮肤内——涉及感觉器官、神经组织以及受神经信号控制的肌肉运动——进行的过程也是符号 – 操作过程；也就是说，各种编码中的模式可以通过该系统的这些机制被识别、记录、传递、存储、复制等"❶。

纽维尔和西蒙提出，人机类比的出发点在于解释外在行为的内部机制。在他们看来，当计算机解析指令"add A to B"时产生的结果与一个人被用英语问到"将标识为 A 的数字加上标识为 B 的数字"所得出的结果是一致的。因此，他们的构想是建立一个有关复杂行为的理论。同时他们并不打算去探索行为发生的详细的神经生理机制，这主要是因为存在不同的解释水平。"正

---

❶ NEWELL A, SIMON H. Computer Simulation of Human Thinking [J]. Science, 1961, 134 (3495): 2012.

如我们用化学公式来解释发生在试管中的事件，然后再用量子物理学的机制来解释化学公式一样，我们试图用符号－操作过程的组织来解释思维和问题解决进程中发生的事件，而暂且不论用神经生理学术语解释符号－操作过程的任务"❶。通过将人脑看成一个像计算机一样的符号操作装置，他们建立了一种计算机模拟理论，该理论将外显的行为还原为信息加工过程，如果这种还原得以实现，那么接下来就是要建立一个二级理论体系，即以神经机制为基础来解释信息加工的过程。实际上，认知科学发展的主流进程基本实现了纽维尔和西蒙的这一构想，在 20 世纪 50 年代后期到 80 年代初期认知科学的主要研究是致力于构建各种认知模型的信息加工心理学。从 20 世纪 80 年代至今，探索认知的脑神经结构的认知神经科学则逐渐成为认知科学的主流，但它仍然需要得自信息加工立场的认知模型来说明神经组织的数据。

纽维尔和西蒙的通用问题解决器及其计算机隐喻流传广泛，并奠定了早期认知科学的思想和理论基础，也在很大程度上影响了认知心理学。如罗伯特·斯滕伯格（Robert Sternberg）接受纽维尔和西蒙的手段－目的分析程式，将其发展成为信息加工法，并明确表示研究人类认知在于讨论信息加工的过程，而不试图根据任何脑部位或脑功能的概念进行解释，信息加工有很强的符号特征，但对这些符号的可能的神经机制不作任何考虑。❷ 同样，在《认知心理学》一书中，奈塞尔认为，尽管计算机的硬件和人脑的神经结构不同，但两者的工作原理是基本一致的，可以在计算机的程序所表现出的功能与人的认知过程之间作类比，以形象地考察人的心理是如何工作的。"认知心理学应该以这种计算机隐喻为前提，注重对人的内部心理过程即感觉信息被转化、简约、精加工、储存、恢复和应用的全过程的研究，关注人怎样学习知识、储存知识和运用知识。"❸ 不过对于人机类比，奈塞尔本人心存疑虑，他于 1963 年先后发表了两篇文章用以澄清人与计算机的不同，即《思维的多样

❶ NEWELL A，SIMON H. Computer Simulation of Human Thinking［J］. Science，1961，134（3495）：2012 – 2013.

❷ ［美］约翰·安德森. 认知心理学及其启示［M］. 秦裕林，程瑶，周海燕，等译. 北京：人民邮电出版社，2012：11.

❸ NEISSER U. Cognitive Psychology［M］. New York：Appleton Century Crofts，1967：5.

性》及《机器对人的模拟》。在后一篇中，奈塞尔认为，计算机没有经历自然的发展过程，不受情感和情绪的驱动，这是计算机区别于人的重要方面。但是尽管如此，奈塞尔仍然将计算机隐喻视为一种研究人类认知的良好途径，因为除了"程序类比"所带来的关于心理的实在性（reality）承诺之外，计算机领域的信息加工术语能够为理解人类心智提供可操作化的表达和解释，同时，认知模型还可通过人工智能领域的实践得到更好的验证。

然而，计算机隐喻在提供一种良好的解释进路的同时也引发了很多争论，包括符号的意义表征问题，人脑是否如计算机那样是模块化的，对于人类心智的本质而言，一种类比的解释方式是否恰当，等等。我们将在本章第三部分对此进行详细讨论。

二、心智的计算－表征理解

纽维尔和西蒙的通用问题解决器模型及人机类比的思想代表了早期认知科学的核心假设：对思维最恰当的理解，是将其视为心智中的表征结构以及在这些结构上进行操作的计算程序。这种对心智的理解方式被称为对心智的计算－表征理解（Computational－Representational Understanding of Mind，CRUM）。❶根据计算机隐喻，人脑好比计算机的硬件，心智（mind）好比程序，计算机程序的运行是对数据结构进行算法操作，思维、心智或认知就是对心理表征进行操作和加工的过程。所谓数据结构在纽维尔和西蒙的类比解释中被当作符号，即所谓计算机是符号－操作装置。但符号的概念引发了关于意义表征的争论，因此后期认知科学将符号加工改为数据结构的算法操作。有关符号的意义表征我们同样将在本章的第三部分予以讨论，这里主要集中于对早期认知科学的核心假设 CRUM 的理解。

熟悉现代编程语言的人一定了解，数据结构包括像"a、b、c"这样的字符串和"1、2、3"这样的数字，以及更为复杂的表和树等结构。计算机程序

---

❶ ［加］保罗·萨伽德. 心智：认知科学导论［M］. 朱菁，陈梦雅，译. 上海：上海辞书出版社，2012：8.

不仅要有这些数据结构，还要有由语词指令构成的算法或操作。在正统的认知科学家们看来，所谓"心理表征"是一些语言学和数学中常用的符号结构（symbol structures），并且在计算机隐喻下被理解为与计算机的数据结构相对应的受加工处理的对象。早期认知科学在研究对象的承诺上是反行为主义的，这表现为不论是人工智能领域还是认知心理学都承认在可见的输入和输出之间的不可观察的信息加工过程，即认知过程。认知过程中加工的对象即表征（representation），或心理表征。布鲁纳进行的窥视孔实验❶是对行为主义的致命打击。实验中让被试透过装在门上的窥视孔看外面的人，并在有限的信息基础上决定是否接纳来访者。该实验旨在揭示我们能感知的比我们能感觉的多多少的问题。布鲁纳通过这一实验意在表明，如果所感知的东西超越单纯由感官刺激提供的信息，那么人们必然具有关于被感知事物的一些先备知识。这些先备的知识结构即心理表征。奈塞尔在《认知心理学》中同样谈到了类似的观念，只是他将其称为认知系统。奈塞尔说："人们对现实的认识既受到感官的影响，又受到对感觉信息进行解释和再解释的复杂系统即认知系统的影响，认知系统的活动导致肌肉和腺体的活动，即所谓的'行为'。"❷

　　CRUM 理论一方面承认心理表征的存在，而且更为重要的是它将对心理表征的操作（认知）看成是计算的。例如纽维尔和西蒙所提出的"物理符号系统假设"（Physical Symbol System Hypothesis）指出，所有的认知过程本质上都是在离散的时间中对符号表征的计算。而这一观点最为有力的捍卫者是泽农·W. 派利夏恩（Zenon W. Pylyshyn）。派利夏恩明确宣称，认知是一种计算。❸ 并且他认为，将认知看成是计算的有着多方面的理由：第一，一些心理学理论对信息加工过程的抽象表征或模型建构与计算机程序都具有层级性，如纽维尔和西蒙的 GPS 模型以及乔治·米勒、尤金·格兰特尔（Eugene Ga-

❶ BRUNER J S. Beyond the Information Given [M]. New York：Norton，1973.

❷ 王申连，郭本禹. 奈塞尔：认知心理学开拓者 [M]. 广州：广东教育出版社，2012：50.

❸ [加] 泽农·W. 派利夏恩. 计算与认知：认知科学的基础 [M]. 任晓明，王左立，译. 北京：中国人民大学出版社，2007：4.

lanter）和卡尔·普里布拉姆（Karl Pribram）构建的 TOTE 工作体系等；❶ 第二，将计算和认知看成是从根本上相似的类型有一个重要的事实基础，即二者都是物理地实现的，而且都受表征及规则的控制，❷ 计算在计算机的物理硬件基础上实现，认知在人脑这一生理的但终究是物理的组织中实现，数字以及数字规则在计算机中被表征成符号性的表达式和程序，正是这些表征决定了计算机的"行为"，而人类头脑中的语词的、逻辑的、数学的等表征也最终决定了认知的结果；此外，出于同样的原因，在解释它们是如何生效的问题上，它们都表现出了一种双重特征，即物理的描述和功能的描述同时可行。

三、认知与认知者

CRUM 理论因其将认知理解为计算而被称为计算主义，因其将心智视为输入与输出之间的一种功能而被称为功能主义，又因其将认知视为一种抽象的可运行于不同介质之中的程序而被称为认知主义。通过将认知视为计算的，以及将人视为计算机的相似物，CRUM 理论的一个基本的旨趣在于提供一种可行性解释以加深我们对人类心智的理解。虽然这种解释可能只是抓住了人类心智本质的某一方面，但是就像生物学通过将人看成生物体，而从对动物的研究中获得关于人类本质的理解一样，对人类心智的计算 – 表征解释也在人类本质的这个方面拥有足够的解释力。

因此，CRUM 理论将人和计算机一同归入认知者（cognizer）一类，并认为认知者这一类成员的本质就是：计算机和人类有机体都是物理的系统，他们都是基于表征而采取行动的，或其行为可被描述为受符号表征中的规则所支配。换言之，了解了其内在的表征，同时再知道表征与行为借以联系起来的那些普遍原理，就可以解释认知者行为规律的重要方面。基于这个假设，

---

❶ ［美］罗姆·哈瑞. 认知科学哲学导论［M］. 魏屹东，译. 上海：上海科技教育出版社，2006：103.

❷ PYLYSHYN Z W. Cognition and Computation：Issues in the Foundations of Cognitive Science［J］. Bahavioral and Brain Sciences，1980，3（1）：111 – 132.

对人类行为的理解可得益于对支配这一类成员的那些基本原理的研究。具体而言，CRUM 理论将行为视为内在表征和认知的果，并通过将认知看成是计算的，从而提供了一种可能性，即借助对计算机的表征和运算的模型建构，从而在类似的意义上理解人类行为的因。

　　基于 CRUM 理论，认知科学得以确立了自己的核心立场和基本假设，并"有望成为像化学、生物学、经济学以及地质学那样的真正的科学领域"❶。虽然 CRUM 理论受到来自各方面的挑战，并且在有关心智的一些基本事实上，表征和计算可能并不恰当，但是各种知识的表征解释所获得的成功让人看到了 CRUM 理论的解释力。事实上，在人工智能兴起后的 20 年时间里，以 CRUM 理论为核心理念的研究取得了令人印象深刻的进步。时至今日，CRUM 理论仍然被视为认知科学中最为成功的探索心智的进路。随着后面展开的关于具身认知的讨论，我们将看到具身认知所发起的对早期认知科学 CRUM 理论的挑战，只是补充了表征与计算立场的某些方面，但未能从根本上动摇这一进路在认知科学中的主导地位。当然，这种主导地位并不在于 CRUM 理论的正确性，就像著名的认知科学家保罗·萨伽德（Paul Thagard）所言，"CRUM 可能是错误的"❷，但是我们可以从心理学和其他领域中的权威学术期刊中 CRUM 立场所占据的多数比重中看出它仍然作为认知科学的主流进路。这其中的主要原因就在于本段开头引用的派利夏恩那句话中所传达的隐义，即一种追求科学的强烈动机和愿望，这种动机从 19 世纪末期的实验心理学开始，就犹如一种血液一样流淌在 20 世纪的心理学以及以心智为研究主题的各种学科之中。无疑，CRUM 在开辟一条对心智理解的科学道路上具有极强的典范意义，这令很多人心向往之，这也是认知科学除了在研究对象的基本立场上所具有的共同的学科本性外的另一本质特征。即便具身认知的提出者瓦雷拉等人极力强调对人类经验进行关注的必要，但是其最为根本的对科学的

---

❶ ［加］泽农·W. 派利夏恩. 计算与认知：认知科学的基础［M］. 任晓明，王左立，译. 北京：中国人民大学出版社，2007：2.

❷ ［加］保罗·萨伽德. 心智：认知科学导论［M］. 朱菁，陈梦雅，译. 上海：上海辞书出版社，2012：11.

追求和对哲学内省方法的蔑视仍然使他们与认知科学血脉相连，从而也使其最终对早期认知科学的革命趋向于失败。

四、实验范式与模型建构

认知科学的实验范式主要来源于认知心理学。当代心理学的主要研究取向是以实验法为方法论基础的认知心理学。作为心理科学的典型形态，认知心理学缘起于对行为主义研究对象的批判，但同时继承了其实验心理学的身份，并于20世纪60年代发展成一个拥有独特研究范式的心理学分支，即采用信息加工的观念和术语来解释人类的认识过程或人类心智，而这种解释是以实验方法下的心理模型建构为依据的。为了防止对认知科学统一性的过分强调，这里有必要说明一点，奈塞尔意义上的认知心理学虽然采纳了计算机科学中的人机类比思想和信息加工认知观，但在关于人性的基本主张上与CRUM理论保持了距离。奈塞尔将认知过程视为一个主动的加工过程就是很好的例证。如果认知是信息加工的过程，那么是什么在进行这项工作呢？对此，奈塞尔持有一种更具人本精神的建构观点。他认为，"人们对现实的认识既受到感官的影响，又受到对感觉信息进行解释和再解释的复杂系统即认知系统的影响，认知系统的活动导致肌肉和腺体的活动，即所谓的'行为'"。❶奈塞尔说，我们无法直接、即时地接触客观真实世界及其属性，我们关于现实的一切知识或经验都是通过大脑认知系统这个中介起作用而获得的。搜索信息的认知过程是一个主动的、持续搜索的过程，是功能性的和动态的。"除了想象和幻觉存在争议外，知觉、注意、识别、记忆、思维等认知过程都是主动的建构（constructive）活动。"❷由此，认知心理学家需要着重研究这样的问题：一个人的行为和经验是如何通过其认知系统产生的？即认知系统的内在工作机制是怎样的？人是怎样注意并获取信息的？信息在头脑中又是怎样储存和加工的？它们在头脑中经历了怎样的信息加工过程或程序？

---

❶ NEISSER U. Cognitive Psychology ［M］. New York：Appleton Century Crofts, 1967：278.
❷ NEISSER U. Cognitive Psychology ［M］. New York：Appleton Century Crofts, 1967：280.

奈塞尔的认知建构观深受其人本主义和格式塔学派背景的影响，在他看来，个体在信息加工的过程中并不是一个被动者，而是一个将头脑中已有的知识经验或认知结构与新信息进行有效整合的主动者。不过他的这一主张随着研究的广泛开展受到了挑战，他本人逐渐开始怀疑建构隐喻的广泛适用性。❶ 而其中所包含的人本色彩也随着认知心理学按照指定范式展开后逐渐消散了，认知心理学家们忙于各种模型建构和实验验证，顾不上站在稍远的距离去看待那个活生生的人，这是早期认知科学备受诟病的重要因素之一。

此外，与计算机立场上的计算模型建构有所不同，奈塞尔的认知心理学更侧重于以人为主要研究对象来建构认知加工模型。既然认知是一种对输入信息的加工处理过程，即信息从输入到输出，中间经过复杂的加工，包括转换、简约、精加工、储存、恢复和应用等，那么应该怎样来研究这些过程呢？"奈塞尔主张，在控制的实验室情境中让被试完成以字母、数字、图形等为刺激材料的特殊认知作业，通过测量其相应的反应时或正确率来间接考察被试的内部心理操作过程。"❷ 在奈塞尔看来，在严格控制的条件下进行实验，并根据实验结果构建认知的信息加工模型，就可以揭示认知现象的本质和认知的内部加工机制。通常，一个典型的认知心理学研究包含三个重要的环节，一是提出理论假设，二是进行实验验证，三是模型建构。而实际上，模型建构与理论假设基本是一致的，其原因就隐含在实验范式本身的问题中。只要实验设计得当，理论假设被证实是必然的，这是认知心理学中一个被普遍认可的不成文的章法。我们首先来看一下奈塞尔所进行过的关于视觉搜索的经典实验，以便更细致地了解认知心理学的实验范式。

机器模式识别（Pattern Recognition）是人工智能中的重要领域，旨在实现计算机对事物或现象各种形式的信息进行描述、辨认、分类和解释，这一过程非常类似于人类的知觉过程。奈塞尔受著名的"机器知觉之父"塞尔弗里奇关于机器模式识别研究的启发，对人类模式识别进行了研究。他设计了

---

❶ 王申连，郭本禹. 奈塞尔：认知心理学开拓者 [M]. 广州：广东教育出版社，2012：75.
❷ 王申连，郭本禹. 奈塞尔：认知心理学开拓者 [M]. 广州：广东教育出版社，2012：71.

一种视觉搜索实验，今天的认知心理学将这一实验称为视觉搜索范式。如今，"范式"一词是认知心理学中的流行用语，当然，这里的"范式"已经不是库恩科学革命意义上的、学科层次上的纲领性概念，而是缩小为具体的实验设计和认知模型。奈塞尔假设，人类的模式识别过程是平行加工的，所谓平行加工意指多个刺激信息可以在不同信息加工单元中同时进行。1963 年奈塞尔和布兰迪斯大学的研究生一起利用搜索范式来寻找平行加工的证据。向被试呈现一系列字母，让其从中找出目标。结果发现被试在 10 个字母中搜索目标与在 5 个字母中搜索目标一样迅速，这就证实了平行加工的假设。❶ 但随后，奈塞尔在 1964 年的一项视觉搜索研究中又证实了序列加工或串行加工的模式。实验中，向被试呈现一个由大写字母组成的字母矩阵，每行 4 个字母，共 50 行，被试的任务是找到第一个字母 K。当字母矩阵呈现时，被试即开始寻找，同时开启计时器，当发现目标时，被试按停计时器，计时器显示的时间即为搜索时间。实验结果发现，被试的平均搜索时间是目标字母所在行的函数。也就是说，目标字母所在的行越是往下，所花费的搜索时间越多，这也就证明了被试是逐行依次搜索的。这与后来索尔·斯滕伯格（Saul Sternberg）的记忆扫描实验❷的解释是一致的。

斯滕伯格的实验是先给被试呈现少量几个数字让被试记住，然后再给他们呈现一个数字，称为探测刺激，让被试判断该探测数字是否在刚才呈现的数字组之中。如果探测刺激是刚刚呈现的数字组中的一个，即为正探测，相反为负探测。实验结果发现，被试的判断时间与记忆组中数字的多少之间有近似的线性关系，记忆组每增加一个数字，被试将多花大约 38 毫秒的判断时间。这说明被试在进行判断时采用的是类似于计算机扫描的串行加工方式。斯滕伯格的记忆搜索实验引起了很大的反响，在今天的认知心理学中被称为斯滕伯格范式，它代表了认知心理学的基本研究方法——信息加工法。但实

❶ NEISSER U, NOVICK R, LAZAR R. Searching for Ten Targets Simultaneously [J]. Perceptual and Motor Skills, 1963, 17: 955 –961.

❷ ［美］约翰·安德森. 认知心理学及其启示 [M]. 秦裕林，程瑶，周海燕，等译. 北京：人民邮电出版社，2012：10.

际上，创立了认知心理学的奈塞尔在完成《认知心理学》一书后不久就对这种信息加工研究产生了疑虑。因为当时的认知心理学研究者按照这种研究范式竞相开展心理模型的构建，从而导致太多相互冲突的模型，每一个模型都有着严格的实验设计和实验过程，很难说哪一个是正确的，哪一个是错误的。认知心理学家过分地钟情于模型建构和实验测试，而所建构出来的那些信息加工模型却并不像奈塞尔当初构想的那样，是一种极为有效的认知研究策略。对此，奈塞尔充满了失望和厌恶。同时，奈塞尔对书中所主张的认知建构论也开始动摇。因为他发现，知觉、注意、识别、记忆、思维等认知加工阶段并不都是建构的，"建构隐喻对于回忆非常适合，对于辨别短暂闪现的词汇中度适合，但对于对当前环境的一般知觉而言则一点也不适合"❶。奈塞尔对认知心理学脱离现实的整体研究范式的不满也受到詹姆斯·吉布森（James Gibson）知觉生态理论的影响，最终使其转向了生态认知心理学。

第三节　早期认知科学遭遇的诟病

早期认知科学以 20 世纪 50 年代人工智能和认知心理学的兴起为起点，在基于计算－表征的心智解释上，取得了具有广泛影响力的成功。但持怀疑态度的人们却认为它造成了根本性的误导，因为不论它在用于解释人类心智的模型构建上多么严谨和精细，那种把人与机器等同起来的倾向在很多人看来并不比行为主义立场上关于人的理解高明多少。至 20 世纪 80 年代，来自各方的质疑和诟病向早期认知科学及其核心假设 CRUM 提出了挑战。

一、来自神经科学的挑战

（一）联结主义网络模型

早在计算－表征观点形成的初期，人们就曾对人脑与计算机的类比提出过广泛的疑问。因为来自神经科学的基本常识告诉我们，人脑与计算机在结

---

❶　王申连，郭本禹．奈塞尔：认知心理学开拓者［M］．广州：广东教育出版社，2012：76.

构上有着根本的不同。一台冯·诺依曼式计算机的核心构造可以明确地区分出不同的构成元件，像中央处理器（CPU）、存储器、主板等。如果其中某个元件失效，那么整台计算机都将无法运行。但是脑的结构和功能完全是另一番景象。在脑中我们找不到对应 CPU 的部位，也找不到任何特异的信息存储地点。更为重要的是，脑不像计算机那样脆弱，它具有极强的自我修复和代偿功能。脑损伤可能会导致某一心理功能退化，但不至于使其完全失效，甚至不会造成显著的影响。这种对脑与计算机之间区别的强调使一些人致力于对人类的神经网络进行研究。但是这一兴趣很快随着计算－表征观点的广泛流行而衰落。直到 20 世纪 70 年代后期，模拟神经网络的兴趣和观点才再一次全面复苏。这些复兴了的观点因其关注脑的神经网络结构从而被称为联结主义。

联结主义立场形成的主要原因在于，基于早期计算－表征模型的人工智能领域遭遇到了明显的发展瓶颈。一方面，人工智能的编程研究传统要求对程序语言的使用保持极高的精准度，任何一个符号的书写错误都会导致程序运行的失效，计算机的这种对错误的零容忍能力显然与人脑对信息的灵活处理能力不可同日而语；另一方面，尽管计算机技术的发展使得 CPU 的运行速度越来越快，记忆能力（内部存储空间）也逐渐提高。计算机内部信号的传导速度甚至接近光速。但是随着计算机面对的认知任务越来越接近生物脑，其表现却越来越差。一个生物脑可以在不到一秒钟时间里完成的任务（比如提取一个记忆），一个编程机器却要花上数分钟甚至数小时。这对于当时的人工智能科学家而言简直是不可思议的事，因为生物脑的脉冲频率和信号传导速度分别是 100Hz 与 10 米/s，这与计算机 10^9Hz 的运行速度和接近光速的信号传导速度相比处于绝对的劣势。这着实令人困惑不解。正如保罗·M. 丘奇兰德（Paul M. Churchland）所言，"我们会惊愕地摇着头说，那只假想的乌龟（生物脑）很容易就超过了那只假想的兔子（电子数字计算机），至少是在许多典型的认知任务方面超过了它"❶。

---

❶ P. M. 丘奇兰德，田平. 功能主义 40 年：一次批判性的回顾［J］. 世界哲学，2006，（5）：23－34.

人工智能所受到的这两方面的限制都与其串行处理策略有关，而人脑的全并行处理策略不仅使其具有超强的错误免疫力，而且能够使其绕过在时间上的不利条件，从而在任务完成上表现出极大的优势。联结主义正是基于人脑的并行处理策略构建了一种多层次节点式交叉联结的网络模型。联结主义网络模型的基本结构可以很容易地在教科书中找到，这里无须赘述。我们需要关注的是联结主义在哪些方面与早期认知科学相区别，其挑战是否构成一种具有破坏性的力量颠覆早期认知科学的核心假设——计算 - 表征观点。

联结主义网络模型是一种并行分布式处理系统，这使其能够成功规避计算 - 表征模型第一方面的局限，即对错误的零容忍能力；同时由于联结主义网络模型是一个多层次的关联系统，大量的联结一起发生时会涌现出全局的属性，这被联结主义者用来解释认知能力的发生，这似乎填补了早期计算 - 表征模型将认知视为一种已有的静态能力的缺憾；另外，联结主义者通过将联结网络节点的激发模式视为表征，从而以某种方式摆脱了符号主义的陷阱。因为早期的计算 - 表征模型将内部活动看作是刺激特征的符号化表征，这很容易将表征的目的论功能理解为因果关系，从而造成很多困惑。就其整个方案而言，联结主义重新打开了一个极具开放性的人工智能领域的前景，但是这个方案同样不是无可置疑的。因为，联结主义网络模型毕竟是一种抽象的构成物，在这一点上，联结主义网络模型与计算 - 表征模型一样都与人类真实的生物事件存在差距。同时，联结主义者将涌现视为认知，基于联结主义网络模型来设计人工智能，这显然与计算 - 表征模型的立场一样，会使人类的心智与其他功能系统之间的界限变得模糊。实际上，联结主义将神经元及其联结视为表征，而将神经元的激活及扩散视为算法，这只是扩展了表征和计算的内容，却并未从根本上动摇 CRUM 的立场。

（二）认知功能的脑神经基础

比起早期的基于计算机的模型建构，联结主义更多地关注到了人的神经模式本身，但联结主义网络模型终究也是一种模拟物，它忽略了人类神经系统的很多重要的特性，如神经元彼此直接作用的媒介既是电的，也是化学的。从一个神经元释放出的分子被传递到另一个神经元，并且触发其化学反应，从而激活受体神经元的电活动。人脑在活动时的神经递质有数十种，其中一些是兴奋性的，另一些则产生抑制作用。当然，这种运作方式也被用于联结主义网络模型中假想神经元的作用模式。但是，作用于神经元的更普遍的化学效应是由如雌性激素和睾丸素等激素产生的，它们能在与联结无关的条件下影响神经元的活动。因此，从激素对神经元的电化学效应角度而言，联结主义网络模型对人类神经组织的模拟就显得有些单薄了。

在 20 世纪 80 年代初期，几乎与联结主义复兴同时，一个致力于研究认知功能在人脑中实现的新兴领域——认知神经科学逐渐兴起，并受到了大多数认知心理学家的普遍欢迎。与早期认知科学基于程序隐喻从而忽略对脑及神经机制的探索不同，认知神经科学家显然对人在感知、记忆和思维时脑内发生的事件感兴趣。这种兴趣最初得益于临床病理学的解剖学证据，而随着脑电图和脑磁图技术的发展，ERP、fMRI、PET 等扫描技术成为认知神经科学的主要研究方法和手段。这些技术使得人们可以探究脑部神经元激活的模式以及与特定认知功能有关的脑区等问题。看起来在这些技术的辅助下，有些认知过程似乎成为"可见的"。由此，不难理解认知神经科学构成了对早期认知科学的一种挑战。因为完全有理由认为，当具备了足够的关于脑的知识，我们可能就不再需要一种功能上的抽象模型作为对认知的解释。不过情况似乎并不那么简单。

众所周知，各种技术都有这样那样的局限，每一种扫描技术都只具有相对的优势，它们要么是时间分辨率或空间分辨率不足，要么是过于昂贵。而且实验所得的数据结果有的容易解释，但仅能提供相当有限的信息。有的测量做起来容易，但结果却很难解释。种种操作上的局限使得认知神经科学不能够成为像物理学、化学❶那样更具探索性的科学研究。事实上，我们在认知神经科学的发展进程中看到的情况是其与信息加工模型分析之间的相互促进和相互补充。神经科学的数据用来鉴别信息加工模型，而信息加工模型则能

---

❶ 甚至对于物理学这样的科学典范，其对事实的探索也受到了波普尔、汉森等科学哲学家的质疑。

用来整理神经科学的数据。● 对于早期认知科学的核心假设计算－表征理论而言，认知神经科学也并未构成根本性的威胁。因为认知神经科学中，到处可见"表征"一词的运用。认知神经科学家将探测到的神经元活动模式以及扫描成像看成他们所研究的认知功能的表征，这种立场使得计算－表征观点持有者们的信心倍增。在他们看来，大脑中一组神经元的发放模式即为一个表征，通过针对特定类型的输入而产生有规律的应对模式，这组神经元实现了编码。由于计算从本质而言是对表征的转换，那么，当脑内一组神经元的发放模式引起了另一组神经元的发放时，如视觉系统的操作，就可以说脑内存在计算。●

　　认知神经科学对大脑计算性质的解释着实显得有些生拉硬套，因为它实际上包含了一种对计算和表征内涵的重新解释，这已经与早期认知科学的符号表征和机器操作不再一致。有一个更为简单的方法可以用来判断一种研究立场是否可以还原为计算－表征观点，那就是这种立场上的心智描述能否在人工智能中实现。显然，以联结主义网络模型建造的机器人可能部分地实现了神经科学的主张，但是神经元发放受到激素的影响要想用计算机原理再现恐怕就不那么容易了，因为它涉及有关生命的更为根本性的特征——价值判断，这与情绪的人工智能再现一样会带来更具争议性的问题。

二、影响认知的因素

（一）情绪

　　对于早期认知科学而言，情绪完全不在认知研究的范围之内，因为从 18 世纪以来人们就已经逐渐接纳了由提顿斯提出，经康德流行起来的知、情、意三分法。通常人们认为三者各自独立存在，他们之中任何一种都不是由其他任意一种派生出来的。不仅如此，情绪甚至被看作是对有效思维的干扰或

● ［美］约翰·安德森. 认知心理学及其启示 ［M］. 秦裕林，程瑶，周海燕，等译. 北京：人民邮电出版社，2012：13.

● ［加］保罗·萨伽德. 心智：认知科学导论 ［M］. 朱菁，陈梦雅，译. 上海：上海辞书出版社，2012：166.

者阻碍，因此对认知的研究不仅无须考虑情绪，还要竭力排除情绪因素。至20 世纪 80 年代，很多人在认知科学的实验范式下研究了情绪启动效应。与此相类似，有人提出情绪能够对应采取的行动提供预备，确保人们警觉地处理所面临的问题情境，而不至于迷失在思索的迷雾中。❶ 这些标志着情绪研究开始在认知科学中兴起，特别是在对决策的理解中，情绪与认知的关联得到了越来越高的重视。

情绪研究者相信，即便在理性的决策中，情绪也不仅仅是一种干扰因素，而是一个内在的部分，具有与评价、聚焦和行动相关的重要认知功能。如基斯·奥特莱（Keith Oatley）指出，人类的问题求解通常极其复杂，涉及要实现的多个相互冲突的目标，迅速变化中的环境以及丰富的社会互动。❷ 情绪可以对问题求解的情境提供一个总体性的评估，对其后的思维过程产生两种重要的作用：一是情境中某些方面对于实现目标极其重要，情绪的评估有助于聚焦在这些方面；二是情绪对于判断、决策或行为具有一种准备性或启动性。

对于早期认知科学而言，这种对情绪因素的强调并不构成威胁，因为它并非否定认知对行为的作用，而只是补充了这一因果效力之间被忽视的某个环节。不过在如何将情绪纳入计算 – 表征理论框架内的问题上，情绪的计算模拟带来了更多需要讨论的问题。首先，每个人都承认情绪发生时身体反应是很重要的组成部分，包括腺体、心跳、血压血流等一系列躯体变化。这些反应在认知评判功能之外附加给情绪更多的体验效应。在恐惧症患者中，这种情绪的身体反应完全不受认知控制，也并不改变认知评估。因此，情绪与认知的关系可能更为复杂。其次，也许在联结主义网络模型里增加一个具有价值判断作用的情绪结点并不困难，如齐瓦·孔达（Ziva Kunda）和萨伽德设计了一个被称为 ITERA（Intuitive Thinking in Environmental Risk Appraisal）的

---

❶ 转引自：[加] 保罗·萨伽德. 心智：认知科学导论 [M]. 朱菁，陈梦雅，译. 上海：上海辞书出版社，2012：179.

❷ 转引自：[加] 保罗·萨伽德. 心智：认知科学导论 [M]. 朱菁，陈梦雅，译. 上海：上海辞书出版社，2012：177.

网络模型，该模型增加了对应于生气、伤心等情绪的单元❶，ITERA 会根据观察到的事故特征来预测伤心或开心的情绪反应。当然计算模型会参考神经科学的进步不断加以完善，如更具神经现实性的 GAGE 模型。无须了解太多细节，我们就能够理解这种设计的技术可行性，但是一个更具哲学性的问题是，不论这种计算模型对人类真实的认知和情绪反应的神经机制模拟得如何详细和逼真，人工智能机器人能够具有人类的情绪体验吗？

目前，以完整的化学和生物学细节去模拟单个神经元的操作尚且行不通，更不必说建造能够构成大脑的、带有电信号和化学信号加工的复杂神经元集合。不过，关键的问题还不在于这种模拟能够达到的技术水平，即便未来的科学技术使我们能够做到这种模拟，一种需要电流的硅晶材料恐怕也无法形成哪怕是低等动物水平上的情绪体验。因为情绪的模拟不仅仅是神经机制的实现，更重要的是，情绪涉及维持生物主体生存状态的需求及其满足。就这一点而言，就连认知的计算内涵都难逃质疑。因为如果没有生物主体的这个生存状态，认知便不可能发生。也正是在这个意义上，作为认知的前提条件的身体因素走进了人们的视野。

（二）身体

由于将身体作为影响认知的重要因素的具身认知进路是本书主要研究的主题，因此，我们在这里只做提要式的介绍。具身认知进路整合了哲学、宗教体验以及人工智能领域中很多观点一起向早期认知科学的核心心智的计算－表征解释发起攻击。具身认知来势汹汹，他们将早期认知科学或称为认知主义，或称为离身认知立场，从而进行严厉的批判，大有取而代之的气势。

在哲学上，莱考夫和约翰逊将早期认知科学视为笛卡尔二元论立场上的离身认知观，即认为早期认知科学不仅忽略了身体在思维活动中的关键作用，而且因其与二元论的关系而从根本上是错的，需要代之以具身性立场上的嵌

---

❶ 转引自：［加］保罗·萨伽德. 心智：认知科学导论［M］. 朱菁，陈梦雅，译. 上海：上海辞书出版社，2012：182.

入式认知观。这种认知观认为认知或概念受我们的躯体和大脑的塑造，特别是被我们的感官和运动系统所深刻地塑造。此外，瓦雷拉等人则采纳著名现象学家莫里斯·梅洛－庞蒂（Maurice Merleau－Ponty）的知觉现象学之观念，认为身体是人与世界实现互动的重要媒介，人不仅通过身体认识世界，而且身体体验是人的存在的重要维度。而体验正是早期认知科学所忽略的关于人类心智的本质特征之一。具身性的认知观在人工智能领域中也大受欢迎，这种欢迎主要来源于对计算－表征观念的不满。如威诺格拉德和弗洛里斯认为计算－表征式的人工智能永远不可能成功，因为我们永远不可能表征作为人类各种能力基础的大量的背景信息。❶ 以此为基础，人们有志于研制具有从环境中进行学习的能力的机器人。

当然，具身认知的革命势头并非仅仅指向早期认知科学，它还同时针对以往的哲学，在主题上反对笛卡尔的二元论，在方法上则贬抑了一切哲学的省思方法。然而在历经了近30年的历史发展之后，这种强势的革命喊声渐渐式微。人们发现以具身性观点研制的机器人与那些对知识进行表征编码的机器人相比较并不具有绝对的优越性。相反，前者被称为简单机器，而后者则被称为高层次机器。此外，一种以得自现象学哲学的观点作为武器的运动，其对哲学本身所宣称的革命性质显得尤为荒谬。今天，当我们以事后聪明的视角来回顾这一发生在认知科学中的所谓变革，我们发现具身性的认知观对早期认知科学非但没有形成革命的力量和效果，反而最终不仅被早期认知科学所同化，而且从其具身性观点中发展而来的神经现象学也证明其对哲学革命的失败。究其根本原因，具身性的认知观并未能抓住早期认知科学的本质问题，或者即便有人看到了这一本质问题，但终因其追求科学的基本动因而将这一洞察得而复失。在本书的第三章，我们将详细阐述这一点。

（三）环境——认知的生态学取向

对早期认知科学忽视环境的质疑主要针对三个要点：一是早期认知科学

---

❶ 转引自：［加］保罗·萨伽德. 心智：认知科学导论［M］. 朱菁，陈梦雅，译. 上海：上海辞书出版社，2012：209.

关于心理表征或认知系统的假定，即认为知觉过程中来自环境的刺激是贫乏的，知觉的产生主要是来自心理表征或认知系统对这种贫乏刺激的解释，如布鲁纳的窥视孔实验所揭示的。二是针对早期认知科学的实验范式及其所建构的模型过于脱离生活实际。早期认知科学致力于在实验室中让被试完成各种陌生的认知任务，并根据实验结果建构模型，这些实验条件下发生的认知活动与现实生活中人的认知相去甚远。三是人们批判早期认知科学将认知视为个体的思维过程，而实际上，认识是一项社会性的事业，是在人与人之间通力合作的条件下发生的。不论是科学研究活动还是职场、学校学习、团体体育运动等，认识的社会性都是一种内在的特征。

对第一点质疑主要来自吉布森的知觉生态理论。吉布森否认知觉输入的不充分性。当然这并不是说他主张单纯从视网膜图像就能够形成关于视觉环境的认识，毕竟在数学上有无限多不同形状的表面可产生同一视网膜图像。吉布森否认的是视网膜图像是视觉起点的观念，并认为，以观察者的眼睛为焦点，视野中的环境形成了一种会聚的散射光阵，当观察者移动时，这一光阵在散射光源的强度、事物形状等方面会发生变化，但是仍有一些"不变量"保持了环境的恒定属性，这种不变量才是知觉发生的起点，也就是说，是环境中的不变量"告诉"观察者周围有什么。因此，吉布森说，变化来自运动，而不变来自环境表面严格的布局。❶"观察者是可移动的"这一点对于知觉的发生至关重要，因为只有在变化中才能够有利于确定不变。吉布森的知觉生态理论很受具身认知提倡者的欢迎，很重要的原因就在于吉布森将视觉看成是一种涉及身体、运动和与环境交互作用的过程，这种观点被视为对早期认知科学只关注内在表征的知觉解释的一种挑战。

吉布森的生态学观点同时影响了奈塞尔。在《认知心理学》出版9年后，奈塞尔的另一部著作《认知与现实》问世，该书明确阐述了认知研究应注重生态学效度的观点，也即作为一种重要的心理学理论，其解释的应该是人们

---

❶　GIBSON J. The Ecological Approach to Visual Perception ［M］. Boston：Houghton‐Mifflin，1979：25.

在真实的、具有文化意义的情境中的行为，一种远离日常生活的理论迟早会被淘汰。在奈塞尔看来，过去20年的认知心理学研究过于依赖信息加工的计算机模型，它让缺乏经验的被试在短暂的时间内执行新奇的、无意义的任务，而漠视文化、忽视日常生活中人的知觉和记忆特点，这会使认知心理学变成一个狭隘、无趣的专业领域。如果认知心理学不实现一种现实转向，或者说如果它不能够具备"生态效度"，那么它迟早会被抛弃。❶《认知与现实》一书所受到的关注度远远不及《认知心理学》，这一方面应归于二者与大多数主流研究的关系有所不同，后者代表了当时人们的总体意愿，而前者恰恰与这种意愿相抵触。更为重要的是，《认知与现实》虽然提出了认知心理学存在的问题，但其所提供的替代方案并不足以撼动信息加工观点的根基。

不过，奈塞尔的认知生态学观点还是产生了一些影响，表现为在认知科学框架中对社会认知进行的研究。对认知的社会性的强调在认知科学之外早就存在，如作为行为主义延续的社会认知学习理论、社会心理学的认知失调理论以及人格心理学中的认知人格结构理论等。与这些领域的研究略有区别的是，认知科学领域的社会认知研究主要关注人们如何通过对他人的思维、目标以及感受进行推理来理解他们所处的社会环境。如孔达（Kunda）认为我们关于他人的看法可由诸如基于种族和性别的社会性刻板印象这样的概念来进行表征，或者是由对社会交往预期的种种规则来表征。另一种反映在认知科学中的更为激进的观点是，认为思维不仅仅只是发生在单个个体的心智中，而是经由多个个体的相互合作而产生的。这其中每一个个体的思维中都需要有对他人的表征和认知过程。这种被称为分布式认知的观点也在人工智能领域产生了效应。一种基于网络的多台计算机分布系统中，每一台计算机都侧重一种专门的智能能力，以实现一台计算机单独工作所不能解决的问题。

实际上，以上列举的这些挑战的结果要么从认知科学中分离出一些新的

---

❶ NEISSER U. Cognition and Reality: Principles and Implications of Cognitive Psychology [M]. New York: W. H. Freeman and Company, 1976: 2.

研究，要么被正统认知科学的研究范式所同化，对于早期认知科学而言，这些质疑均未能产生足够的震撼力，但接下来的批判可能在力量上要更强悍些，因此也值得认真而深入的考量。

三、计算机隐喻的困难

围绕早期认知科学的计算机隐喻，人们展开了激烈的讨论。一方面，人们质疑计算机作为符号处理装置与人类的符号使用过程具有可类比性。因为人类能够理解符号的意义，而计算机显然不具有这样的能力，这一质疑带来了另一方面的问题，即计算－表征模型对人类心智的功能性实现是否可以视为对人类心智的如实描述，还是有可能缺失了有关人类心智的重要本性，如感受质。

（一）关于符号意义的理解问题

计算机作为符号处理装置理解符号的意义吗？对这一问题我们可以从直觉上轻易地做出否定的回答，并用塞尔的中文屋思想实验来加以论证。塞尔认为，可以把计算机按照规则进行符号加工的过程想象成这样一个场景：在一个封闭的房间里放着很多中文汉字，不懂中文的吉姆拥有一部手册，该手册上有一些图表和操作规则，可以用来帮助吉姆将从窗口送进来的中文问题转换成由中文汉字组成的答案递出去。在外面的中国人看来，只要"输入"一个问题，就能得到一个回答或"输出"，看起来仿佛屋内的吉姆懂中文一样，但实际上吉姆只是按照手册上的规则机械地操作汉字而已，他并没有理解汉字的真正意义。因此，塞尔认为，计算机对符号的操作也是按照规则进行的，这一过程中完全没有人类对符号的理解的层面。❶ 对塞尔的中文屋实验存在一种异议，即人们可能会说，如果在人的整体层面来将吉姆按照规则输出答案与另一个中国人按照自己的理解回答问题作比较，那么显然吉姆不理解中文，计算机不理解符号，但是如果将计算机的操作视为对人脑的操作的

---

❶ SEARLE J R. Minds, Brains, and Programs [J]. Behavioral and Brain Sciences, 1980, 3 (3): 417－457.

模拟呢？即如果将吉姆作为计算机的操作与中国人的大脑的操作进行类比，二者完成相同行为输出的认知过程可能非常相似。"当讨论的实体不是人而是人的大脑或其他部分的时候，'理解'和'不理解'的概念被误用了。"❶ 这种辩护看起来确实不容易被直接驳倒，但是，可以将问题倒转过来继续发问，即如果计算机的符号操作是对人脑机制的模拟，那么为什么人脑能够使人实现符号的意义理解，计算机中的运算器却不能让它实现理解？基于此，塞尔提出意向性的问题，即人类对符号的使用以及人类意识具有某种指向性或关于性（aboutness），这使得人类的符号表征或意识与世界联系起来，由此可以实现对意义的理解，而计算机由于缺少意向性因而无法理解符号的意义。

关于符号，实际上需要谈论的问题远不止如此。什么是符号呢？最为典型的符号恐怕应该是语言文字了，从人类发明语言符号的目的论意义来看，符号最初的功能是标识事物。随着人类语言的不断丰富和扩大化，文字符号的属性也越来越多，既有标识具体事物的名词，如苹果，也有标识抽象概念的名词，如时间，有标识事物数量的数词、量词，也有标识事物之间关系的介词，如多于、在……前面，有描述事物的形容词和动词，也有描述形容词、动词的副词，人们甚至对事物之间的关系进行进一步抽象获得逻辑学、几何学和数学等符号。除了语言文字，符号还涉及图形、声音以及一切具有象征、指代和标识功能的事物，有时人本身也可以因其对一个时代或一个国家的象征性意义被称为符号。恩斯特·卡西尔（Ernst Cassirer）甚至将符号扩展为包括语言、神话、艺术和宗教等人类文化生活的各个方面，并认为"它们是织成符号之网的不同丝线，……人类在思想和经验之中取得的一切进步都使这张符号之网更为精巧和牢固"❷。在卡西尔看来，人在本质上是符号的动物。

从表面来看，早期认知科学的符号表征认知观似乎与卡西尔一道将人视为符号的，所不同的仿佛只是认知科学把人等同于符号处理机器，卡西尔把人看成符号性动物。我们暂且不论机器与动物在本质上的区别，单就符号这

---

❶ ［美］罗姆·哈瑞. 认知科学哲学导论［M］. 魏屹东，译. 上海：上海科技教育出版社，2006：115.

❷ ［德］恩斯特·卡西尔. 人论［M］. 甘阳，译. 上海：上海译文出版社，2004：35.

个限定语的内涵而言，早期认知科学与卡西尔就存在根本性的差异。通过前面的介绍可以了解到，早期认知科学所称的符号通常指各种逻辑学的、抽象的代码。我们都知道，现代计算机被称为冯·诺依曼机，主要是通过运算器对指令和数据进行处理，指令由用逻辑语言书写的操作码和地址码组成，数据以二进制代码表示。基于这种计算机原理，纽维尔和西蒙对人类思维的研究方案也许是可行的，但是人类心智的符号性显然不仅仅是逻辑的、规则性的。如卡西尔所言，"与概念语言并列的同时还有情感语言，与逻辑的或科学的语言并列的还有诗意想象的语言"❶。由此，可以看到早期认知科学对人的符号性理解显然过于狭隘了。而实际上，对符号意义的理解更多地涉及"符号接地的问题"❷，人类对符号的使用是一个个体经验历史累积的过程，我们将在第三章介绍具身认知观挑战早期认知科学的部分再次提到符号的意义理解问题。

（二）感受质的缺失

通常，感受质（qualia）可以被界定为一种第一人称"我"的、内在性的、主观的体验。例如，当"我"的手指被刀片划破时，作为认知主体的"我"所感受到的"疼痛"就是这样的一种感受质。针对一种客观主义的第三人称视角提出感受质问题可以追溯至 20 世纪 70 年代。1974 年，美国哲学家托马斯·内格尔（Thomas Nagel）针对物理主义还原论提出了一个发人深省的问题：成为一只蝙蝠将会怎样？❸ 在内格尔发表的有关这一问题的论文中，他提示出有机体存在某种所像是的东西（there is something that it is like to be），这就是经验的主观性质。感受质问题同样对计算－表征的心智观构成挑战，因为计算－表征的心智观在哲学的立场上是功能主义的，即将心智视为介于输入和输出之间的某种功能，在计算机隐喻的基础上，心理状态被等同

---

❶ ［德］恩斯特·卡西尔. 人论［M］. 甘阳，译. 上海：上海译文出版社，2004：36.

❷ ［美］劳伦斯·夏皮罗. 具身认知［M］. 李恒威，董达，译. 北京：华夏出版社，2014：105.

❸ NAGEL T. What is It Like to be a Bat?［J］. The Philosophical Review，1974，83（4）：435 – 450.

于实现了相同的输入和输出效应的机器状态。例如，在功能主义看来，"疼痛"就是由组织破坏引起的一种功能性状态，这种功能性状态具有一种导致想要摆脱该状态的倾向，以及产生躲避造成这种损伤的事物的活动倾向。计算－表征的心智观对疼痛的这种功能主义式的解释显然忽略了人类作为有机体的感受质这一重要特性。

感受质问题对功能主义的挑战主要基于这样一个观点，即心理状态或心智不能用功能性因果作用来界定，因为一种功能性模拟不仅缺失了人类经验的重要特质——感受质，而且由于感受质的意识前提，一种没有感受质的系统对心理状态的模拟本身就已经是失真的。对功能主义立场上的计算－表征心智观之感受性缺失来自两个方面的重要论证：反转光谱效应和中国人体系统（the China－body system）或小人头脑系统（homunculus－headed systems）。❶ 考虑一下红绿色盲的情况。按照功能主义对感受质的理解，正常人和红绿色盲者应该有着相同的内在心理状态，因为他们在经验的指导下对同一"红色"或"绿色"的事物会产生相同的反应，如看到交通信号灯时，正常人在红灯时停下脚步，而红绿色盲者则在看到"绿灯"时停下脚步。但实际上，在正常人眼中一个红色的物体被体验为"红的"，而在红绿色盲者眼中，该物体被体验为"绿的"，显然二者的感受质完全不同。而且，就疼痛这种感受质而言，它在不同个体身上所导致的功能性行为也不尽相同。有时人们在受伤疼痛时会选择躲避危险源，而有时则否，如战争中的士兵在受伤疼痛时，可能选择冲锋陷阵，而不是逃离躲避。因此，从功能性角度来界定感受质是有问题的。

此外奈德·布洛克（Ned Block）认为，在功能主义的立场上，"有可能将一个人的心理状态 x 等同于状态 y，即便 x 状态拥有感受质，而 y 状态全然没有感受质"❷。他设想了一个思维实验。想象十亿中国人，给他们每个人一

---

❶ BLOCK N. Troubles with Functionalism [A] //BLOCK N. Readings in the Philosophy of Psychology. Cambridge：Harvard University Press, 1980：268－305.

❷ BLOCK N. Are Absent Qualia Impossible? [J]. The Philosophical Review, 1980, 89 (2)：257－274.

种两信道短波器，用以与其他人以及一个人造的无脑身体实现联系。该身体的运动受短波信号的控制，十亿中国人从一个在天空中的人人可见的大屏幕上接受指令以形成信号。该指令使每一个中国人都像单个的神经元那样工作，短波器像突触那样联结起来，以便于全体中国人能够在精细的水平上复制人脑的组织结构。这个系统能够体验到经验和情感吗？布洛克认为直觉上该系统没有任何感受。这与人工智能的作用原理是一样的。他设想即便将来人工智能有可能对人类心理状态（如牙痛）的神经机制实现充分的模拟，但仍然不可能使其产生牙痛的感受体验。

　　当然，功能主义回复布洛克说，由于这种想象的主体与中国身体相比较太小了，因而导致"只见树木不见森林"，因此得出了它缺少感受质的结论。这就好比一个微小的外星人来到地球上并进入人类大脑，它也会因只看到电冲动沿着无数条路径来回穿梭而得出结论说这不足以构成感受体验存在的证据。这一反驳很容易让人联想到莱布尼茨的假想，"如果把人的大脑放大到房间那么大，人可以走进去，但走进去的人所看到的只是神经事件，而绝对看不到思想和经验"❶。但实际上，我们对他者感受性或他心的推断并非通过观察其脑部组织获得，我们每个人都能够直觉地判断出一个事物是否具有感受性，如我们通常认为动物具有这种感受性，尽管可能具有与人不同的质，但我们不认为一部计算机具有感受质。因此，布洛克对中国身体不具有感受质的判断可以在直觉上得到证实。当然，功能主义者仍然会说，也许计算机尚不能实现对人类神经组织的全面模拟，但可以将计算机看作是我们神经系统中的一个微小部分的功能模拟，就像生命在进化之初不过是一些具有自我复制功能的大分子一样，这些大分子的活动虽然没有任何有意识的特征，却最终创造了人类意识这样的奇迹。不过，挑战者们并不在乎未来计算机是否能够通过不断增加复杂性而产生感受质，他们的关注点在于计算－表征的功能主义立场在今天忽视了人类心智的重要方面，人的经验的、现象的世界，这也是具身认知进路提出的核心论点之一。

---

❶　高新民，张卫国．二元论的东山再起［J］．江汉论坛，2012（4）：32－37.

第四节　一种潜在的方法论危机

如前文所述，早期认知科学包括以计算机技术为基础的人工智能领域以及认知心理学，其共同的首要研究方法是以人为受试者进行实验。这种实验研究范式一直保持到现在。在认知科学家看来，作为一门科学，"关于心智如何运作的结论决不能仅仅建立在'常识'或内省的基础之上，很多心理过程是人所意识不到的。因此，从不同的方向慎重细致地开展心理操作的心理学实验，是使得认知科学成为一门科学的关键所在"●。正是这种学科的方法论基础，使得早期认知科学虽然批判行为主义的范式危机，却在研究方法上沿袭了其实验法。众所周知，早在19世纪末期，随着威廉·冯特创立实验心理学，取自自然科学的实验法就成为心理学的主要研究方法，它不仅使心理学借以与传统哲学区别开来，而且是其作为一门科学的有力保障。然而，作为实验法使用源头的，也是心理学赖以塑造自己科学形象之典范的物理学，在20世纪初却遭遇了实验法所带来的困境。

一、物理学的实验法与量子之谜

在自然科学的历史中，实验法的创立应该归功于伽利略，伽利略用实验的方法来反驳亚里士多德关于物质运动的古典思想。对于伽利略而言，他需要寻求一种方法以使别人相信：是摩擦力，而不是停在宇宙中心的本能使得滑块停下来；是空气阻力，而不是宇宙中心的本能使得羽毛的下降速度比石头的下降速度慢。他想到了一种极具原创性而影响深远的情形：实验。"两个铁球同时落地"的著名实验最终使人们放弃了亚里士多德的理论，也同时证明了实验演示的科学力量。伽利略宣称，"直觉和权威在科学上没有位置，科

● ［加］保罗·萨伽德. 心智：认知科学导论［M］. 朱菁，陈梦雅，译. 上海：上海辞书出版社，2012：8.

学上唯一的判断标准是实验演示"❶。无疑自近代以来，实验方法连同其内含的观察法使物理学以及所有自然科学取得了巨大的进步。然而，令人不可思议的是，这种带给物理学以令人瞩目成功的方法却在 20 世纪初以"量子之谜"的形式令物理学家们感到困扰，甚至成为现代物理学的"难言之隐"。❷

所谓的"量子之谜"最早起源于人们对光的性质的界定。牛顿将光视为微粒流，虽然他也研究过光的"干涉"性质，这是一种唯有用扩展波才可以解释的现象，但出于对行星运动的考虑，即因为波需要媒质来传播，如果宇宙中存在这种光借以传播的媒质，那么行星的运动就会受到干扰，因此他只坚持粒子说。牛顿对光的粒子性质的界定一直被奉为权威，直到 19 世纪初托马斯·杨（Thomas Young）的一种方法证明了光的波动性。他在一块黑色的玻璃板上刻画了两条距离很近的平行槽，光经过这两条狭缝后投影到墙上形成明暗交替的条纹，这种被称为"干涉条纹"的现象表明光是一种扩展的波。在 19 世纪与 20 世纪的交汇点处，马克斯·普朗克（Max Planck）在解释热辐射定律时提出了量子跃迁的概念，即"电子会震荡一段时间而不经辐射损失能量，然后在无须任何力的作用下随机地、无因地以光脉冲的形式突然辐射出一个量子的能量"❸。随后不久，阿尔伯特·爱因斯坦（Albert Einstein）就发现原子的运动方程与普朗克的辐射定律之间有着数学的相似性，这促使他考虑光有可能实际上类似于原子。爱因斯坦推测，光是一系列浓缩的波包的流，后来人们将波包称为光子，爱因斯坦用光电效应来证明光的粒子性。

至 20 世纪初期，人们关于光的性质的争论还扩展到了一切实物粒子，各种实验被设计用来证实光子、电子、原子、分子等的波动性质和粒子性质，而且均得到了证实。1923 年，物理学家们最终接受了波粒二象性，并且承认一个对象的物理实在性取决于人们选择如何看待它。物理学不可思议地遇到了

---

❶ ［美］布鲁斯·罗森布鲁姆，弗雷德·库特纳. 量子之谜——物理学遇到意识［M］. 向真，译. 长沙：湖南科学技术出版社，2013：28.

❷ ［美］布鲁斯·罗森布鲁姆，弗雷德·库特纳. 量子之谜——物理学遇到意识［M］. 向真，译. 长沙：湖南科学技术出版社，2013：120.

❸ ［美］布鲁斯·罗森布鲁姆，弗雷德·库特纳. 量子之谜——物理学遇到意识［M］. 向真，译. 长沙：湖南科学技术出版社，2013：71.

意识问题，这更为突出地表现在几年后埃尔温·薛定谔（Erwin Schrödinger）与马克斯·波恩（Max Born）关于波场的解释冲突中。最初，薛定谔推测对象的波场就是涂抹开的对象本身，而波恩则认为波场是在一个区域内发现整个对象的概率，由此奠定了量子力学的概率性本质。这种概率性质最终也决定了"量子之谜"所呈现出来的不可思议性，即你可以选择用双缝实验来证实原子是一种扩展开的东西，也可以用单缝实验来证明原子是一种结构紧凑的颗粒。狭缝实验在量子物理学中还有其盒子对照版本，这个版本受到薛定谔的质疑并用假想猫的实验来论证其荒谬性，这个实验如今被称为"薛定谔的猫"。实际上，"量子之谜"并没有人们通常渲染得那么不可思议，它不过是说明了"研究者的观察和实验设计过程本身就已经决定了实验结果"这一问题。1984 年量子宇宙学家约翰·惠勒（John Wheeler）所进行的延迟选择实验以及 2007 年用足够快的电子器件来代替人类决定的实验都进一步证实了"观察创建历史"❶ 这一量子理论的预言。至于"薛定谔的猫"之假想，由于突破了量子的层面而假设宏观物体可以不经观测地保持一种叠加态，不仅是无效的而且是荒谬的。

二、经验证实的方法论批判

发生在物理学中的量子困境在一定程度上加强了人们对支撑物理学等自然科学的实证主义、逻辑实证主义哲学立场的批判信心。20 世纪 30 年代，卡尔·波普尔（Karl Popper）提出了理论先于观察和实验的主张，认为"我们总是按照一种预想的理论去观察一切事物"。波普尔的这一思想被历史主义科学哲学流派的奠基人诺伍德·汉森（Norwood Hanson）、斯蒂芬·图尔敏（Stephen Toulmin）所吸纳。汉森针对逻辑实证主义将观察和实验视为检验理论的工具的主张，提出了与之相反的观点，即"观察负载理论"。汉森否认经验是科学理论的检验标准和可靠基础，认为观察不是中立的，而是受理论指

---

❶ ［美］布鲁斯·罗森布鲁姆，弗雷德·库特纳. 量子之谜——物理学遇到意识［M］. 向真，译. 长沙：湖南科学技术出版社，2013：115.

导的，是负载理论的。汉森在其著作《发现的模式》中列举了大量的例证来对此加以说明。一个著名的例证就是他以格式塔心理学的经典实验鸭兔图为例，认为观看同一张图片，有的人看到的是鸭，有的人看到的却是兔。另外，两个人都在显微镜下观察同一个细胞切片，一个看到了"高尔基体"，而另一个则说看到的是因染色技术不佳而造成的凝结物。同样，开普勒与第谷一同观看日出，前者看到的是地球绕太阳转，后者看到的却是太阳绕地球转。

实际上，从伽利略赋予实验法以科学研究首要位置之时起，人们就对这一方法质疑，即实验演示都是发生在精心设计的情况下。但是由于实验法所带来的科学进步如此之醒目，导致人们逐渐忽略了这一问题，直到物理学遭遇量子困境。对于实验心理学而言，这一物理学中的量子困境也一直都在，它表现为，心理学家对心理现象的不同理解方式甚至是对立的理解方式均能够通过实验来加以验证。而且只要实验设计得足够精细，便可以被人们所接纳。由此可以理解，为什么认知心理学通过实验研究获得了多种模型，而且诸模型之间甚至存在冲突。然而，来自物理学的量子困境和科学哲学中的反经验验证意见并没有引起心理学家以及认知科学家的关注，当心理学中的某一范式出现危机时，人们首先想到的通常是其理论主张的问题，而从不会质疑其经验证实的方法论基础。也正因如此，当华生提出行为主义的主张时，即便其消除意识的做法如此明显地违背心理学的内核，但却受到了热烈的欢迎，行为主义一路凯歌，占据心理学的主导地位长达半个世纪之久。一个重要的原因恐怕是，行为主义者们设计并实施的精致实验给心理学带来了前所未有的科学形象。在行为主义出现范式危机之后，一种变革的要求更多的是主题上的而非方法上的，而所谓认知革命也并不是因为清晰地把握到了行为主义本身历史地传承下来的逻辑问题而明确地、有意识地爆发的，而是因为行为主义未能满足美国的实用主义要求。换句话说，发生在心理学中的这一变革尽管可能暂时地缓解危机，但其问题的根源却一直如影随形，潜藏在一切以意识或心智为主题的科学研究中，不论是早期的实验心理学还是今天的认知科学。从表面来看，催生变革的主导力量是重新对行为主义在过去极力驱逐的心理现象予以关注和研究，但实际上，这些重新进入心理学家视野中的心理现象仅仅保留了一个称名而已，在内涵上这些称名统统被以信息加工的话语方式和界定方式所填充。在信息加工的心智观下，所谓的实验研究不过成了循环验证的中间过程，为的只是在形式上保持科学性。同样是在追求科学性的动机之下，我们将看到认知科学的具身进路如何陷入一种对哲学的矛盾态度之中，而具身进路所进行的30多年的实验研究最终呈现给人们的可能仅仅是一种对现象学观点的经验证实形象。

第三章　具身认知进路：挑战与和解

于 20 世纪 80 年代兴起的具身性认知观，一方面从现象学中借鉴了经验的现象性质，将人视为一种在世存在，并将人的身体视为认知主体与世界实现交互作用的媒介，强调身体对人类认知的塑造作用，从而批判早期认知科学的计算机隐喻及其将认知视为对符号表征进行操作的 CRUM 立场；另一方面，以这种具身性认知观为主的具身认知进路力图提供一种以往哲学所不能实现的经验科学，以消解科学与经验的紧张关系。由此具身性认知观既挑战了早期认知科学的计算 – 表征认知观，也在研究方法上向传统哲学的省思模式宣战。具身认知进路来势劲猛，大有废旧立新的雄心壮志，它甚至一度也宣称将引起认知科学中的另一场革命。然而，正如我们即将看到的，具身认知进路对早期认知科学的挑战并未能从根本上动摇认知科学计算 – 表征的主流地位，它对传统哲学的挑战不是使其远离哲学，反而让它与现象学越走越近，最终以神经现象学和生成现象学收场。因此，具身认知进路近 30 年的发展历经了一个从对早期认知科学和传统哲学进行挑战到与其和解的过程。

第一节　具身认知进路的宣言：一场"哥白尼式革命"

具身认知在当代认知科学中所具有的煽动性和号召力源于几位代表人物的宣言式著作。这几位代表人物是瓦雷拉、汤普森、罗施、莱考夫和约翰逊，他们的代表著作分别是：由瓦雷拉、汤普森、罗施合著的《具身心智：认知科学和人类经验》以及莱考夫和约翰逊合著的《体验哲学：具身心智及其对西方思想的挑战》。这几位代表人物共同向早期认知科学及其哲学基础发难，并认为具身性取向的认知科学将彻底改变以往哲学传统对心智的解释方式，改变我们看待自己的方式。例如，瓦雷拉等人认为，认知科学自 20 世纪 50 年代至 90 年代的 40 年发展中，"对在日常生活以及活生生的情境中成为人意味着什么几乎什么也没说"。因此，"新的心智科学需要拓展其视野，把活生生的人类经验以及人类经验中所固有的转化的可能性包含进来"，同时，"日常经验必须扩展其范围以便从心智科学所取得的清晰而明确的洞察和分析中受益"。在瓦雷拉等人看来，将科学与人类经验结合起来，一方面在范围上突破了早期认知科学的研究局限，这是对标准认知科学的改造；另一方面，科学对基于以往哲学的人类经验的挑战也将是令人瞩目的，因为"我们的文化中科学所给予的权威声音是其他任何人类实践与制度所不可比拟的"，特别是当科学把自己对心智的理解转化为人造物时，这种人造物将有可能改变日常生活，这"要比哲学家的著作、社会理论家的反思或精神病学家的治疗分析更胜一筹"。❶ 简言之，在瓦雷拉等人看来，他们所开展的具身认知研究既有超越标准认知科学的新内容，又有超越单纯思辨研究的科学方法，因此将"开启一个可能性的空间"❷。

与瓦雷拉等人所宣称的具身认知进路的开创性一致，莱考夫和约翰逊认为认知科学新近取得的三个主要发现，即"心智内在地是具身的；思想大多数是无意识的；抽象概念在很大程度上是隐喻的"❸，与西方传统哲学的核心相抵触，将改变原有哲学的样貌，结束两千年来先验哲学对于理性的理解。莱考夫和约翰逊说，"我们大多数哲学信念都与理性有着错综复杂的关系"。"理性在过去两千年来都被用来界定人类的独特性。理性不仅包含逻辑推演的能力，也包括我们提出问题、解决问题、进行评价、批判、思量我们应该如

---

❶ VARELA F, THOMPSON E, ROSCH E. The Embodied Mind：Cognitive Science and Human Experience［M］. Cambridge：MIT Press, 1991：ⅩⅤ - ⅩⅦ.

❷ VARELA F, THOMPSON E, ROSCH E. The Embodied Mind：Cognitive Science and Human Experience［M］. Cambridge：MIT Press, 1991：ⅩⅩ.

❸ LAKOFF G, JOHNSON M. Philosophy in the Flesh：The Embodied Mind and Its Challenge to Western Thought［M］. New York：Basic Books, 1999：3.

何行为，实现对自己、他人和世界的理解能力"[1]。但是经验研究发现，人类理性根本不像西方哲学传统说的那样是离身的，而是具身的。理性并不是宇宙中的一种超越性特征，而是受人类独特的身体所塑造。除此之外，理性还是进化的，理性大部分是无意识的，理性并非纯语言的、在很大程度上是隐喻的和意象的，理性是情感参与的……在莱考夫看来，经验研究能够发现、建立并探究到心智的基础层面，因此在方法上较传统哲学更具竞争力，而且通过经验研究获得的"对于理性理解的改变将相应地转变我们对于自己作为人类是什么的理解"[2]，这种理解完全不同于哲学传统关于人是什么的观点。同时，莱考夫还认为，认知科学对无意识认知的研究获得了众多反传统的经验证据，这些证据不仅提出了有关哲学形而上学课题上的深刻问题，而且提出了关于哲学本身性质的问题，即哲学已经不再像其以往所宣称的那样独立于经验研究，相反它有关什么是真实的概念有赖于无意识隐喻，因此，"认知科学——对心智的经验研究——召唤我们创造一种新的、经验性的（empirical）哲学，一种与心智本性的经验发现相一致的哲学"[3]。

莱考夫将早期认知科学的哲学立场视为一种建立在笛卡尔二元论基础上的离身认知观，他强调"传统的观点认为，理性是抽象的和离身的，有意义的概念及合理性超越有机体的躯体限制。与此不同，新的观点认为，理性有其身体基础，有意义的概念及抽象理性在人类身上，或在机器中，或在其他有机体中可能是具身的"[4]。莱考夫说，最近关于概念分类的集中研究越来越证实了这种新的观点，即人类理性具有如下一般特征：思维是具身的；思维是意象性的；思维具有体态属性；思维具有一种生态学结构。不过莱考夫和约翰逊与计算表征的认知观并不完全对立，很多时候他们恰恰是采用了早期

[1] LAKOFF G. Women, Fire and Dangerous Things: What Categories Reveal about the Mind [M]. Chicago: University of Chicago Press, 1987: XII.

[2] LAKOFF G, JOHNSON M. Philosophy in the Flesh: The Embodied Mind and Its Challenge to Western Thought [M]. New York: Basic Books, 1999: 3-6.

[3] LAKOFF G, JOHNSON M. Philosophy in the Flesh: The Embodied Mind and Its Challenge to Western Thought [M]. New York: Basic Books, 1999: 15.

[4] LAKOFF G. Women, Fire and Dangerous Things: What Categories Reveal about the Mind [M]. Chicago: University of Chicago Press, 1987: XI.

认知科学的一些研究结论来反对传统哲学，特别是他们对思维的无意识性质的说明更加体现了这种关系。因为他们和早期认知科学一样将思维视为一种无意识的过程，即当人们在思考时对真实发生在头脑中的生理事件并不知晓。这一观点我们将在下一部分详加讨论。实际上，围绕"认知是具身的"这一观点展开的各种主张在一些具体问题上意见并不统一，而且就连早期瓦雷拉、莱考夫等人所宣称的具身认知的革命性质也并未得到广泛的响应，正如林德布洛姆（Lindblom）和齐梅科（Ziemke）所言，我们必须决定具身认知是不是一个"哥白尼式革命"❶，随着讨论的展开，我们将看到，具身认知也许并不像其首倡者所宣称的那么具有强烈的革命性质，毋宁说，它只是标志着认知科学在研究重点上的一个更为温和的转变。

第二节　挑战早期认知科学——"认知是具身的"

一、早期认知科学的亚人解释层次

在《具身心智：认知科学和人类经验》一书中，瓦雷拉等人将早期认知科学的计算表征观点称为认知主义，在他们看来，认知主义通过将认知定义为对符号表征的计算，而使智能或语义的意向性在物理上和机制上成为可能，由此，认知科学就成为对认知的物理符号系统的研究。这种对心智的符号解释层次虽然避免了向物质层次的还原，是认知主义的重要创新，但却假设了一个语义层次或表征层次，并蕴含着语法和语义之间的关联关系，如计算机程序的符号编码语法反映或编码了其语义。然而人类语言中的语法是否能够反映与行为解释相关的所有语义特征是成问题的，而且"尽管我们知道计算机中计算的语义层次来自程序员，但我们并不知道，认知主义者假定编码在

---

❶　LINDLBOM J, ZIEMKE T. The Body – in – Motion and Social Scaffolding：Implications for Human and Android Cognitive Development ［J］. Cognitive Science and Society，2005：87 – 95.

大脑中的符号表达将如何获得它们的意义"❶。出于论述主题的需要，瓦雷拉等人对此并没有进一步展开，实际上这涉及我们稍后将要讨论的"符号接地问题"。通过对认知主义研究纲领的总结，瓦雷拉等人认为，认知主义假定：存在我们不仅没有觉知到而且不可能觉知到的心智或认知过程，如当我们辨别桌上的两只手套是一双还是同一只手的，此时的思维过程是不能被我们直接意识到的。这种假设的核心是我们所意识到的只是思维活动的感觉层面，而思维本身则并不能被觉知到。"构成我们精神生活那庞大而连续不断的意识，并不是思维本身，而只是思维的反映。"❷ 这导致了这样一种观念，即自我或认知主体在本质上是片段的或非统一的。基于此，对心智的认知主义解释呈现出一种亚人（sub–personal）水平的特点。正如丹尼尔·丹尼特（Daniel Dennett）所言："现在被捍卫或构想的每个认知主义理论……是一种亚人水平的理论。实际上，我一点都不知道：心理学理论——截然有别于哲学理论——如何能不成为亚人水平的理论。"❸

当然，丹尼特是在肯定的意义上支持认知主义的亚人解释立场，而且在心灵哲学中丹尼特被称为小人功能主义的代表。对于丹尼特来说，我们的自我理解预设了如"信念"、"渴望"以及"知道"这样一些认知概念，却没有解释它们，因此，如果对心智的研究想要变得活跃而科学，就不能被限制在对自我理解的本质特征的解释上。在另一著作中，丹尼特以得自人工智能的灵感从生物演化的视角论述了他对心智的基本看法。丹尼特认为，像人类这样拥有复杂心智的生命不过是生物进化链条上的一个结果而已，因此，可以从生命由以进化而来的基本状态来理解心智。现在已经知道生命最早期的形态是一些大分子物质，它们拥有一种神奇的能力：自我复制。只要处于营养丰富的原料中，这些大分子物质就能够无心地建构然后散发出与自己完全相

❶ VARELA F，THOMPSON E，ROSCH E. The Embodied Mind：Cognitive Science and Human Experience [M]. Cambridge：MIT Press，1991：42.

❷ [美] 克恩斯托夫·科赫. 意识探秘：意识的神经生物学研究 [M]. 顾凡及，侯晓迪，译. 上海：上海科学技术出版社，2012：413.

❸ DENNETT D. Toward a Cognitive Theory of Consciousness [A] //SAVAGE C W. Minnesota Studies in the Philosophy of Science（Vol. 9）. Minneapolis：University of Minnesota Press，1978.

同或几乎完全相同的拷贝来。它们是这颗行星上一切生命的基础，因而也是所有心灵的先决条件。当然，这些大分子还不具备心灵，但是它们就像一些小小的机器，一些天然的机器人。丹尼特说，自我复制机器人在原则上的可能性，已经由冯·诺依曼给出了数学的证明。而我们，作为拥有复杂心智的人就是由它们演化而来的，换句话说"你的曾、曾……曾祖母真真确确是个机器人！你不仅是这样的大分子的后代，你还是由它们组成的：你的血红蛋白分子、你的抗体、你的神经元、你的前庭眼动反射机制——你的身体在分子以上的每个分析层次（包括你的脑）都是由无知无觉地完成着奇妙而精巧工作的机械所组成"❶。由此可以看出，丹尼特认为在存在着无法通达意识尤其是自我意识的"人的层次"（personal level）的心智机制和过程这一点上，认知主义做出了正确的反应，因为当人们在有意识觉知或者自我意识内省中不可能分辨出用以说明认知活动的认知结构和过程时，将认知视为"在本质上是符号计算的"能够在亚人层次上提供一种解释，这种解释恰恰是使关于心灵的研究成为科学的所必不可少的。

实际上，丹尼特的这种对心智的看法为早期认知科学中的集群模块理论提供了支持。集群模块理论假定心智是一种由大量模块组成的集合体，所谓模块即心智的域或专门化的处理系统，不同模块由不同的物质构成，且限制在一定区域内。如视觉系统、听觉系统。"认知是由可分离的系统构建的，每一系统都拥有不同的功能或执行着不同的功能"。同样，"整个心智也是由一系列复杂的可分离的子系统分级建构的，子系统叠加子系统，最终聚合起整个系统"❷。人们期望这种对心智的理解将大大增加心智的科学研究的可能性，毕竟对单一子系统的研究要比一开始就假定一个由无限关联的成分组成的复杂的整体结构要容易上手得多。然而，这种易于研究是以牺牲事实为代价的。如关于众所周知的语言运动中枢布洛卡区，业界很难达成一致，事实上，大

---

❶ ［美］丹尼尔·丹尼特. 心灵种种——对意识的探索［M］. 罗军，译. 上海：上海科学技术出版社，2010：21-22.

❷ ［加］罗伯特·J. 斯坦顿. 认知科学中的当代争论［M］. 杨小爱，译. 北京：科学出版社，2015：3-19.

脑中的每个脑叶都对语言的生成有着重要的影响。❶ 此外，关于视觉的皮层区域，现有的研究已经为我们揭示出，初级视皮层虽然与视觉密切相关，但并不直接对视觉意识有所贡献，换句话说，决定我们看见了什么的不是像通常人们所了解的那样取决于枕叶视觉中枢，而是在于高级视觉皮层，如梭状回和内侧颞叶皮层。❷ 基于此，一种基于亚人层次上的模块解释实际上是颇具争议的。

在瓦雷拉等人看来，认知主义挑战了人们的这样一种前理论的、日常的信念：认知和意识属于同一领域，认知主义者认为认知领域由那些一定要具有明确的表征层次的系统组成，而不必由那些有意识的系统组成。由此认知主义将意识与心智区分开来，并将对那些无意识认知模块的研究合法化。但是，瓦雷拉等人说，"现在出现了一个问题：我们似乎正在失去对我们最熟悉亲密的东西——我们的自我感觉（our sense of self）——的把握。如果意识，更不用说自我意识，对认知来说是非本质的，并且如果在诸如我们这样的有意识的认知系统中，意识仅仅等同于一种心智过程，那么认知主体是什么呢？它是所有有意识的或无意识的心理过程的集合吗？或者它只不过是像意识一样是所有其他心理过程中的一种？不管是哪种情况，我们的自我感觉都受到了挑战"❸。可以说，瓦雷拉等人对认知主义所造成的自我感危机的把握是准确的。我们可以看到，在20世纪早期行为主义将意识第一次驱逐出科学研究的范畴之后，在20世纪晚期，认知主义再一次使意识在"自我"的意义上陷入了危机，丹尼尔·丹尼特甚至宣称意识是我们的一个巨大的幻觉。在他的一部有关自由意志的著作中，丹尼特以这样一种方式表达了对自我感的质疑："你通过眼睛进入大脑，沿着视神经前进，绕着大脑皮层来来回回，巡视每一个神经元，接着在不经意间，你看到了一个运动神经脉冲的闪光，你搔着脑

---

❶　PULVERMÜLLER F. Words in the Brain's Language [J]. Behavioral and Brain Science, 1999, 22 (2): 253 –279.

❷　[美] 克里斯托夫·科赫. 意识探秘：意识的神经生物学研究 [M]. 顾凡及，侯晓迪，译. 上海：上海科学技术出版社，2012：148.

❸　[智] F. 瓦雷拉，[加] E. 汤普森，[美] E. 罗施. 具身心智：认知科学和人类经验 [M]. 李恒威，李恒熙，王球，等译. 杭州：浙江大学出版社，2010：41 –42.

袋想要知道：自我究竟在哪里呢？"❶

丹尼特的这段话代表了 20 世纪心智科学著名的"解释的鸿沟"疑惑，即描述意识状态的经验特征与脑状态的神经结构之间的不可通约性。在瓦雷拉等人看来，认知主义将认知过程与意识分离开来，"不仅没有缩小这一鸿沟，相反，通过打开一个在亚人的、计算的认知与主观的心智现象之间的新鸿沟"❷，它使这种断裂更加严重了。而实际上，这种解释的鸿沟蕴含着一个典型的逻辑错误，即用第三人称的观察视角去寻找一个第一人称的、主观的、现象的意识。这怎么可能?! 或者换句话说，我们怎么能够期望通过观察一个人的大脑神经活动来找到他的"自我"呢？任何个体的自我感必定是他作为一个有意识个体以笛卡尔沉思的方式向内省思获得的，这种第一人称的主观经验的性质或意识的现象性质是自我的本质属性。在这个逻辑错误的基础上，一种取消意识的本体论危机必然再次出现。瓦雷拉等人也看到，"认知主义并不是简单地主张我们找不到自我，而是进一步暗示：自我对认知而言甚至是不必要的"，即"认知没有意识也可以进行，因为它们之间没有本质的联系"。于是瓦雷拉等人反问："如果认知在没有自我的情况下仍能进行，那么为什么我们仍然有自我的体验呢？我们不能简单地不加解释地抛弃这种经验。"❸

瓦雷拉等人发现，大多数哲学家对认知科学与人类经验之间的这个矛盾不屑一顾。不过，他们关注到了雷·杰肯道夫（Ray Jackendoff）关于计算心智与现象心智的区分性说明，并认为这位认知科学家直接面对了认知主义所揭示的意识、心智和自我关系上存在的问题。杰肯道夫将认知主义的无意识符号计算的认知称为计算心智，将人们在实际生活中的有意识经验称为现象心智（phenomenal mind）。杰肯道夫认为，认知主义通过假设一个无法通达意

---

❶ DENNETT D. Elbow Room：The Varieties of Free Will Worth Wanting ［M］. Cambridge：MIT Press，A Bradford Book，1984：96.

❷ ［加］埃文·汤普森. 生命中的心智：生物学、现象学和心智科学 ［M］. 李恒威，李恒熙，徐燕，译. 杭州：浙江大学出版社，2013：5.

❸ ［智］F. 瓦雷拉，［加］E. 汤普森，［美］E. 罗施. 具身心智：认知科学和人类经验 ［M］. 李恒威，李恒熙，王球，等译. 杭州：浙江大学出版社，2010：42.

识的计算心智，"对什么是有意识的经验没有给出任何说明"❶。因此一种
心－心问题亟待解决，即符号计算的心智是如何跟经验世界相联系的？杰肯
道夫提供了一种参考性意见，他认为有意识觉知的元素是由计算心智的信息
和过程所投射的，因此计算心智构成了介于外围感觉层次与核心的意识思想
层次之间的中间层次表征。杰肯道夫的这一观点被称为意识的中层理论（in-
termediate－level theory）。瓦雷拉等人认为，杰肯道夫将意识视为计算心智的
中层表征的投射，从这一基本观念可以得出两个重要的结果：一是杰肯道夫
要想发展其计算理论，需要经验上的或现象学的证据；二是他的理论揭示了
认知主体的非统一性。这两个结果使这样一种必要性脱颖而出，即认知科学
需要补充一种实用的、警觉的、开放式的人类经验进路。而且由于杰肯道夫
主张，"每个现象的区分都是由一个相关的计算区分所引起的或支持的或投射
的"，那么以解释现象心智为目标的心智的计算模型就要想方设法对有意识经
验中的所有区分做出解释。"如果还存在任何现象学的区分是当前的计算理论
所不能表达的，那么这个理论就需要继续拓展和修订。"❷ 因此，瓦雷拉等人
说，如果没有来自我们经验一侧的训练有素的、开放的进路，那么我们就不
能实现对计算理论的拓展和修订。

　　至于这种训练有素的、开放的经验从何而来，瓦雷拉等人在《具身心
智：认知科学和人类经验》一书中提出了一种可能性，即介于抛弃经验与
毫不怀疑地接受经验两种做法之间的一种中道立场，这种立场将自我经验
作为主题，并且直面统一的自我感与反思中自我的非统一性之间的矛盾。
瓦雷拉等人坦言，他们所提倡的中道立场来自正念或觉知的传统（mindful-
ness/awareness tradition）。因此，正念或觉知传统成为这本书的主题之一。
然而实际上，这一主题既没有被这三位作者在其学术生涯中一直坚持，也
未在认知科学中引起广泛的反响。这主要源于来自东方佛教的正念静心传

---

❶ JACKENDOFF R. Consciousness and the Computational Mind [M]. Cambridge：MIT Press, A
Bradford Book, 1987：20.

❷ VARELA F, THOMPSON E, ROSCH E. The Embodied Mind：Cognitive Science and Human Expe-
rience [M]. Cambridge：MIT Press, 1991：54.

统实为一种处世之道，而非一种有着严密逻辑的科学论证，其观念虽然在某些方面（如自我的非统一性）与西方哲学中的某些洞见相一致，但是在对问题的阐释上，这种正念静心的东方传统不足以提供充分的逻辑论证。也正是因此，在20世纪90年代后期，瓦雷拉放弃了这一东方传统，转而求助于现象学。

瓦雷拉等人对早期认知科学忽视人类经验的批判确实构成了一种挑战，他们的主张在认知科学内部构成了一种使意识经验重新回归科学研究视野的力量，并为其具身认知主张以及瓦雷拉神经现象学的创立铺平了道路。但是，瓦雷拉等人对早期认知科学的批判仅仅停留于主题上，而非方法上；即便在主题上，这种对人类经验的欢迎也是虚情假意的，因为他们选择了一种符合认知科学结论的经验立场。通过论述我们将看到，这种对意识经验的欢迎仅仅流于形式，未能真正把握到发端于19世纪晚期的具身性思维方式的实质。由于其方法论上的科学立场，他们对哲学省思的方法不仅排斥而且蔑视，而哲学省思恰恰是意识经验最有力量的表达，正是由于他们对意识经验的这种矛盾的态度决定了其具身认知进路从根本上并未建立起对人类经验卓有成效的理解方式。他们虽然从梅洛－庞蒂的现象学思想中洞察到某种先进的思想趋势，但是未能从根本上理解这种思想趋势的历史动因及其真正内涵，也就不能以一种连贯的态度看待整个现象学对意识经验的研究。在大卫·查莫斯（David Chalmers）提出意识的"困难问题"后，瓦雷拉一改自己最初对现象学的否定态度，不仅重新关注现象学，而且其神经现象学展现出了对胡塞尔现象学的极大依赖性。

二、第一代认知科学的离身性

具身心智的提倡者之一莱考夫将20世纪50年代兴起的认知科学称为第一代认知科学（first－generation cognitive science），并认为第一代认知科学受两千年来先验哲学思想的塑造，将心智视为抽象的、离身的。这种离身的心智观"并不是经验的发现（empirical discovery），而是哲学创造"。因此，第一代认知科学更多的是哲学性的，而非经验性的（empirical）或实证性的。❶ 这里莱考夫质疑第一代认知科学的实证性是令人疑惑的，因为我们在第一章对早期认知科学的介绍中，到处可见其工作显然致力于实证研究，实验的、观察的、测试的方法屡见不鲜。那么，怎么能说早期认知科学是非实证的呢？或许莱考夫质疑的是早期认知科学的基本出发点，即在笛卡尔二元论影响下的一种心智概念，这个概念是实验心理学从诞生之初就从近代哲学那里继承来的、曾经被行为主义一度禁言的那个意识概念。但是，莱考夫并未论证早期认知科学与传统哲学之间的这种继承关系，而且，早期认知科学虽然恢复了认知这个研究主题，但这个被恢复了的心智概念虽然具有以往心理学的称谓，其内涵早已经被改换成信息加工的意义了。我们在第一章对此也有所交代，因此，很难说早期认知科学还保留了二元论意义上的心智观———一种现象的、主观经验意义上的心灵（mind），这正是瓦雷拉等人所批判的。我们在第五章还会提到，莱考夫等人并没有真正理解笛卡尔的心灵概念，他们将第一代认知科学的离身性与笛卡尔二元论中的离身性等同起来的依据也是不充分的。

此外，莱考夫认为，第一代认知科学有四个基本假设，这四个基本假设在一些新近的研究下都是站不住脚的，并且指出了标志第二代认知科学的一种新观点，即强调认知或心智的具身性（embodiment）。以下是莱考夫所言的两代认知科学在四个方面截然不同的论点比较：

（1）第一代认知科学的旧有观点认为：心智和数字计算机或逻辑推演机一样是符号的，都以对抽象符号的运算为模型。新观点则认为思维是生物的和神经的，而不是一个符号问题。

（2）旧有观点认为思维是离身的和抽象的；新观点认为思维是具身的（embodied），在本质上是身体的（physical），具有受进化而来的控制身体的神经回路精致而巧妙印刻的概念，我们概念的独特结构反映着我们身体的、脑的、人际交往生活的以及经验的独特性。

---

❶ LAKOFF G. How the Body Shapes Thought：Thinking with an All too Human Brain ［A］//SANFORD A J. The Nature and Limits of Human Understanding：The 2001 Gifford Lectures at the University of Glasgow. Edinburgh：T. & T. Clark Publishers, Ltd., 2001：49 – 74.

（3）旧有观点将心智仅仅视为有意识的，而新的观点认为绝大多数（大约 95% 甚至更多）心智是无意识的，即不能直接进行有意识的内省。我们不会也不能直接知道我们自己的心灵（mind）。在这个意义上，笛卡尔错了。有赖于有意识内省的现象学，作为一种引导对心智虽有着实际效用，但受限于认知无意识这座冰山的有意识尖峰。

（4）旧有观点认为思维是言明的（literal）和一致的，适合用逻辑来讨论。在新观点看来，思维仅仅部分地是言明的。所谓抽象思维很大程度上是隐喻的（metaphorical），会用到操控身体的感觉－运动系统。

我们依次来考察莱考夫提出的关于新旧两代认知科学的这四点对比，会发现莱考夫总结标准认知科学的四个基本假设有失公允。第一，早期认知科学将认知看成符号的而忽视了脑的神经组织结构，确实受到了多方的质疑。不过，在 20 世纪 80 年代后，受到联结主义的影响，早期认知科学已经做出调整，认知神经科学的出现及其与计算－表征认知观点的融合就是例证。但这不足以说明计算－表征观点的完全失效，正如我们在第一章第二部分所讲到的，认知神经科学仍然需要用计算－表征观点作为理论来解释其发现的结果。

第二，就第二点而言，早期认知科学确实因其程序隐喻而将心智看成相对于脑而言自治的，这种心智的计算观点也的确激发了一幅心智作为抽象实体的图景❶，即这种实体可以独立于它所实现于其上的"硬件"来加以研究。但是，这种对心智的解释层面的离身性不能简单地等同于本体论意义上的二元论。心与脑在实在论上的同一性并不能决定其认识论方法上的同一性，如果简单地将对心智的理解用对脑的研究来取代，终将会陷入物理主义还原论的困境。而且，我们在早期认知科学中并未看到任何与莱考夫所主张的观点——我们概念的独特结构反映着我们身体的、脑的、人际交往生活的以及经验的独特性——相抵触的地方，早期认知科学只是忽略了对这些因素的考

---

❶ ［美］劳伦斯·夏皮罗. 具身认知［M］. 李恒威，董达，译. 北京：华夏出版社，2014：102.

察。正如我们前面提到的，随着早期认知科学将这些因素纳入自己的研究体系，新旧观点的这种在莱考夫看来不可调和的矛盾就弱化到不那么明显的程度了。

第三，莱考夫认为早期认知科学主张"认知的有意识性"，这一点讨论尤为令人惊诧，因为我们在早期认知科学的计算－表征立场中怎样都找不到这种观点，特别是从计算－表征认知观中发展出的功能主义哲学明显地取消了认知的意识性。唯一可能坚持有意识论点的只有奈塞尔早期的信息加工心理学，奈塞尔对脑中认知系统的假定可以理解为一种对输入信息的有意识加工的解释。但是这一点在早期认知科学中并不被普遍接受，况且，奈塞尔后来对认知系统的假定也产生了动摇。因此，说早期认知科学"将心智视为有意识的"缺乏事实基础，是一种不折不扣的误解。事实上，早期认知科学中所阐释的所有认知过程都是在无意识的层面而言的，不论是纽维尔和西蒙的逻辑思维研究还是斯滕伯格的记忆检索策略，乃至视觉搜索范式等，早期认知科学家显然认为，被试在完成这一系列认知任务时，对自己的认知过程的具体情形是不自知的，必须通过间接的符号加工理论来加以解释。尤其是斯滕伯格对记忆搜索的反应时的测量明显反映了无意识认知过程。至于莱考夫所针对的传统哲学的有意识内省，我们将在随后的部分加以讨论。

第四，莱考夫说旧有观点认为思维是言明的（literal）和一致的，这一点也并不十分确切。因为认知科学家并没有这样宣称，如果已有的研究给莱考夫造成了这样的印象，那也只能是一种个人的臆测。可能在莱考夫看来，如果思维是计算，那就必须是言明的和一致的。而实际上，认知科学家长期以来都对不合理的情况感兴趣，如"沃森的选择任务"研究中，研究者想知道被试何时能把实质蕴含应用在一个语境而不是另一个语境中。❶ 此外，1990 年，詹姆斯·马丁（James Martin）在计算框架下提出了思维的隐喻模

---

❶ OAKSFORD M，CHATER N. A Rational Analysis of the Selection Task as Optimal Data Selection [J]. Psychological Review，1994，101：608−631.

型❶，但不知为什么莱考夫没有注意到。同时，莱考夫将认知科学的研究局限于思维也太过狭隘了，他忽略了认知科学研究兴趣的多样性。

实际上，与其说莱考夫与约翰逊针对的是早期认知科学，不如说他们更多批判的是他们所理解的早期认知科学的哲学基础。因为随着 20 世纪八九十年代对意识研究的复兴，心灵哲学、分析哲学以及现象学等哲学思想渗透进心智的科学研究中，认知科学由此成为一种多领域融合的学科。显然，莱考夫和约翰逊洞察到了这一点，并且由于他们同样受到瓦雷拉等人对梅洛－庞蒂身体现象学的吸收之影响，因此通过将早期认知科学与传统哲学以离身性联系起来，并划清它们与所谓第二代认知科学即具身性主题的界限，来营造一种革命的声势。

第三节　挑战传统哲学——"一种心智科学"

具身认知提倡者宣称，具身认知进路不仅不同于早期认知科学，更重要的是具身认知进路还在一些论点和方法上挑战了传统哲学。在论点上，他们认为传统哲学中对认识起源的理解表现为两个极端的倾向，要么将认知视为对外在世界的单纯反映，即实在论，要么将认知视为主体先天具有的内在认知系统的投射，即唯心论。这两个极端的立场都起始于笛卡尔的对稳固认识根基追寻的倾向。此外，同样受笛卡尔的影响，西方传统哲学的主流将心智视为离身的，而认知科学中所得出的一些结论越来越与此相背离。在方法上，具身认知提倡者共同表现出了一种对哲学省思方法的贬低和蔑视，在这一点上他们又不那么鲜明地和早期认知科学站在了一起。然而，具身认知进路对哲学的批判被其自身的发展走向所否定。在论点上，具身认知进路的主张主要来自现代哲学中的具身性思想，而其方法论的沙文主义也随着具身认知进路提倡者对现象学的深入了解而消退。

---

❶　MARTIN J H. A Computational Model of Metaphor Interpretation ［M］. San Diego：Academic Press Professional，Inc.，1990.

一、具身认知进路视角中传统哲学认识论的困境：追寻稳固的认识根基

瓦雷拉等人认为，在西方的传统思想中，有一种将心智视为"自然之镜"的总体趋势，这种趋势被早期认知科学的认知主义立场所强化。认知主义鲜明地捍卫这种实在论，即便是在后来的联结主义进路中，实在论也隐含地且无可争议地被持有。在瓦雷拉等人看来，"这种非反思的立场是认知科学面临的最大危险之一，它限制了理论和观念的范围，因此阻碍了该领域的一个更广阔的前景和未来"❶。

认知主义和联结主义的实在论立场其集中表现就是表征（representation）概念。在瓦雷拉等人看来，认知主义者主张智能行为预设了以特定方式表征世界的能力，换句话说，行动者是通过表征他所处的情境的相关特征而行动的。因此，表征有两种意义：一是作为识解（construal）的表征，认知总是以某种方式识别、解释世界，即表征世界；二是作为某一系统行为的内部基础的表征。第一种意义是相对没有争议的，它指的是任何可以被解释为关于某物的东西，这是作为识解之义的表征，因为没有任何东西是关于他物而不将他物识解为以某种方式存在的。例如，一张地图是关于某些地理区域的，它表征了该地带的某些特征，因而将该地带识解为以某种方式存在。瓦雷拉等人认为，这个意义上的表征概念因其无须担当任何认识论或本体论的承诺，因而相对较弱，说一幅地图表征了该地带而无须费心于地图如何获得其意义这样的事。然而，当我们在此基础上想要将这种表征意义进行一般化，以构建一个羽翼丰满的关于知觉、语言或认知通常是如何工作的理论时，表征的意义就会负载相当沉重的本体论和认识论承诺，因而转变成第二种更强意义的表征。这种本体论和认识论的承诺是：假定世界是预先给予的，其特征可以先于任何认知活动而被规定，然后为了解释这种认知活动与一个预先给予

---

❶　VARELA F, THOMPSON E, ROSCH E. The Embodied Mind：Cognitive Science and Human Experience [M]. Cambridge：MIT Press, 1991：133.

世界之间的关系，还要假定在认知系统内部心理表征的存在。于是，那个羽翼丰满的理论就包含了三个内容：（1）世界是预先给予的；（2）我们的认知是关于这个世界的——即便只是部分地关于；（3）我们认识这个预先给予世界的方式是表征其特征然后在这些表征的基础上行动。

在瓦雷拉等人看来，这种被默会的认知实在论与哲学中实在论和唯心论的经典对立有关。传统哲学的实在论主张，我们的观念或概念是对外在世界中事物的反映（表征），我们的认识正确与否取决于这些映像（表征）与外部独立世界相符合或契合的程度。与这种将心智视为"自然之镜"的实在论观点截然相反，唯心论者指出，"只有通过我们的表征，我们才能接触这样一个独立的世界。……除了把外部世界假定为我们表征中的对象，我们根本无法知道外部世界是什么"❶，因此，既可以说表征是我们接触外部独立世界的桥梁，也可以说表征是横亘在我们与外界之间的障碍。瓦雷拉等人说，从表面来看，当代认知科学（指早期认知科学）的表征概念似乎为这种传统哲学的僵局提供了一种出路。因为认知科学以及哲学所关注的不再是先验的（apriori）表征，而是关注来自与环境因果互动的后验的（posteriori）表征。而实际上，瓦雷拉等人认为，心智作为"自然之镜"这一哲学形象的一个重要特征仍然活在当代认知科学中，即世界或环境具有外在的、预先给予的特征，这些特征通过表征过程被重现。不论表征是以符号为形式还是以脑的状态为形式，其功能都是表征一个独立存在的环境，它们受外在世界所驱动，并就外部控制机制来界定。这里，信息是独立存在于世界中的预定量，并且作为内容输入认知系统，系统以此为前提计算得出一个行为，即输出。但是，对于大脑这样高度协作的自组织系统，信息的输入和输出很难确定其开端和结束。瓦雷拉等人通过引用明斯基的一段评论表达了对这种认知实在论的质疑。明斯基的这段话大致是说，大脑制造思想的方式与工厂制造汽车有所不同，工厂制造汽车后，汽车是汽车，工厂是工厂，而大脑在形成思想的过程

---

❶ VARELA F，THOMPSON E，ROSCH E. The Embodied Mind：Cognitive Science and Human Experience ［M］. Cambridge：MIT Press，1991：137.

中改变了自身，这意味着我们不能把这样的过程与其所制造的产物分开。尤其是大脑产生了记忆，而该记忆将改变我们随后的思考方式。因此，瓦雷拉等人说，心智应被视为一种操作闭合（operational closure）系统，即该系统过程的结果就是那些过程本身，正是在操作中这些过程转而返回自身，从而形成自治网络。更重要的是这样的系统并不通过表征来运作，即心智不是表征一个独立存在的世界，而是生成一个作为区别域的世界。

由此，瓦雷拉等人通过对早期认知科学的实在论立场的分析表达了对传统哲学中实在论的质疑，并为其生成性（enaction）的具身认知进路奠定了基础。这样，他们同时否定了另一个极端，即唯心论立场上的认知观，它把认知看成是内在预先给予世界的投射。瓦雷拉等人说，传统哲学家有着一种进退两难的困境：“要么有一个对于知识的坚实稳定的基础”，一个绝对的根基，知识从这里开始、建立和休憩；“要么就陷入某种黑暗、混乱和困惑中”。正是对那个知识的稳固根基的追寻，笛卡尔开始了他的沉思。实在论者将这个根基设定在外部世界，唯心论者则在心智中寻找内在的稳固依据。当这种追寻遭遇挫折时，特别是在当代，人们“越来越怀疑辨识任何绝对根基的可能性时”，一种笛卡尔式的焦虑（the Cartesian anxiety）就产生了，在这种情况下，一些人会表现出“在把心智与世界作为对立的主观－客观两极之间摇摆”❶，而摇摆的结果似乎不可避免地要走向虚无主义或无政府状态。起初，心智作为“自然之镜”的理想中，知识是关于一个独立的、预先给予的世界的，这样的知识应该能在表征的精确性中达到，但当这种理想难以满足时，人们就回到自身来寻找内在的根基。如明斯基谈到“无论我们企图说什么都不过是表达我们的信念”时，就明显地表现出这种摇摆。然而，瓦雷拉等人认为，这种向自我的回转带有极强的讽刺意味，因为明斯基在最初并不承认自我的存在，其结果是我们不仅找不到那个所知的自我，亦无法通达那个外在的世界，于是虚无主义便乘机而入。

---

❶　VARELA F, THOMPSON E, ROSCH E. The Embodied Mind: Cognitive Science and Human Experience [M]. Cambridge: MIT Press, 1991: 142.

　　具身认知提倡者对传统哲学认识论的分析与现代哲学中的具身性思维方式对传统哲学认识论的批判是一致的。实际上，具身性思维方式认为传统哲学关于心－物的二元论主张在认识的起源问题上遗留了很多未经阐明的疑惑，因此通过消解传统哲学中关于心－物的二元对立主张，这些疑惑将得到阐明和澄清。正如我们将在第四章第四节对具身性思维方式的详细考察中所看到的，涌动在19世纪末期的一种具身性思维方式认为，主观和客观都是发生在我们经验世界中的事件。在经验的论域里，任何一个经验都具有一种模棱两可的性质，它是主观的还是客观的取决于我们谈论它的语境。同样在瓦雷拉等人看来，所谓"笛卡尔式的焦虑"，其根本原因在于人们对一种稳固的认识论根基的寻求。按照瓦雷拉等人的构想，如果我们还没有学会放下那些把我们引向渴望根基的思想、行为和经验的形式，这种困境就将一直持续。那么，不再寻求稳固的认识论根基之后，我们如何自处和处世呢？在《具身心智：认知科学和人类经验》一书中，瓦雷拉等人提示出了这样一种可能性，即从东方佛学禅宗的正念/静心传统中学习放下这种执着的倾向，要认识到任何现象都没有绝对的根基，而这种"无根基性不是在某个遥远的、哲学上深奥的分析中被发现，而是在日常经验中被发现"。由此，瓦雷拉等人再次强调，认知科学对人类经验的贬低和忽视使其无法逃离认知实在论的困境。认知绝非被动地映照自然的镜子，而是活生生的（living），这样的认知"最伟大的能力就在于它能在广泛的约束中提出亟待解决的问题，这些问题和关注不是预先给定的，而是从行动的背景中生成的"❶。从一定程度而言，对主观经验的强调和关注正是现象学的志趣所在，可以说，从一开始，具身认知进路就无法完全独立于现象学思想，也正因为这种依赖性，最终决定了它对哲学方法论的挑战归于失败。

二、西方传统哲学视角下理性的超越性和离身性

　　莱考夫和约翰逊同样向西方传统哲学发出挑战，也同样质疑这种传统中

---

　　❶　VARELA F，THOMPSON E，ROSCH E. The Embodied Mind：Cognitive Science and Human Experience［M］. Cambridge：MIT Press，1991：144－145.

的实在论主张，所不同的是，他们二人更加突出地批判了这种实在论视角下心智的离身性。他们说，我们从西方哲学传统中继承了一种功能心理学（a faculty psychology），在这种心理学中我们有一种独立于我们身体的理性功能，尤其是，理性（reason）被视为独立于知觉和身体运动的。在西方传统中，这种理性的自治能力被认为是使人类与其他动物区别开来的本质。在莱考夫和约翰逊看来，认知科学的证据表明经典的功能心理学错了：并没有这样完全自治的独立于身体的知觉和运动能力的理性功能。其结果是一种关于"理性是什么"以及"人是什么"的完全不同的观点，即理性从根本而言是具身的（embodied）。因此，莱考夫和约翰逊说，认知科学的这些发现令人深感不安，主要在于两个方面：一是它们告诉我们人类的理性是动物理性的一个形式，一种与我们的身体以及我们脑的特殊性难分难解的理性；二是这些结果告诉我们，我们的身体、脑以及我们与环境的交互性为我们的日常形而上学（我们对于什么是真实的理解）提供了大多数无意识的基础。认知科学提供了一种新的且重要的关于古老哲学问题的看法，关于什么是真实的以及我们如何知晓的问题，如果我们能够知晓的话。我们关于什么是真实的理解开始于且十分有赖于我们的身体，特别是我们的感觉运动器官，以及我们脑的详细结构。身体和感觉运动器官使我们能够进行觉察、行动和操控。脑的详细结构既受进化的塑造也受经验的塑造。

莱考夫和约翰逊主张，我们关于世界中事物的分类决定了我们将什么视为真实的，我们的概念决定了我们如何推理出那些分类。为了能够有效地在世界中发挥作用，我们的分类和我们的理性形式必须协同合作，我们的概念很好地代表了我们的分类结构的特征。他们认为，西方哲学主流向这幅图景添加了一些极其错误的断言，严重地歪曲了我们对于人类是什么、心智是什么、理性是什么、因果和道德是什么以及我们在宇宙中位置的理解，这样的哲学主张：（1）被划分为不同种类的实在（reality），如树木、岩石、动物、人、建筑物等，独立于人类心智、大脑或身体的特定属性。（2）世界具有一种合理的结构：不同类之间的关系以一种超越性的或普遍的理性为特征，这种理性独立于任何人类心智、大脑和身体的特殊性。（3）独立于心智、脑和身体的理性所使用的诸概念具有独立于心智、脑和身体的各个实在种类的特征。（4）人类理性是人类心灵使用超越性理性的能力，或者至少是超越性理性的一部分。人类理性可以为人脑所执行，但是人类理性的结构是由超越性理性来界定的，独立于人的身体或脑，因此，人类理性的结构是离身的。（5）人类的概念就是超越性理性的概念。它们因此不受脑或身体的界定，因而也是离身的。（6）人类的概念因此具有实在（reality）的客观性种类的特点，即世界有着一种我们都知道的、独一无二的、固定不变的分类结构，当我们正确地进行推理时我们就会使用它。（7）使我们在本质上成为人的是我们具有的离身性理性的能力。（8）由于超越性理性独立于文化，使我们在本质上成为人的不是我们的文化能力，也不是我们人际间的关系。（9）由于理性是离身的，使我们在本质上成为人的不是我们与物质世界的关系，我们的人性本质与我们同自然，或同艺术，或同音乐，或同任何感觉之物毫无关系。❶

莱考夫和约翰逊说，西方哲学主流的多数历史是由关于这些主题的各种探索和对这些主张之结论的得出构成的。这些主张一起形成了一幅关于概念、理性以及世界的图景。如果这些主张错了，那么大部分西方哲学传统以及很多我们通常的信念将被重新考量。这些主张并非基于经验的（empirical）证据，而是来自一种先验哲学。当代认知科学以经验为基础对这整个哲学的世界观提出了质疑，并向我们揭示出，不存在任何不管怎样都相信一种离身性理性存在的理性，或相信世界会被整齐划一地加以归类的理性，或相信我们心智的分类就是世界的分类的理性。莱考夫和约翰逊以颜色概念、基本水平的概念以及空间关系概念为例力图说明，人类的概念并非仅仅是外部实在的反映（reflection），而是受我们的身体和脑，特别是受我们的感觉运动系统的塑造。由此他们向形而上学的实在论和主观主义发难：颜色既不是纯主观的，也不是纯客观的，而是"交互性的（interactional），发生于我们的身体、脑、

---

❶ LAKOFF G, JOHNSON M. Philosophy in the Flesh：The Embodied Mind and Its Challenge to Western Thought [M]. New York：Basic Books, 1999：20–22.

对象的反应属性以及电磁辐射之间的交互作用"❶。对此我们将在下一部分对具身性概念的内涵介绍中详加阐述。

总之，按照莱考夫和约翰逊的构想，认知科学提出了与以往西方传统哲学相抵触的结论，且这些结论有着严格的经验基础，因此，西方哲学主流将被颠覆，一种认知科学哲学❷将由此建立起来。在以经验实证的研究为基础建立起一种能够向以往传统哲学发起挑战的认知科学的构想上，莱考夫、约翰逊与瓦雷拉等人的志趣是一样的。显然，与这种对经验实证研究的推崇伴随的是一种对传统哲学省思方法的轻视。因此，他们不仅挑战了传统哲学的论点和主张，还抨击其方法论的不足和缺憾。

三、具身认知进路对传统哲学省思方法的抨击

在具身认知提倡者那里，我们可以看到一种普遍存在着的对哲学省思的轻视态度。这种态度是近代以来自然科学蓬勃发展的产物，并直接受惠于孔德于 19 世纪创立的实证主义。自孔德之后，对自然科学研究方法的尊崇和对哲学省思方法的轻视便成为现代学术研究的一种较普遍的情绪，在心理学以及当代认知科学中尤为突出。具身认知提倡者的这种情绪表现得十分明显。如瓦雷拉等人在其《具身心智：认知科学和人类经验》一书的前言中写道，虽然他们所讨论的关于"自我或认知主体在本质上是片段的、分离的或非统一的"这一论点与自尼采以来许多哲学家、精神病学家和社会理论家的主张相似，但是"科学所给予的权威声音是任何其他人类实践与制度难以比拟的"。此外，同样与其他人类实践和制度不同，"科学把它的理解物化为技术的人工物。在认知科学情形中，这些人工物是更加深奥微妙的思想/行动机器，这些机器有着改变日常生活的潜力，它可能比哲学家的著作、社会理论

---

❶　LAKOFF G, JOHNSON M. Philosophy in the Flesh: The Embodied Mind and Its Challenge to Western Thought [M]. New York: Basic Books, 1999: 24.

❷　LAKOFF G, JOHNSON M. Philosophy in the Flesh: The Embodied Mind and Its Challenge to Western Thought [M]. New York: Basic Books, 1999: 133.

家的反思或精神病学家的治疗分析更胜一筹"❶。

同样，莱考夫和约翰逊认为，认知科学取得的一个重要发现是，"我们的思想大多数是无意识的"❷。当然，这里所说的无意识并非弗洛伊德"压抑"概念中所意指的无意识，而是指思维运行的过程是在认识觉知水平之下完成的，是意识不到的，且其运行之快是无法对其加以关注的。莱考夫说我们在谈话过程中，一切都是在意识觉知水平以下发生的。此外，视觉、听觉以及记忆等一切心理的过程都是无意识的，因为我们不知道当视觉发生时，视觉的神经过程中发生的事件。这一得自认知科学的发现不仅向哲学形而上学的主题提出了深刻的疑问，而且质疑了哲学本身。因为，显然哲学形而上学主要依赖哲学家的有意识省思，如果思想是无意识的，那么这种省思也就失去了其认识力量。然而，在这种看似有道理的论述中实际上发生了一种意义偷换。我们可以通过这样一个问题对此加以揭示，即当我们看某个东西时，视觉神经组织中发生的生理事件与我们自己的所见哪一个是真正的视觉呢？显然，莱考夫把生理事件当成了真正的视觉，由此才会说视觉等一切心理事件都是无意识的。然而这种意义偷换带来了一个极大的危险，即人类心理的现象意义的消失。如果按照莱考夫和约翰逊对有意识和无意识的解读，人类几乎没有什么心理的或精神的以及行为的活动是有意识的，因为人们在思想和行动时，对自己的神经系统中发生的生理事件都是不自知的，很明显，这是一种还原主义的倾向。这种还原主义倾向一方面否定哲学省思的有效性，而另一方面又在实际上采用这种方法，否则莱考夫自己所讲的这些论点是无从得出的。试想如果取消那个现象意义上的有意识经验的认识功能，那么莱考夫在进行论述时可能要依靠对自己的脑，对那个所谓的无意识的层面进行研究来获得结论，这可能吗？实际上，人们出于好奇从分析的和生理的层面来探索人类自身的认识现象无可厚非，但如果因此而取消认识现象本身的认识

❶ VARELA F, THOMPSON E, ROSCH E. The Embodied Mind：Cognitive Science and Human Experience ［M］. Cambridge：MIT Press, 1991：ⅩⅦ.

❷ LAKOFF G, JOHNSON M. Philosophy in the Flesh：The Embodied Mind and Its Challenge to Western Thought ［M］. New York：Basic Books, 1999：10.

功能就大错特错了。

在此处，我们看到了具身认知与早期认知科学对于认知的相同论点。早期计算－表征的认知观同样将认知视为无意识的，并由此主张对心智进行科学研究。在将心智研究看成一项科学的事业而将认知科学与哲学区分开来上，具身认知进路与早期认知科学的立场是一致的。事实上，认知科学是现当代自然科学背景下的产物，意在用自然科学的手段和立场来解释认识过程，认知科学从一开始就带有区别于以往哲学省思的天然气质。具身认知在其核心主张上与早期认知科学以及传统哲学不仅不是完全对立的，而且存在千丝万缕的联系，如果详细追踪起来，这种联系甚至是根本性的。一方面，心智具身性的观念取自法国现象学家梅洛－庞蒂的知觉现象学，就连具身认知借以批判传统哲学认知论的主张也来源于梅洛－庞蒂；另一方面，具身认知进路又在研究方法和研究途径上采纳早期认知科学的范式，这在很大程度上再次弱化了具身认知所宣称的革命性质。

第四节　心智具身性的内涵

一、"认知是具身的活动"

瓦雷拉等人说，作为问题解决的认知进路因其针对的是任务域，而任务域相对而言是容易规定所有可能的状态的，因此认知实在论非常适用于这类情况。可以理解的是为什么棋类游戏可以很好地在计算机中实现，因为棋盘上的位置、移动规则、走棋顺序等"棋子空间"的规定相对容易。但是对于一个不能很好规定的任务域，这一进路就显得十分低效了。经过 20 年的缓慢发展后，到 20 世纪 70 年代，许多认知科学的工作者逐渐明白，即使是再简单的认知活动也需要似乎是无限多的知识，人们把这些知识视为理所当然的以至于对其视而不见，但是它们却必须被一勺勺地添给计算机。在瓦雷拉等人看来，不论是认知主义还是联结主义，都尚未触及这种背景性知识。因此，需要以某种方式来对其加以澄清，这种方式就是从认知的发生起点那里寻找答案，而他们所走的就是将认知理解为具身的这条路径。

传统的观点中，人们要么把认知看成对外部预先给予世界的复写（实在论），要么把认知看成内在预先给予世界的投射（唯心论），"而我们的意图是通过将认知看成具身的活动（embodied action）而非复写或投射，以绕过这种内在—外在的极端格局"❶。在《具身心智：认知科学和人类经验》一书中，瓦雷拉等人用很大一部分篇幅来讨论颜色的形成过程，其主旨在于提出一条居间的道路，即颜色既"不是独立于我们的知觉和认知能力而'外在于那'"，"也不是独立于我们周围的生物和文化的世界而'内在于这'"。瓦雷拉等人通过强调颜色范畴的经验性而否定了客观主义的观点，又通过强调颜色的生物性和文化性而与主观主义区分开来。因此，瓦雷拉等人说，用"具身的"一词意在突出两点："第一，认知有赖于得自有着感觉运动能力的身体的诸种经验；第二，个体的这些感觉运动能力本身植根于一个更具包含性的生物学的、心理学的以及文化的语境中。"❷而"活动"一词再度强调了感知与运动过程、知觉与活动在认知中是不可分离的。

由此，瓦雷拉等人提示出一种认知的生成进路，在这一进路中，认知被看作是一种动态的过程，它形成于身体与世界之间的交互作用。具体而言，知觉存在于知觉性引导的活动中，而认知结构则从这种循环的感知运动模式中呈现出来。这种知觉者借以成为具身的感知运动结构决定了知觉者如何能够行为以及如何受环境事件所调节。因此，知觉不是简单地嵌入（embedded）周围世界且受其限制，它还为周围世界的生成作出了贡献。瓦雷拉等人引用了几项相关的研究来解释这种生成性的认知观。其中之一是赫尔德（Held）和海因（Hein）于1958年发表的关于"手眼协调依再传入刺激实现的重组适应"问题。❸ 这个实验以一些在黑暗中被饲养的小猫为被试，这些小猫仅在控

---

❶ VARELA F，THOMPSON E，ROSCH E. The Embodied Mind：Cognitive Science and Human Experience ［M］. Cambridge：MIT Press，1991：172.

❷ VARELA F，THOMPSON E，ROSCH E. The Embodied Mind：Cognitive Science and Human Experience ［M］. Cambridge：MIT Press，1991：173.

❸ HELD R，HEIN A. Adaptation of Disarranged Hand－Eye Coordination Contingent upon Re－Afferent Stimulation ［J］. Perceptual and Motor skills，1958，8（3）：87－90.

制的条件下能见到光。将小猫分成两组，一组能够正常地四处移动，但每一只都被套上了一副架子和篮子，将第二组的小猫一对一地放到第一组小猫背着的篮子里，这样第二组小猫的移动完全是被动的。经过几周这样的训练之后，将它们放出来。结果发现，第一组小猫的行为正常，但那些被带着四处走动的小猫，其行为看起来像是瞎的：它们跌跌撞撞碰到东西，并在边缘处跌倒。这一实验支持了生成观点，即物体不是通过视觉的特征提取被看到的，而是通过活动对视觉的引导才被看到。瓦雷拉等人说，有越来越多的证据表明，知觉不是一种对外在特征的消极映射，而是一种在动物的具身历史的基础上生成意义的创造形式。

此外，关于认知结构从循环的感知运动模式中出现这一观点，瓦雷拉等人提到了瑞士发生认识论的创始人让·皮亚杰（Jean Piaget）的研究。皮亚杰从"理性从何而来"这一问题出发，致力于寻找认知的起点，他通过对儿童进行实验研究从而将这一起点设定为个体的感知运动系统，个体在与环境的互动中，其感知运动系统通过同化和顺应机制来形成和完善内部的认知结构。瓦雷拉等人认同皮亚杰关于认知结构出自感知运动的循环模式的观点，但质疑皮亚杰潜在地持有的存在预先给予的世界以及存在作为逻辑终点的独立的预先给予的认知者的观念。因此可以看出，所谓的"认知是具身的活动"这一观点不仅仅是单纯地强调认知形成于身体与世界之间的交互作用，因为没有哪个认知主义者会否认认知形成于身体与世界之间的交互作用中，认知主义者只是还相信，有机体身体上的感官界面把来自环境的刺激转译成脑进一步加工的符号代码。实际上，具身认知提倡者还希望突出强调如下主张，即"认知依赖于各种各样的体验，这些体验源于具有特定知觉和运动能力的身体，其中知觉和运动能力是不可分离的"❶。这一主张来自具身认知共同体中的另一位成员埃瑟·泰伦。

泰伦等人与皮亚杰的一个共同的兴趣是婴儿的固化行为（perseverative be-

---

❶ THELEN E，SCHONER G，SCHEIER C，et al. The Dynamics of Embodiment：A Field Theory of Infant Perseverative Reaching［J］. Behavioral and Brain Sciences，2001，24（1）：1 - 86.

havior），即一种不合时宜但却仍然坚持产生的行为。在皮亚杰的理论中，该行为又被称为"A－非－B错误"。其表现是，婴儿学会了成功地在"A"处找到玩具，就会一直将伸手伸向这里，即便看到玩具被藏在邻近的"B"处。这种行为在婴儿六到七个月时出现，并一直保持到婴儿十二个月大，然后再次消失。皮亚杰对此的解释是，这一阶段的婴儿缺少客体永久性概念，在对象从视野中隐去时，会认为客体不再存在了，因此，仍然伸手到A处。而在泰伦等人看来，"A－非－B错误"并非关于婴儿是否具有如持久性概念、特征、不足等问题，而是关乎他们正在做什么，以及做过什么。他们所做的是重复伸向一处，当目标改变时仍然回到最初的位置。因此，不存在客体概念，在婴儿关于物品位置所知道的东西与婴儿把手伸向的东西之间没有分离，不存在任何发展程序，它通过日益复杂的表征而表现出梯级一样的变化。所谓"'知道'就是感知、移动和记忆，这种错误只需根据这些耦合过程就能完全理解"。也许，认知主义者的错误就在于认为，除了知觉和运动能力外，还一定存在像认知程序、表征和概念一类的结构。而泰伦等人通过研究力图表明，对"A－非－B错误"这样的行为的解释无须援引客体表征的构念或其他认知结构。因此，"就认知不是源自一个杂乱展开的认知程序而是源自身体、知觉和世界引导彼此脚步的动力学之舞而言，认知是具身的"❶。

二、身体塑造认知：理性的具身性

可以说人类最为突出的心智能力就是思维能力，或理性的能力。如果说在一些相对简单的心智能力上主张心智或认知的具身性是容易理解的，而声称"理性同样是具身的"可能就不那么容易了。莱考夫和约翰逊在这一问题的论证上做出了努力。在《体验哲学：具身心智及其对西方思想的挑战》一书中，莱考夫和约翰逊二人针对西方传统哲学的理性观念提出了心智具身性的两层含义：（1）理性不是离身的，而是产生自我们的脑、身体和身体经验的性质；（2）理性不是人所特有的区别于动物的一种心智能力，而是从与低

---

❶ ［美］劳伦斯·夏皮罗. 具身认知［M］. 李恒威，董达，译. 北京：华夏出版社，2014：66.

等动物一样的感觉运动系统进化而来，理性使用且产生自如知觉和运动这样的身体能力。因此，理性是具身的。

关于第一层含义，实际上也针对早期认知科学的程序隐喻，即将心智与脑的关系类比为计算机的软件和硬件，这种关系是可分离的。一个计算机程序既可以在这台电脑中运行，也可以在另一台电脑中运行。而莱考夫和约翰逊认为，心智是具身的（embodied）意味着心智是基于脑的（brain - based）。"你使用概念时所进行的任何推理都需要脑的神经结构来实现。相应地，大脑的神经网络结构（architecture）决定了你拥有什么样的概念，并因此决定了你能够进行哪种推理。"❶ 莱考夫和约翰逊以分类能力为例，从生物进化的观点阐释了这种心智具身性的意义。他们说，每一种生物都进行分类，就连草履虫也将它遇到的事物分成食物或非食物，什么是它趋近的或远离的。草履虫不能选择是否进行分类，它只是本能地这样做了。对于动物世界中的所有水平的动物而言都是如此。动物区分食物、掠食者、可能的配偶以及它们自己物种的成员等。动物是如何分类的有赖于其感觉器官以及它们的自主运动能力和处理对象的能力。如果我们没有进化出分类的能力，我们就不会生存下来。我们像我们所做的那样分类，因为我们有着我们所拥有的脑和身体，因为我们按照我们所本能地做的那样与世界交往。我们是神经生物（neural beings），分类是我们的生物学结构的必然结果。人类的大脑有着 10 亿个神经元以及 100 万亿的神经突触联结。在脑中，经常能看到信息从一个神经元集合经过一个相对稀少的联结组传导至另一个神经元集合。当分布在第一组神经元中的活动模式太大，以至于不能以一对一的方式被表征在稀少的联结组中。因此，稀少的联结组必然成组地绘制某些输入模式到输出集合。不论何时，当神经集合对不同的输入提供出相同的输出时，就出现了神经层面的分类。

最重要的，莱考夫和约翰逊说，我们的身体和脑不仅决定着我们会进行

---

❶ LAKOFF G, JOHNSON M. Philosophy in the Flesh：The Embodied Mind and Its Challenge to Western Thought [M]. New York：Basic Books, 1999：16.

分类，它们也决定着我们将会拥有哪些种类的分类以及这些分类的结构如何。人类身体的属性影响着我们的概念系统。我们有着双眼和双耳、双臂和双腿。我们的视觉系统具有拓扑组织和方向感知细胞，这提供了一种结构，使我们有能力概念化空间关系。我们有能力以我们的方式移动，也有能力追踪其他物体的移动，这在我们的概念系统中给了移动以主要的位置。我们拥有肌肉并以某种方式运用它们产生力量，这一事实导致了我们的因果概念系统的结构。因此，"重要的不仅是我们拥有这样的身体，且思想在一定程度上是具身的，重要的是我们身体的独特性塑造了我们进行概念化和分类化的可能性"[1]。

莱考夫和约翰逊主张的"理性具身性"的第二层含义主要针对的是西方传统哲学中将理性视为宇宙的一种抽象的和超越性的结构，是先验的。在早期认知科学中，这种观念表现为，认知科学家将认知过程设定为有边界的，即"符号操作起始于对脑的输入并终止于来自脑的输出，所以认知只发生在脑中，认知科学只需关注脑本身"[2]。莱考夫和约翰逊认为，心智的具身性不仅在弱的意义上意指所有的分类、概念等心智结构都是基于脑的，是我们脑中的神经结构，而且还在强的意义上意指这样的神经结构实际上是我们脑的感觉运动系统的一部分，或者说它们会运用到感觉运动系统。理性并非宇宙的一种超越性的特征，或离身的心智，实际上，理性受我们身体的独特性的制约和塑造，它起源于感觉—运动系统。因此"心智是具身的"意味着理性的核心（概念推演）将与知觉的核心和运动控制的核心一样，是身体的功能。

由此，莱考夫和约翰逊取消了理性能力和感觉运动系统之间绝对的本质的差异，或者说他们关于具身心智的假设极大地削弱了知觉—概念的区分，将理性的、知觉的和运动的核心联系在一起，并认为可以通过考察概念推演是否使用了与知觉运动推演相同的脑结构来求证这种具身性。换句话说，理

---

[1] LAKOFF G, JOHNSON M. Philosophy in the Flesh：The Embodied Mind and Its Challenge to Western Thought [M]. New York：Basic Books, 1999：18 – 19.

[2] ［美］劳伦斯·夏皮罗. 具身认知 [M]. 李恒威，董达，译. 北京：华夏出版社，2014：29.

性是否建立在知觉和运动控制的基础上，莱考夫和约翰逊通过考察三种概念，即空间关系概念、身体运动概念和意指活动或时间结构的概念，支持了这一假说。提出：由于空间关系概念是有关空间的，不难理解我们的视觉能力和确认空间的能力被用于组成空间关系概念及其逻辑；由于身体运动概念是关于运动活动的，不难理解我们的动作图式和身体运动参数构成了那些概念及其逻辑；由于移动身体是我们最惯常的活动形式，不难理解一般的控制身体运动的结构图式可以用于描述时间结构的特征，这种结构是我们一般在活动和事件中找到的结构。

此外，莱考夫和约翰逊还声称，当前的神经建模（neural modeling）研究也为这一问题给出了肯定的回答。这些研究❶以这样的形式呈现，即一种知觉或运动机制的神经模型被构建出来，而同样的机制可被用于概念任务。通过实验研究证明知觉机制的模型和动作图式确实能够在语言学习和推理中完成概念任务，这说明了负责知觉、运动以及对象操作的那些机制也能负责概念化和推理。不过，莱考夫和约翰逊也承认，目前我们还没有任何强有力的神经生理学证据，即得自 PET 扫描或功能性核磁共振结果的证据来证明用于知觉和运动的同一神经机制也用于抽象推理。来自神经建模的研究只是向我们呈现出一种可能的或合理的证据。

莱考夫和约翰逊关于心智具身性的主张主要以传统哲学为批判的对象。但实际上，进入 20 世纪后的哲学早已经实现了从近代认识论到现代哲学的转变，现代哲学在有关人类理性的问题上给出了与以往哲学完全不同的解答。从《体验哲学：具身心智及其对西方思想的挑战》一书的前言中可以看到，莱考夫和约翰逊的基本立场得自瓦雷拉等人，因此，他们得以间接地获取了来自梅洛－庞蒂的现象学观念。在梅洛－庞蒂的现象学中对起源于笛卡尔的心身分裂、主客对立的观念进行了全方位的批判，并从知觉的角度来理解理性或意识的发生问题，可以说莱考夫和约翰逊所谓的心智具身性概念是人类

---

❶ LAKOFF G, JOHNSON M. Philosophy in the Flesh: The Embodied Mind and Its Challenge to Western Thought [M]. New York: Basic Books, 1999: 38 - 39.

理性的起源问题在科学领域的反映，而这一问题的更为深刻的历史动因是他们所未能把握到的。实际上，心智具身性的主张在 20 世纪并非独树一帜，具身性概念在更广泛的意义上构成了一种哲学思潮，本书第四章对此作了充分讨论。

在与早期认知科学的关系上，莱考夫和约翰逊虽然用离身认知观来界定早期的计算 – 表征观点，但他们在论述强意义的具身性内涵时不仅采用了认知神经科学领域的神经建模，而且启用了"神经计算"❶ 这样的概念。我们在第一章第二部分提到，神经层面的计算观点是早期计算 – 表征认知观吸收脑神经科学研究的结果。在这里我们看到了莱考夫和约翰逊的具身认知主张与标准认知科学❷中认知神经研究进路的合流。

三、"用身体思考" 与延展认知

具身认知的另一位有力的倡导者和代言人是安迪·克拉克（Andy Clark）。1999 年，克拉克发表了一篇文章 *An embodied cognitive science?*（《一种具身认知科学?》），这篇文章表达了对过去十年来在认知科学中出现的一种持续增长的兴趣的关注，即具身认知进路的研究志趣。该兴趣旨在强调物理的身体、所在的环境以及神经系统与外部世界之间复杂的交互作用。在克拉克看来，这种发生在认知科学中的转变虽然醒目，但一种关于本质上具身的、环境嵌入的心智科学形态尚不明了。为此，克拉克在文章中谈到了具身性（embodiment）的几个不同的角色和意义。

（一）有机体嵌入环境并用身体活动来利用其所处的环境

克拉克以蓝鳍金枪鱼为例提出，蓝鳍金枪鱼的身体非常之小，以至于生物学家一度被其惊人的速度所困扰。直到流体动力学家给出了这样的建议，

---

❶ LAKOFF G, JOHNSON M. Philosophy in the Flesh：The Embodied Mind and Its Challenge to Western Thought ［M］. New York：Basic Books，1999：37.

❷ 至 20 世纪 80 年代，早期认知科学吸收了来自各方的批评，计算 – 表征模型获得了更多的内涵，而且以计算 – 表征为认知解释模型的早期认知科学至今仍然有着强大的研究群体，因此本书此后将采用夏皮罗的说法，将其称为"标准认知科学"。

即这种鱼类用身体活动来操控和利用其所处的环境——水流来快速游动。蓝鳍金枪鱼的游泳能力不仅来自其身体系统，而且在于其身体系统对环境条件的利用。因此，具身性的意义不仅在于强调脑对身体的嵌入性（embedded - in），而且强调有机体整体（包括脑和身体）对环境的嵌入性。在这种脑、身体和世界之间的因果联结中，心智的具身性得以涌现出来。

身体对于有机体的重要作用还可通过马克·雷伯特（Marc Raibert）和杰西卡·霍金斯（Jessica Hodgins）的单足机器人得以说明。这个机器人被设计成只有一条腿用来保持平衡和移动，这条腿由一个气动的圆柱体构成。要想让这个单足机器人实现移动，需要在细节上解决机械的控制问题。要考虑当"腿"接触地面时气垫的回弹力，还有腿部弹跳的静息长度以及倾斜角度等参数。克拉克说，"要理解机器人的'脑'是如何控制其运动的，需要向具身的视角转变。控制器必须学习采用内部丰富的系统动力学"❶。因此，执行器所需要的不仅是控制系统，而且需要具有其自身动力特征的身体及其运动系统。这一点与前面提到的泰伦的动力系统观念相一致，而这一观念为克拉克进一步提出身体与环境不仅影响认知，而且是认知或心智的重要构成部分的论点做了铺垫。

（二）身体是心智的一部分

克拉克提醒人们注意两种有区别的模型。他说，传统模型中，脑接收数据，并进行复杂的计算来解决问题，然后指导身体去向哪里。这是一种线性的进程：知觉、计算和行动。在具身的模型中，问题并非提前解决好的，相反，任务由进行多种实时的调节来运作，始终保持一种内部和外部世界之间的协调状态。在这种共存的协调状态下，我们的身体实际上不仅是影响心智的重要因素，而且是成为心智的一部分。此外，在更为复杂的高级认知过程中，或者在人类的理性中，认知系统的言语扩展会包含所处的环境。例如，我们大多数人都能使用笔和纸来解决各种脑看起来无能为力的问题，这样做

---

❶ CLARK A. An Embodied Cognitive Science? [J]. Trends in Cognitive Sciences, 1999, 3 (9): 345 - 351.

时我们创造了外在的符号，并用外部存储和操作来使复杂的问题降低为一系列简单的我们能够驾驭的按部就班的问题，即认知者将会使用他们的身体或世界的特征来组织信息，从而减轻脑要去承担的重任。

克拉克的这一观点得到了一些经验的验证。一个事实是，人们在说话时经常会使用手势。人们运用手势似乎并不仅仅是出于交流的目的，因为在黑暗中或在与盲人谈话时，手势也会不可避免地出现。因此，一个可能的假设是，手势以某种方式促进了思维。拉舍尔（Rachel）等人在1996年做的一项研究为这一假设提供了佐证。他们让被试描述涉及空间内容的情境。结果表明，被禁止做手势的被试其言语表达显得不够流畅。在另一项关于男生和女生在空间推理能力上的调查发现，男性的空间推理能力要优于女性，他们在描述任务的解决方案时会做更多的手势。看起来，手势的确在思维过程中发挥了作用。正如戈尔丁-梅多（Goldin-Meadow）所言，手势的使用"扩展了讲话者和听者可用的表征工具。它可以反映通过言语形式表征的冗余信息或放大这些信息"❶。出于同样的原因，人们使用笔和纸在内在能力负担过重时卸载和组织空间的工作记忆。对于克拉克而言，手势、纸和笔所起的作用不仅仅是促进思维，而是作为认知的一个构成的成分。用他的话说，"当我们面对一个可识别的运行于某个行动者中的认知系统时情况就是这样，即认知系统产生输出（言语、手势、表达性移动、书面语词），这些输出又作为输入驱动认知过程继续前进。在这样的情况下，任何禁止将输入看作认知机制组成部分的直觉似乎都是错误的"❷。

（三）延展认知

克拉克认为，存在两种不同的具身性诉求：一种是单纯的具身性主张，一种是激进的具身性主张。单纯的具身性主张将身体的和环境的属性视为内部组织和过程的限制因素，因此仍然非常有赖于内部表征、计算转换以及抽

---

❶ SUSAN G M. Hearing Gesture：How Our Hands Help Us Think［M］. Cambridge：Harvard University Press，2003：186.

❷ CLARK A. Supersizing the Mind：Embodiment，Action，and Cognitive Extension［M］. Oxford：Oxford University Press，2008：131.

象的数据结构；而激进的具身性主张对身体的和环境特征的关注意在同时转变认知科学研究的主体问题，以及认知科学的理论纲领。这种主张认为，"一种成熟的心智科学不仅要研究个体的、内在的智力结构，而且还要研究有助于实现适应上成功的身体和环境的延展结构"❶。实际上，当把身体作为认知的构成成分后，进一步将超出身体的世界属性同样视为认知的一部分就显得自然而然了。

在克拉克看来，思维和认知可能不时地有赖于正在工作的身体以及有机体外的环境，这一模型被称为延展的（extended）。根据延展模型，实现某种人类认知的实时操作必然包含反馈、前馈以及循环往复的复杂缠绕：在脑、身体和世界的边界处错综复杂地纵横交错在一起。这种心智机制并非完全位于脑中。认知流露到身体和世界中，或者说，认知延展至身体和世界。当我们同时忙于书写和思考时，认知向世界的延展就发生了。因为我们并非总是将成熟和完成的思想付诸纸上。确切地说，纸张提供了一个媒介，借助这个媒介，某种耦合的（coupled）神经–书写–阅读模式得以展开，我们借以能够探索其他此前无法探索的思维方式。从脑到纸，回到脑，再回到纸，可以获得一个脑本身无法产生的结果。克拉克认为，这不仅表明了脑对书写在纸上的思想的依赖性，还表明了脑产生这些文字是为了增强自身的生产功能，它们是"思维和推理自我生成的外部结构"，因此这些被书写出来的文字是思想和推理的一部分。

实际上，在与早期认知科学的计算–表征观点的关系上，克拉克所持的具身性观点是一种相对比较温和的进路，从他的论证中可以看到这种态度的迹象。然而，他力图通过延展认知概念来弥补具身认知在高层次认知能力解释力上的不足，却引起了更多的争议。在很多批评者看来，如果说认知延展到身体中的观点还勉强可以接受的话，进一步将认知延展到世界中似乎太过荒谬了。

---

❶ CLARK A. An Embodied Cognitive Science？[J]. Trends in Cognitive Sciences, 1999, 3 (9)：345–351.

第五节　替代还是和解？具身认知进路与标准认知科学

在具身认知理念的一部分提出者们看来，具身认知与以往的认知科学在理论立场和核心要点上有着根本性的区别。因此，具身认知进路不仅挑战了早期认知科学，而且将替代早期认知科学成为人类心智研究的一种有效的模型。对此，反对的声音一直存在。如戈德曼认为，具身认知研究应该更确切地被称为具身性取向的认知科学，并认为"从传统认知科学到具身性取向的认知科学之间的过渡是温和而缓慢的，而非激进的"❶。而来自美国威斯康辛大学的哲学教授劳伦斯·夏皮罗认为，尽管具身认知进路远未统一，但却有着三个基本要点即概念化（conceptualization）、替代（replacement）和构成（constitution）。概念化是指一个有机体身体的属性限制或约束了一个有机体能够习得的概念。替代意指一个与环境进行交互作用的有机体的身体取代了被认为是认知核心的表征过程。构成是说在认知加工中，身体或世界扮演了一个构成的角色，而非仅仅是因果作用的角色。通过对这三个要点进行逐一考证，夏皮罗得出结论，"'概念化'与标准认知科学❷竞争，可是失败了；'替代'与标准认知科学竞争在一些领域取得了胜利，但很可能在其他领域遭遇失败；'构成'并未与标准认知科学竞争，但却推动它将其边界扩展至远远超出很多实践者期望的程度"❸。实际上，具身认知进路与标准认知科学的关系并非像其提倡者所宣称的那样有着根本性的差异。因为二者有着共同的主题，即对认知能力给出解释，以及采用经验证实的实证科学研究方法，并且都在人工智能领域寻求验证。自 20 世纪 80 年代晚期具身认知研究兴起到今天的

---

❶ GOLDMAN A I. A Moderate Approach to Embodied Cognitive Science ［J］. Review of Philosophy and Psychology，2012，3（1）：71 - 88.

❷ 此处引用夏皮罗的观点中提到的标准认知科学实际上就是早期计算 – 表征立场上的认知科学，因为计算 – 表征立场的认知科学在当代仍然与具身认知进路平行发展，因此在与具身认知进路相比较的意义上将计算 – 表征立场的认知科学称为标准认知科学。

❸ ［美］劳伦斯·夏皮罗. 具身认知 ［M］. 李恒威，董达，译. 北京：华夏出版社，2014：236.

30 余年的发展过程中，具身认知的支持者一直致力于表明标准认知科学是不足的或具有误导性的，而标准认知科学家也努力进行反击。对于二者关系的争议以及标准认知科学在今天仍然有大量的从业者和追随者，单就这两点来说，至少表明具身认知研究并没有达到其最初预想的革命性，这主要表现在如下三个方面。

一、具身性论证的不充分性

具身认知的一个重要的论断是语言学家莱考夫以及哲学家约翰逊所提出的，他们主张"我们身体的独特属性恰恰塑造了我们概念化和范畴化的可能"❶。按照他们的理解，人类的身体是直立的，有"前、后"之分，我们通常"向前"行进，"向后"倒退，具备一定自由活动能力的关节，在顶端，即头部集中了大部分的感官等。这些身体方面的特征赋予了人类一些与众不同的基本概念，基本概念继而影响一些常用概念的意义，常用概念又继而影响较为抽象概念的意义。因此，身体塑造有机生命的认知或心智。莱考夫和约翰逊以一个思想实验来支持这一论断。他们假设有一种球形生物，这种生物生活在重力场之外，那么这种生物就无法形成一种"上"的概念。如果这个星球上的所有生命是漂浮在某种媒介中并同等地感知所有方向的统一静止的球，那么它们就不会有前、后概念。看起来，莱考夫和约翰逊所想象的这种球形生命在它们拥有的大多数或所有概念方面都会不同于人类。但这并不能构成对他们的主张的充分论证。因为相比于那种完全不同于我们这个星球环境中的生命，我们可能更想知道，那些与我们一同生活在这个世界中的生命体在概念上与我们有什么不同。当然这也很好解释，因为对于蜜蜂而言，一棵开花的树是很好的食物来源，而对于鸟而言，这棵树就是栖息之地。因此，有机体对物体的识别有赖于其身体的需求或属性。但随即而来的问题是，人类作为一个种群，除了那些残疾或有障碍的个体之外，我们的身体属性基

---

❶ LAKOFF G, JOHNSON M. Philosophy in the Flesh: The Embodied Mind and Its Challenge to Western Thought [M]. New York: Basic Books, 1999: 16.

本一致：靠双腿直立行走，双眼目视前方，双耳在头部两侧，双手便于操作等。但我们因此在多大程度上拥有共同的概念及思维方式，这可能要求我们对概念作出进一步的区分。比如，我们可能都有食物的概念，但显然不同文化传统的人对于什么是可食用的理解并不相同，这种差异恐怕是莱考夫和约翰逊的具身性主张所不能说明的，我们的很多概念也许并不是受身体所塑造，而是受文化、教育等过程的传递，在这个过程中，计算－表征的认知模式也许要比具身性认知方式更具解释力。

当然，具身认知进路对标准认知科学的一个重要的挑战在于符号的理解问题。基于塞尔中文屋思想实验对标准认知科学的计算机模拟的质疑，心理学家阿瑟·格伦伯格（Arthur Glenberg）提出了索引假设来解释符号的理解问题。索引假设的内容是：人们对语词符号的理解经历了三个阶段，第一个阶段是语词被索引或映射到知觉符号，如语词"茶杯"被索引到对茶杯的视觉和触觉等知觉映像上；其后第二个阶段，知觉符号进一步带来与之有关的环境信息；因此，理解的第三个阶段就是判断环境信息是否与知觉符号相啮合。按照格伦伯格的意见，人们无法仅仅通过指令语言将符号与其他符号关联起来而理解符号的意义，就像中文屋实验所表明的那样，理解必须以某种方式被接地。所谓接地，即符号被索引或映射到知觉系统的内容上。因此，索引假设认为，"意义是具身的，即它源于身体和知觉系统的生物力学性质"❶。格伦伯格通过实验验证了该假设，即当反应的运动方向与目标句子暗示的运动方向相反时，被试会更慢地做出合理性的反应。然而，是否可以因此认为索引假设构成了对标准认知科学的挑战还需要进一步考察。首先的问题是，如果理解只是符号与知觉模态的映射关系，那么标准认知科学家可能很容易找到一种解决办法，即增加一种知觉表征的过程，这在人工智能领域也容易实现。但这是否就能够说计算机实现了意义的理解了呢？看起来恐怕不行。夏皮罗因此认为，对标准认知科学的抱怨驱使一些人将具身性看作符号接地

---

❶ GLENBERG A, KASCHAK M. Grounding Language in Action [J]. Psychonomic Bulletin & Review, 2002, 9 (3): 558–565.

的手段，然而这些抱怨本身或许具有误导性。其次，格伦伯格的验证实验准确地说是一种对合理性判断的验证，而非有意义的验证。他们基于啮合的考虑让被试对"外套挂在茶杯上"以及"一个人爬铅笔"这样的句子作出判断，结果得出结论说这些句子是无意义的，因为显然其中"外套"和"挂在茶杯上"不能够很好的啮合。然而，实际上当被试将"一个人爬铅笔"判断为无意义时，他是理解了这句话所意指的情况的。因此，夏皮罗认为，格伦伯格的实验应该被称为是一种合理性判定实验而非意义理解的判定实验。此外，像格伦伯格这样一些研究者们所采用的研究内容通常是一些更为具体的语词，如茶杯、红雀、大衣等，然而人类的语言非常丰富，那些相对抽象的语词比如"物理主义""观念论""逻辑"等，对这些语词的理解同样是具身的吗？出于这种考虑，至少现有的具身性研究需要被进一步推进。

关于克拉克提出的"延展认知"概念，亚当斯和阿扎瓦认为，克拉克等人犯了"耦合－构成"谬误。按照克拉克的延展认知概念，如果你的便携笔记本对于你而言是随时可用的、经常使用的且可加以隐含地信任，那么你与你的便携笔记本耦合，便携笔记本构成了你记忆存储的一部分，是你的延展认知。亚当斯和阿扎瓦评论道，克拉克的这种系统耦合论证强调了脑、身体和世界之间的因果联结，这是无可厚非的，但是克拉克将这些因果关系项描述为认知系统的一部分，这就犯了"耦合－构成"谬误。亚当斯和阿扎瓦采用一个形象的例子来解释这种谬误，"正是旋转保龄球与球槽表面之间的交互作用导致所有的球瓶倒下。但是，球的旋转过程并没有延展到球槽表面或球瓶中"❶，做手势的手和书写的铅笔、纸张确实参与了认知过程，但它们只是认知过程的工具，正如一个旋转的球没有使它在其上旋转的表面本身旋转一样，它们也不能因此成为认知的，在认知是延展的和延展的东西是认知之间存在着很大的区别，同样，"认知是具身的"和"身体是认知的一部分"之间也没有逻辑上的必然关系。这是延展认知观必须要加以明确说明的。

---

❶ CLARK A. An Embodied Cognitive Science? [J]. Trends in Cognitive Sciences, 1999, 3 (9): 345－351.

二、"替代"还是"补充"

具身认知进路在一些问题上论证的不充分性已经在一定程度上说明具身认知不能够取代标准认知科学，而只能是促进认知科学完善的一种研究视角，是标准认知科学的一种补充。为了能进一步明确这种关系，再加以简要的讨论是必要的。瓦雷拉等人在提出用具身认知科学取代标准认知科学时使用的最好实例是颜色论题。他们主张颜色视觉是有机体与世界的特定属性之间的一个耦合（coupling）历史的产物。而标准认知科学则用输入/输出关系来规定主体与世界的关系，二者形成了鲜明的对比，就其采用心智的计算理论而言，标准认知科学无法解释颜色视觉，颜色视觉出自一种超出计算机能力的耦合。瓦雷拉等人以这样的论证来支持他们的论点：颜色并不独立于我们的知觉而外在于世界中，即视觉系统所决定的颜色体验并不一一对应于世界的属性；如果颜色体验并不一一对应于世界中的属性，那么世界中就不存在颜色。借此，瓦雷拉等人意在反对标准认知科学中的表征概念，因为表征代表的是一种内在和外在的一一对应关系，如果颜色体验否定了这种对应关系，也就间接地否定了表征的概念。这一论证同样是不充分的。即便我们说颜色可能确实是主体与环境的交互作用的结果，但是世界中一定存在某种属性参与了这个过程，比如物体表面光谱的反射比，如果我们只是犯了一个命名意义上的错误，那么完全可以改变这种话语方式，将所有提到颜色的地方改换成"物体表面光谱的反射比"来避免犯客观主义的错误，但这并不必然构成必须抛弃标准认知科学的计算－表征框架的必要。事实上，当试图发现通过改变照明条件来解释颜色恒常性体验的算法时，视觉研究者忙于构建颜色视觉的计算理论。在夏皮罗看来，瓦雷拉等人的颜色论题没有预测出任何一个地道的传统认知主义者无法预测的东西。❶

同样，莱考夫和约翰逊的具身性主张也并不像他们所宣称的那样足以取代标准认知科学而成为第二代认知科学。因为，如果身体的属性确实"塑造

---

❶ ［美］劳伦斯·夏皮罗. 具身认知［M］. 李恒威，董达，译. 北京：华夏出版社，2014：94.

了"我们如何体验世界，那么标准认知科学家可能会坚持：身体的相关属性应该表征在构成认知的算法中。因此，第一代认知科学的"问题"并不是它采用了计算主义框架，而是它未能将有关身体的信息涵盖进它对心智程序的描述。例如，人类的耳朵位于头部的两侧，这决定了在多数情况下声音总是先后到达两耳，这个差别虽然小但却成为我们定位声音的有效依据，因此足以说明我们对物体位置的知觉是具身的。但是这不足以说明标准认知科学家无法编写模拟生源定位的算法，因为显然至少表征双耳时差的算法是可能的，那么可以说双耳时差的符号表征为进一步整合身体信息提供了可能。因此，具身性并非与计算主义不一致。

动力系统理论中包含的表征怀疑论同样带来了"取代"还是"补充"的问题。动力主义者认为对认知系统的动力学分析无须言及表征。例如比尔声称，表征的作用不过是代替实际物体，如果认知主体能够"用身体连续地参与环境，以便稳固行为的协调模式"，换句话说，如果行动者连续地与他需要交互作用的物体保持接触，那么他就不需要这些物体的替代表征。这一理念的最好实行者是布鲁克斯，他于 1991 年制造的一款机器证明，一种不依靠表征，而是把世界作为其自身最好模型的行动者是可能的。❶ 然而，考虑一下这样的问题，当你被要求描述一个苹果时，有两种情况，一种是你面前正放着一个苹果，你可以看见它、用手触摸它，闻一闻其香味；还有一种可能是，给你看完这个苹果后把它拿走。很明显，前一种情况更有利于证明比尔的论点，但是在第二种情况下，你的描述恐怕就不得不诉诸一个苹果的表征了。况且，即便是第一种情况，表征也不是完全没有必要的，因为对任何一种物体的觉知都或多或少需要一些相关的知识。克拉克对此作了一个区分，他将第一种情况下所需的表征称为弱的内部表征（weak internal representation），这样的表征仅仅具有携带与某个感觉器官接触东西信息的功能，只有当其与世界之间的联结未破坏时才存留；第二种情况下的表征被称为强的内部表征（strong internal representation），此时，表征是必需的，克拉克将与强的内部表

---

❶　BROOKS R. Intelligence Without Representation ［J］. Artificial Intelligence，1991，47：139 - 159.

征相关的一类问题称为"表征 – 需求"（representation – hungry）问题。如果说弱的内部表征被需要的情况是一种"在线（online）操作"的话，那么需要强的内部表征的情况就是一种"离线（offline）操作"，它促成了像抽象这样的过程，也促成了像计划、想象以及许多其他推理过程。因此，动力系统理论提出者试图通过指出"一些动力系统不需要表征"，或者"一些特定种类的活动不需要表征"，来质疑认知系统对表征的依赖性，这一论证过程在逻辑上是不成立的。一些最为典型的问题可能会直指无表征系统的弱点，如无表征系统能做那些认知系统能做的事吗？无表征系统能学习语言吗？能进行推理吗？能形成心智意象吗？就现有的人类发展水平而言，答案是否定的。

综上，具身认知并非标准认知科学的替代进路，而是一种补充进路，它在某些方面富有创见性地说明了人类高级的心理能力的形成过程，然而一种心智的起源和形成的起点无疑不能够代表或代替其成熟之后的形态，在这方面，具身认知的提倡者们显然并未领悟到。夏皮罗认为，具身认知进路有三个基本要点，即概念化（conceptualization）、替代（replacement）和构成（constitution）。概念化是指一个有机体身体的属性限制或约束了一个有机体能够习得的概念。替代意指一个与环境进行交互作用的有机体的身体取代了被认为是认知核心的表征过程。构成是说在认知加工中，身体或世界扮演了一个构成的角色，而非仅仅是因果作用的角色。通过对这三个要点进行逐一考证，夏皮罗得出结论："'概念化'与标准认知科学竞争，可是失败了；'替代'与标准认知科学竞争在一些领域取得了胜利，但很可能在其他领域遭遇失败；'构成'并未与标准认知科学竞争，但却推动它将其边界扩展至远远超出很多实践者期望的程度。"[1] 而在一些核心论题上具身认知进路远未统一。从未来与标准认知科学如何共处来看，如夏皮罗所言："或许具身认知最好把

---

[1] ［美］劳伦斯·夏皮罗. 具身认知 ［M］. 李恒威，董达，译. 北京：华夏出版社，2014：236.

它的目标设定为和解（rapprochement）而不是'替代'。"❶

三、动力计算主义——一种和解的态度

在具身认知的倡导者中，克拉克是一位态度柔和而又具有包容力的作者。他所提倡的认知的具身性和延展性并不与早期认知科学的计算－表征认知观相对立。相反，他通过表征－需求概念充分表达了对计算－表征认知观的接纳和吸收。此外，他与罗伯特·威尔逊（Robert Wilson）的广义计算主义也志同道合。实际上，广义计算主义合取了克拉克的构成说与标准认知科学的观念，主张认知过程是计算的，构成一些认知系统的计算过程具有外在于头脑的成分，这些认知系统被延展到脑外。同样，克拉克认为，如果动力理论家不得不把各种系统基础和过程解读为信息，并在关注随着时间而变化的整个状态同时，关注内部信息流的细节，那么我们所面临的就不再是一个计算立场的激进转变，而是一种有力且有趣的混合结局：一种"动力计算主义"，其中信息流的细节是与大比例的动力一样重要的各个字节，这样一些动力性特征同样在信息加工秩序中承担角色。在克拉克看来，这种动力理论和计算理论的混合进路已经在一些研究中有所表现。巴拉德（Ballard）等人对"直指器"概念的运用就是很好的例证。

直指器是人工智能中的一种内在状态，可以既作为一个计算的"对象"起作用，又作为为了检索附加数据结构或信息的"密钥"起作用。直指器是起到功能作用的物理活动。就像中央凹可能暂时被用于将颜色加以定位，也可以引导一个伸手活动达到目标处。在这样的情况中，巴拉德等人提示，"外部世界类似于计算机内存，改变视线类似于改变一个硅质计算机的内存"❷。在这里，围绕神经的、身体的和环境元素的是与认知有关的对计算组织的广泛描述。克拉克说，巴拉德的直指器模型"对一种认知任务的分析部分地采

---

❶　［美］劳伦斯·夏皮罗. 具身认知［M］. 李恒威，董达，译. 北京：华夏出版社，2014：236.

❷　BALLARD D, et al. Deictic Codes for the Embodiment of Cognition［J］. Behavioral & Brain Sciences, 1997, 20：723－767.

用了典型的计算的和信息加工的概念，但它也做了一种关键的调和，即将那些熟悉的计算的和信息加工概念应用于一个更大的、本质上是具身的动力整体中"❶。

因此，在克拉克看来，具身认知以及延展认知进路为标准认知科学提供了很多有益的补充。一种越来越清晰的情况是，在广泛的研究中，认知科学的兴趣不止聚焦于个体的脑，认知不是一种可以在将身体、世界和活动的作用叠加的情况下被成功研究的现象。同时，对于激进的具身性进路而言，其主要的挑战在于表征－需求问题，以及离线现象。正如具身认知遭遇的批评所言，具身性也许仅仅影响我们的一些低水平的感觉运动过程的观念。当然克拉克并不完全认同这一点，他认为，对于人类而言，"我们在所有水平上都发现了一种高度'具身的、嵌入的'策略与明显更加抽象的隐性去耦合策略的融合，对外在符号项目的创造和操作经常作为一种联结双方的桥梁起作用。因此，看起来很有可能的是理解人类思想和理性的本性和潜能的关键一点恰恰在于理解各种策略和资源类型之间的关系"❷。通过将人类语言技能的性质界定为语词和文本既是我们可以遭遇和掌握的外部对象，也是内在的、抽象的去环境耦合的理性的关键工具，克拉克实际上最终将具身认知进路与标准认知科学进路视为一种互补的关系。

关于具身认知和标准认知科学的关系问题，夏皮罗提出了一个非常值得借鉴的思想逻辑，他将其称为决策树。❸该决策树可以简要地描述为这样一系列问题：具身认知与标准认知科学具有同样的主题吗？如果它们有共同的主题，那么它们对这个主题提供了相互抵触的解释吗？如果抵触，那么科学家应当采纳更好的解释；如果不相抵触，这些解释应该是互补的，那么科学家可以自由地选择采用任何一个。如果它们有着不同的主题，那么，这些主题都值得研究吗？如果都值得研究，那么具身认知进路和标准认知科学就各有

---

❶ CLARK A. Supersizing the Mind：Embodiment，Action，and Cognitive Extension ［M］. Oxford：Oxford University Press，2008：27.

❷ CLARK A. An Embodied Cognitive Science？ ［J］. Trends in Cognitive Sciences，1999，3（9）：350.

❸ ［美］劳伦斯·夏皮罗. 具身认知［M］. 李恒威，董达，译. 北京：华夏出版社，2014：6.

用处；如果二者之一是无意义的，那么无意义的那个就应该被放弃。由此可以看出，不管对第一个问题的回答是肯定的还是否定的，其结果都只有两个，要么将具身认知进路和标准认知科学视为关于问题的两个平行意见同时保留，要么舍弃其中之一。而实际上，标准认知科学与具身认知进路有着共同的出发点和基本立场，即对人类认知或更广泛意义上的人类心智（mind）进行科学的解释。换句话说，标准认知科学与具身认知进路在其关注的焦点或主题上，以及方法和手段上具有一致性，并因此都属于认知科学的研究领域。该研究领域以各种实验的和技术的手段来研究人类是如何思考并解决问题的。因此，就目前具身认知进路与标准认知科学的发展状况来看，具身认知进路的全部主张和挑战不仅不足以使其成为标准认知科学的替代进路，而且，基于它们在研究主题和研究方法上的一致性，二者的和解和融合是可以预见的。因此，具身认知进路挑战标准认知科学并取而代之的计划失败了，那么它对传统哲学的挑战又如何呢？

第六节　神经现象学的提出——向现象学哲学抛出橄榄枝

在 1991 年的《具身心智：认知科学和人类经验》一书中，作者瓦雷拉、汤普森和罗施对西方传统哲学进行了批判，认为西方传统哲学家除梅洛－庞蒂之外一向忽视科学的研究结论，特别是明确反对科学的客观主义态度的胡塞尔的现象学。瓦雷拉等人认为，第一，胡塞尔的现象学"以孤立的个体意识为起点，把他正在探究的结构当作完全是心智的，而且在一个抽象的哲学内省动作中是意识可通达的"，然而这种起始于个体意识的反思活动"很难生成一个共识的、主体间的人类经验世界"，因此是唯我论的；第二，"尽管胡塞尔声称哲学要直面经验，但实际上他既忽略了经验的一致性方面，也忽略了经验的具身性方面"；第三，胡塞尔通过将其理论建立在原型意向性和布伦塔诺的意向性概念之基础上，从而发展了一种表征理论；第四，胡塞尔的现象学计划试图将人类经验或"生活世界"分析成更为基础的成分（一个人、一匹马）因而是还原主义的；第五，胡塞尔"向经验和'事件本身'的转向完全是理论的，或者从相反的方向来看，完全缺乏任何务实的维度。所以它不能克服科学与经验之间的断裂"❶。瓦雷拉等人声称，胡塞尔的现象学方案是失败的。同时，虽然海德格尔和梅洛－庞蒂"都强调人类经验的务实的、具身的背景"，但他们和胡塞尔一样"是以一种纯理论的方式进行的"，即以哲学的纯反思的方法来进行研究，瓦雷拉等人引用梅洛－庞蒂对科学和现象学作为理论具有事后性的评论来批判包括现象学在内的大多数西方哲学，认为这些哲学思想作为事后的理论活动无法重新把握经验的丰富性，只能成为对经验的空谈。这是为何"在当代的思想中对理性信任的缺失如此普遍，同时也变成对哲学信任的普遍缺失"❷ 的原因。在这个意义上，瓦雷拉等人认为现象学瓦解了。

然而不久，瓦雷拉就率先转变了对现象学的态度。1996 年，瓦雷拉发表了一篇题为"神经现象学：对困难问题的一种方法论救治"的文章，明确提出了神经现象学的概念。按照他自己的说法，用神经现象学这一名称是意在探索一条现代认知科学与一种训练有素的人类经验进路的"联姻"之路，这样"将我自己置于现象学的大陆传统世系之中"。关于神经现象学作为弥合所谓困难问题的方法在接下来会进行详细说明，此处我们只提示出瓦雷拉对现象学态度的转变。在这篇文章中，瓦雷拉明确提出要采用胡塞尔的现象学方法来描述第一人称的经验。瓦雷拉的这一态度转变显然带动了与他一起合作的另外两个成员——汤普森和罗施。汤普森在 2007 年独著的《生命中的心智：生物学、现象学和心智科学》一书中承认从现象学那里借鉴很多主题，不仅继承瓦雷拉的意愿再次阐述了神经现象学的研究纲领，而且在该书的附录 1 中，汤普森明确地坦言他们在《具身心智：认知科学和人类经验》一书中对胡塞尔现象学的批判和解释是错误的。"在与心智科学和佛教思想的多产的'异化受精'上，胡塞尔的现象学提供了远比我们认为要多的资源"，这也

---

❶ VARELA F，THOMPSON E，ROSCH E. The Embodied Mind：Cognitive Science and Human Experience［M］. Cambridge：MIT Press，1991：16－18.

❷ VARELA F，THOMPSON E，ROSCH E. The Embodied Mind：Cognitive Science and Human Experience［M］. Cambridge：MIT Press，1991：20.

是为什么三位作者均未坚持《具身心智：认知科学和人类经验》中佛教正念/静心的研究主题的原因。对于他们在《具身心智：认知科学和人类经验》中对胡塞尔的解读，汤普森一一作了更正。汤普森说："现在我相信：胡塞尔并非方法论的唯我论者；他非常关注体验的主体间性和具身性；他的意向性理论也并非表征理论；他的生活世界理论也不是还原主义的和表征主义的。此外，尽管我们认为现象学有一种过于强调以文本解释的形式进行理论探讨的倾向，但是我还是认为，将现象学斥为缺乏实践维度的、纯粹抽象的、理论性的方案这种简单看法有点肤浅而凭据不足。因此，我不会把胡塞尔的现象学看作是一种'失败'，也不会由于其在现象学实效论上的疏忽而认为现象学遭遇了'瓦解'的命运。"❶

当然，汤普森也反思了当初他们误解胡塞尔的原因。汤普森说，在撰写《具身心智：认知科学和人类经验》一书时，他们对胡塞尔的了解是有限的，仅仅了解胡塞尔的几部众所周知的著作。显然他们对胡塞尔并没有进行足够仔细的研究，他们的评判主要来自海德格尔对胡塞尔思想的苛刻批判，以及休伯特·德雷福斯（Hubert Dreyfus）对胡塞尔思想的引注性解释，德雷福斯同样引用了海德格尔对胡塞尔的评论。德雷福斯通过将胡塞尔与表征主义和认知主义联系起来，从而用海德格尔的理论来批判人工智能，他对胡塞尔的解读在认知科学界曾一度被视为标准观点。然而，其解读受到了许多研究胡塞尔的学者和哲学家的严肃挑战。这种挑战显然促成了具身认知提倡者的反思和观念转变。具身认知提倡者发现，现象学的很多见解是深刻而重要的，因为它是以仔细地描述、分析和解读鲜活的人类经验为目标的，因此任何力求对人类心智获得广泛理解的尝试都要在考虑意识和主体性上参考现象学的结论。在2007年汤普森的《生命中的心智：生物学、现象学和心智科学》一书中，明显对现象学给予了高度的关注和重视，对现象学也作了更为深入的解读和研究。

---

❶ ［加］埃文·汤普森. 生命中的心智：生物学、现象学和心智科学［M］. 李恒威，李恒熙，徐燕，译. 杭州：浙江大学出版社，2013：347–348.

通过前面我们对瓦雷拉等人具身认知主张的介绍，我们能够感受到这种转变是极具戏剧性的，他们不仅在关于传统哲学的看法上推翻了自己此前的所有主张，就连他们的研究路线也因此发生了巨大的变化。早先在提倡具身认知进路时，瓦雷拉等人鲜明地强调一种以正念觉知为主要途径的对人类经验的研究进路，然而在提出神经现象学之后，这种强调在瓦雷拉的著作中消失不见，而汤普森仅在说明神经现象学的方法论方案时主张用正念觉知的方法来训练被试的反思能力，至于语言学家罗施，在三人 1991 年的那次合著之后几乎不再与另外两人有交集，在研究主题上也与二人大异其趣。因此，从这种变化本身不难看出，三人在提出具身认知主题时的思想是不成熟的，甚至可以说具有一种无知而无畏的狂妄自大，这种狂妄终会因思想的逐渐成熟而偃旗息鼓。相比而言，瓦雷拉和汤普森对神经现象学的阐述就平和而深沉得多。当然，关于神经现象学的研究方案需要讨论的还很多，我们将在下一章有关"近代以来的科学精神"的主题下对其进行评判。实际上，不论是具身认知进路还是神经现象学，其背后潜藏着一种不变的方法论态度，这种方法论态度使其提倡者一方面直觉地感到认知科学应该关注人类经验，但另一方面，由于他们始终保持着对科学研究方法的热衷和信仰，决定了他们想要在现象学与神经科学之间搭建一座交接的桥梁。事实上，从神经现象学的出现本身就足以说明，在对意识这种特殊对象的研究发展进程上，科学研究手段与现象学研究或更为一般的哲学研究相比具有滞后性。然而，同样是出于那种对科学研究方法的热衷与信仰，这种滞后性显然为多数人所否认。只有真正厘清这种热衷和信仰的来源并正视它，才能够使我们在人类心智的理解道路上避免犯瓦雷拉等人的错误。

第四章　认知科学与近代以来的科学精神

第一节　具身认知进路与标准认知科学
在方法论追求上的一致性

　　认知（cognition），意指获得知识（knowledge）和理解（understanding）的过程。对人类认识过程的解释从古代就开始了，但认知科学是现当代自然科学背景下的产物，意在用自然科学的手段和立场来解释认识过程，在方法论上不同于以往的哲学省思。众所周知，标准认知科学的产生最为直接地受到计算机科学的影响，到其联结主义阶段，又与神经科学及技术紧密地相关。同样，具身认知进路的提出者瓦雷拉等人相信，虽然他们"对新的心智科学的信念受启发于法国现象学家梅洛-庞蒂现象学中的具身性思想"，但是他们"与梅洛-庞蒂所处的时代已经大不相同"，这主要表现为"对心智科学有着实质意义的大多数认知技术是在过去的40年里才开始得到发展的"❶。瓦雷拉等人的具身认知进路其基本的构想就是在科学与人类经验（代表的是一种现象学的理解）之间建立一座沟通的桥梁。因此，标准认知科学与具身认知进路有着共同的出发点和基本立场，即对人类认知或更广泛意义上的人类心智（mind）进行科学的解释。换句话说，标准认知科学与具身认知进路在其关注的焦点或主题上，以及方法和手段上具有一致性，并因此都属于认知科学的

---

❶　VARELA F，THOMPSON E，ROSCH E. The Embodied Mind：Cognitive Science and Human Experience［M］. Cambridge：MIT Press，1991：XVI.

研究领域。该研究领域以各种实验的和技术的手段来研究人类是如何思考并解决问题的。

作为一种新兴的研究进路，具身认知研究虽然吸纳了很多语言学、哲学、人类学等人文社会学科的理论观点，但具身认知研究者与标准认知科学的研究者一样，主要采用以人为被试进行实验的方法来为自己的主张提供经验支持资料。通常受试者会被带入由实验者事先设计好的实验情境中，按照要求完成规定的任务，实验者会根据受试者完成任务的情况以及受试者对询问的回答来获得支持性结论。标准认知科学采用实验方法进行研究是极为平常的，这里不必多说。我们来举一个具身认知进路实验研究的例证。对于具身认知进路的核心主张之一"像人那样设想世界需要有一个像人类一样的身体"，语言决定论者认为人类的时间观念与我们语言中表达方位的概念有关，而方位概念正是得自身体的体验。为了给这一假设提供支持，莱拉·柏济蒂茨基（Lera Boroditsky）采用认知心理学的启动效应设计了一个实验。该实验以母语是英语的人作为受试者，向其先后呈现水平序列和垂直序列两种图形作为启动刺激，然后让受试者判断目标句子如"三月比四月来得早"是否正确。结果发现，大多数讲英语的人能够在水平启动后更快地做出反应（判断）。对于该实验是否能够验证具身认知的核心主张我们在这里暂且不论，但其整个实验设计思想和验证作用确实与标准认知科学的研究范式相一致。此外，瓦雷拉等人为验证"颜色是主体与客体交互作用的结果"这一观点所进行的颜色实验❶、为验证"意义是具身的"所进行的行动－句子兼容性效应实验❷、为验证"手势可能以某种方式促进思维过程"的诸多实验等，的确反映出了具身认知研究进路与标准认知科学相同的实验倾向。

此外，具身认知与标准认知科学都向人工智能领域寻求验证。对人类心智解释模型的最好检验方法就是按照这一模型制造智能机器人。对人类思维

❶ VARELA F, THOMPSON E, ROSCH E. The Embodied Mind：Cognitive Science and Human Experience ［M］. Cambridge：MIT Press, 1991：162.

❷ GLENBERG A, KASCHAK M. Grounding Language in Action ［J］. Psychonomic Bulletin & Review, 2002, 9（3）：558－565.

进行模拟的最引人关注的人工智能莫过于那些可以与人类对弈的各类电脑"棋手"。2016 年 3 月，电脑阿尔法狗（AlphaGo）在具有棋类最高难度的围棋上已经可以战胜人类，这是计算 – 表征模型的一大突破。而致力于制造能够像动物和人一样自主移动的机器人的科学家，通过全方位地模拟人类神经系统的结构而研制的一系列以达尔文命名的装置❶，也很好地验证了具身认知的假说。如达尔文 7 号不仅有对应于哺乳动物视觉皮质、下颞叶皮质、听觉皮质和躯体感觉皮质的中枢系统，而且还有"身体"，既包括接收来自"脑"的无线电信号进行移动的行动装置，也有相当于视觉系统的电荷耦合照相机，用于听觉的麦克风，能抓取东西的机械爪，甚至还有触须状凸起。达尔文 7 号能够通过一系列试探活动在环境中行动，接近"好"味道的东西，避开"坏"味道的东西，当然这种价值判断是通过抓取物体并"品尝"（好坏的"味道"被实验者事先用高低电导率来定义）实现的。达尔文 7 号不同于阿尔法狗的一个重要的方面就在于，前者是在承认大脑的嵌入性——"大脑与身体紧密关联"的假设下实现的，而后者的结构显然不包括身体的因素。当然这种区别并不是在孰优孰劣的意义上做出的，就目前人工智能所实现的阶段性成果而言，这些机器人还只是对人类某一方面能力的模拟，对于人类心智的本质特点的争论仍在继续。不管怎样，人工智能领域所提供的人机类比，与以往的人与动物的类比、人与自然物的类比相比较，提供了一种不同的理解人类心智的视角，能够更为明确地把握发生于内部的认知功能，满足科学追求精确性的需要。

标准认知科学与具身认知进路在当代都与神经科学领域相结合。认知神经科学被称为是标准认知科学与脑神经科学相结合的产物，而具身认知进路则发展出神经现象学。我们在第一章的第三部分和第二章的最后一部分对二者分别进行了介绍，这里不再赘述。总之，不论是以计算 – 表征为理论核心的标准认知科学，还是聚焦于脑、身体和环境交互作用的具身认知进路，其

❶　[美] 杰拉尔德·埃德尔曼. 第二自然——意识之谜 [M]. 唐璐，译. 长沙：湖南科学技术出版社，2010：83.

科学的方法论范式都决定了认知科学与传统哲学认识论的区别。正如我们在上一章末尾处所提示的，标准认知科学与具身认知进路都具有一种对科学研究方法的热衷与信仰，历史地追溯这种热衷与信仰的来源将有助于我们深入地理解认知科学，特别是其具身进路。实际上，这种对科学研究方法的热衷和信仰与近代以来自然科学取得的伟大成就有着直接的关系，而自然科学最初是代表人类理性来对抗宗教神学的教条主义的。

第二节　近代初期作为人类理性启蒙的科学精神

今天，我们谈到科学精神，往往意指一种摒弃主观臆断、严格遵从科学研究逻辑和程序并坚持客观真理的思想追求。特别是在自然科学领域，科学精神被具体化为一系列研究样板，观察力求精确，实验设计要排除无关干扰，实验操作必须标准化，研究结论的表述则寻求规范化。"客观、公正、无偏私"被奉为科学研究领域的行业准则。然而，研究过程和研究方法的程式化是以损失研究对象和研究内容的大量实际特质为代价的。这种情况在如心理学这样的具有人文性质的科学中更为明显。那么，这种对客观、公正、无偏私的科学精神的极力追求究竟是如何在整个现代科学研究领域中流行起来的呢？

近代初期是科学思想日趋深入人心，神学逐渐失去支配力的历史转换时期。通常，人们认为 17 世纪是这一转换的时间节点，代表了近代的开端。在这一个世纪的时间里，人们在思想观念上发生的转变是空前的，此前的若干个世纪，即使时间流转了千年，但人们的世界观却并未发生根本的变化，物活论和神祇是人们解释事物和现象的主要依据。因此，伯特兰·罗素（Bertrand Russell）说："将近代世界与先前各世纪区别开来的每一事件都可归属于科学，科学在 17 世纪取得了极其雄伟而壮丽的成功。意大利文艺复兴时期虽然不再是中世纪，可是也非近代；反倒更加类似希腊的全盛年代。16 世纪沉浸于神学里面，要比马基雅维利的世界更加中世纪。……没有哪一个文艺复兴时期的意大利人，会让柏拉图或亚里士多德不可理解；路德会吓坏托马斯·阿奎那，但是阿奎那却不难理解路德。"❶ 而此后，科学的迅猛发展对于整个思想文化领域产生了颠覆性的影响。人们看待事物和自身的眼光发生了巨大的变化。在 17 世纪活跃的著名科学家哥白尼、开普勒、伽利略和牛顿对科学的创立起着关键的作用。而作为近代哲学始祖的笛卡尔同样也是科学的创造者和践行者。我们可以通过追踪笛卡尔的生平来进一步了解 17 世纪的时代氛围和科学精神，同时由于笛卡尔对于本书论述主题也至关重要，因此对于他个人的介绍多费一些笔墨是十分必要且值得的。

从西罗马灭亡到文艺复兴以前的欧洲大陆，以圣·奥古斯丁（Saint Augustine）和托马斯·阿奎那（Thomas Aquinas）为基础的基督教神学不断扩张，宗教教会统治着社会生活的方方面面，特别是在思想文化领域。这种精神的禁锢在 11、12 世纪市民阶层兴起后逐渐受到冲击，天主教会的神权也遭到来自王权的威胁。以市民阶层为后盾逐渐强大起来的王权政治在 16 世纪引发了基督教内部的宗教改革运动。宗教改革运动所催生的新教不再像旧教那样势力庞大，并且愿意有条件地承认国王或君主的首脑地位。这使得一些国家的政治和思想在一定程度上从宗教神学的统治中解放出来，如荷兰。在这样的国度，个人在思想上是相对自由的，至少不会招致灭顶之灾。同时，反宗教改革同样促进了人的独立思考。圣·罗耀拉（Saint Loyola）在巴黎大学创立的耶稣会虽然坚决与异端进行战斗，但是他本人却要比任何其他教士更为宽厚仁慈。新教教徒积极从事传教活动，竭力兴办教育，甚至在与神学不相干的领域无可匹敌，这赢得了当时广大青年人的追捧。笛卡尔便受惠于新教兴办的教育以及新教国家荷兰的思想氛围。相对于当时正处于时代交替的不稳定中的欧洲而言，笛卡尔是很幸运的。

1596 年，笛卡尔生于法国的布列塔尼地区，8 岁时进入由耶稣会神父创办的皇家公学接受正规教育，主要学习的是亚里士多德的逻辑学、道德学、物理学、数学、天文学以及阿奎那的哲学。前面刚刚讲过，耶稣会教育在不

---

❶ RUSSELL B. The History of Western Philosophy [M]. New York：Simon and Schuster, Inc.，1945：525.

涉及神学教义的领域中是非常先进的，数学便是这样的学科。在这里笛卡尔打下了坚实的数学根底，他在此获得的数学知识是别处学不到的，使其最终能够成为有所成就的几何学家。但学校的教育却越来越引发笛卡尔的不满，因为在物理学、天文学和哲学方面，很多教学内容与时代相脱节，新兴的实验科学用事实否定了亚里士多德的物理学，哲学的论争几个世纪以来一直因缺乏确凿的依据而无休无止，宗教的教义单单只靠信仰的力量无法说服聪慧、勤奋、善思考的笛卡尔。这种不满最后达成了他在军队入伍期间的系统怀疑。

在结束了几年不受打扰的军旅生涯之后，笛卡尔于 1629 年决定定居荷兰。17 世纪的荷兰对待科学和新兴思想较其他欧洲国家更为宽容和开放，而且这里远离家乡，笛卡尔可以不受世俗交往的打扰。在此之前他屡次因为逃避这种打扰而选择入伍。直到 1650 年卒于斯堪的纳维亚，在笛卡尔不算很长的一生中有 20 年（1629—1649）是在荷兰度过的。在这里教会从属于国家，来自教会的攻击和迫害会被一些开明人士所阻挡并削弱。对于追求真理的人而言，这种相对自由的氛围无疑是至关重要的。16、17 世纪涌现出很多科学家，天文学、数学、物理学作为近代科学的先锋迅速发展起来，这与宗教神学日渐宽容和开放密不可分。这一时期产生了很多与宗教教义相违背的科学结论，哥白尼的日心说违反了《圣经》，沉重打击了自中古时代以来就为人们所接受的教会的宇宙观。伽利略运用望远镜对太空的观测彻底打碎了人们关于天堂和地狱的想象。虽然新教和耶稣会对于触及神学基本立场的"异端"仍然给予严厉的制裁，但显然未能阻止科学思想的传播，也未能减少其受欢迎程度，科学的种子很快在大众心目中生根发芽并铺展开来。有时这种科学的精神甚至在志同道合的人们心中形成了一种对传统神学抑或哲学的优越感。因为在思想进步的科学家们看来经院哲学家们太过陈腐而封闭，甚至到了荒唐可笑的地步。例如，伽利略通过望远镜发现银河是千千万万颗单个的星集合而成的，并发现了木星的四颗卫星。然而当时的保守派因为这四颗卫星在数量上改变了原来太阳系七个天体这个神圣的数字，从而痛斥望远镜，拒绝通过它看东西，断言望远镜让人看到的是幻象。在伽利略与开普勒的通信中，提出希望一同对这些"群氓"（the mob）❶ 的愚蠢好好嘲笑一番的建议。"群氓"在这里指的就是那些用强词诡辩的道理而竭力要把木星的卫星"咒跑"的哲学教授们。

不过，我们也应该看到，对于处在近代开端的人们而言，神学在其精神思想领域中仍然占据着重要的地位，科学的进步和神学的退却不是无限的。这一时期的科学家几乎都同时又是教徒：哥白尼是宗教法博士，当过教士；伽利略既是科学家，也是天主教徒；就连缔造了整个自然物理主义的牛顿也将那些暂时无法解释的自然现象归结为上帝的安排；笛卡尔自视为虔诚的天主教徒，他的《沉思录》是为促进教会神学的说服力以及维护人们对上帝和灵魂的信仰而著，至少表面上看是这样。从个人情感的角度说，16、17 世纪的人们仍然坚定地相信灵魂与上帝的存在。在这种态度下，很多科学家因同时具有教徒的双重身份而着意将科学与神学划分开来。如伽利略深信，科学的任务是探索自然规律，而神学的职能是管理人们的灵魂，二者不应互相侵犯。科学与神学的"划江而治"是这一时期的普遍共识，科学家想追求真理，对自然进行探索而不受宗教的打击，作为宗教神学也希望在一定程度上接纳科学研究以赢得民心，但是科学必须有所忌惮和收敛，因为科学的进步所导致的无神论已经对宗教的根基构成了威胁。笛卡尔的二元论在一定程度上反映了这种科学与经院哲学的分野。

对于拥有科学精神同时又善于沉思的笛卡尔而言，科学与经院哲学的"划江而治"并不能让他满意。因为在他心中有着一种忧虑，这种忧虑既包括对科学无神论威胁的担心，也有来自他自己的矛盾，即在追求真理与信仰之间的冲突。在《沉思录》的卷首，笛卡尔"致神圣的巴黎神学院院长和圣师们"言：尽管对于像我们这样的一些信教的人来说，光凭信仰就足以使我们相信有一个上帝，相信人的灵魂是不随肉体一起死亡的，可是对于什么宗教都不信，甚至什么道德都不信的人，如果不首先用自然的理由来证明这两个

---

❶　RUSSELL B. The History of Western Philosophy ［M］. New York：Simon and Schuster, Inc.，194：534.

东西，我们就肯定说服不了他们。❶ 从表面来看，笛卡尔似乎作为信仰宗教的人坚定地相信上帝和灵魂，但实际上，与其说他在用"自然的理由"来向无神论者证明，不如说他在努力说服自己。因为他无法仅凭信仰将上帝和灵魂作为先在条件接纳下来，他必须以一种系统的、逻辑一贯的科学方法来论证它们的存在。他的《方法论》一书正是在这样的背景下形成的。

总之，在 17 世纪，神学对社会生活的支配力不断衰弱，人类思维的主动性空前高涨，天文学、物理学的进步动摇了中古时代人们的世界观。科学在神学一统天下的局面中开辟了属于自己的领地，取得了初步的胜利，虽然这种胜利是有所忌惮的、尝试性的，但足以冲破中古时代的蒙昧而使人类的思想与理性获得生命力。科学的进步昭示了人类理性的能力和光辉，至于这种能力和光辉的来源及其规律则仍旧留给神学。另一方面，随着科学的发展，建筑于自然科学基础上的客观主义观念广泛地传播开来，造就了很多无神论者。他们对上帝和灵魂是否存在产生了疑问，宗教神学在更广泛的意义上岌岌可危。笛卡尔兼有经院哲学的背景和对科学真理的追求精神，力图规避已经摇摇欲坠的神学大厦所受到的质疑，重新建立一种牢固而合理的思想体系。无怪乎人们在他的墓碑上写下："笛卡尔，欧洲文艺复兴以来，第一个为人类争取并保证理性权利的人。"不过，在笛卡尔之后这种科学的理性精神发生了分化：它的一部分为自然科学家所秉持，强调用观察和实验的手段来认识自然，用数学公式和定理来解释自然，这种客观主义的科学精神起始于伽利略，在 19 世纪被孔德发展成为一种实证主义的科学哲学；另一部分为哲学家所继承，近代的哲学家基本上脱离了宗教神学的限制而获得了思想上的自由和解放，他们转而专注于了解人类自身的认识能力和认识成果。因此，可以说，近代科学与哲学的分野主要体现在研究对象上，并不特别显著地体现在研究方法上，但是其尊重真理的严谨态度是一致的。然而，由于孔德的实证主义将自然科学的巨大进步和兴盛归因于其采用的研究方法，因而使近代的科学

---

❶ DESCARTES R. Discourse on Method and Meditations on First Philosophy ［M］. CRESS D A (Trans.). Indianapolis：Hackett Publishing Company, 1998：47－48.

精神转变成单一的对实证方法的崇拜。同时，由于生理学通过对脑及神经的研究让人们看到了自然科学问津哲学问题的可能，从而在很大程度上威胁了哲学的存在价值。19世纪哲学陷入了危机之中，科学的精神演变成一种对自然科学的信仰。

第三节　实证主义将科学精神改造为科学信仰

理性是人类所拥有的独特的思想和思维能力，从古代到近现代，人类理性曾有过三个强大的敌人，一是古典时代的超自然神祇，二是近代的实证研究方法，三是现代反理性主义强调的生存本能。笛卡尔通过普遍的怀疑精神向旧有的超自然权威发起了冲击，同时又对感官经验作了细致而严谨的认识论批判，从这两个方面来看，笛卡尔作为近代理性主义的奠基人是当之无愧的。另外，在笛卡尔时代，理性的第三个敌人还未壮大起来，直到19世纪，来自非理性主义的攻击与经验主义共同构成了对哲学理性的强大威胁。笛卡尔对于感官经验的批判并没有阻止人类运用感官探索自然的步伐。自伽利略发明了望远镜以后，自然科学中观察法的地位牢固地树立起来，观察法佐以实验法极大地加快了自然科学发展的进程。18、19世纪被称为科学大爆炸时期，知识逐渐分门别类地建立起学科的体系。有机化学、地质学、动物学、植物学、胚胎学等学科不断涌现。自然科学取得的巨大成功不仅改变了人类传统的生活方式和思维方式，也坚定了人们对科学的信心。19世纪，法国人奥古斯特·孔德（Auguste Comte，1798—1857）对科学进行了分类，并将科学的方法延伸至社会学研究，提出了实证主义科学哲学思想，实证主义的出现影响了现代科学和哲学的进程。

一、一种实证哲学

实证（positive）一词来源于拉丁文，原意为"肯定、明确、确实"，孔德称自己的哲学为"实证的哲学"（positive philosophy），以与空洞、荒诞的中世纪经院哲学形成鲜明对立，表明他的哲学是以观察和实验等经验证实的方法为根据的一种"科学的哲学"。孔德认为，人类理智的发展历史遵循着一个基本规律，这就是："我们引申出的每一个概念、每一个知识的分类都经历了三个阶段：神学的或虚构的阶段，形而上学的或抽象的阶段，以及科学的或实证的阶段。换句话说，人类的心灵受其本性所限，在其进步过程中采用了三种在本质上完全不同的甚至是极端对立的哲学研究方法，即神学方法、形而上学的方法以及实证的方法。"❶ 显然，在孔德看来，实证的方法代表了人类理智发展的最高水平。他说，人类个体同样如此，并且可以作为一般心智发展的直接证据。儿童期是神学家，少年期是形而上学家，而成年后他成为一位自然哲学家。在实证的状态下，人类的心智放弃了受绝对观念引导的无谓研究，而将自己投身到对现象间的规律的研究上，即其相继和相似的不变关系。推理和观察，适当的联结，是这种认识形态的手段。当我们谈到对事实进行解释时仅仅是在单一现象与某些一般事实之间建立起一种联系。当然，孔德也认为神学阶段和形而上学阶段是必要的，因为在他看来，只有经过神学阶段对不可能的绝对知识的探寻以及形而上学阶段对现象给予抽象的命名，才能进入实证阶段，即发现现象的规律，以证实或拒绝一个理论。

孔德认为，存在一种实证哲学，这种实证哲学代表了人类理智发展的最高形态。实证哲学认为所有现象都遵循不变的自然法则。由此，实证哲学的事务（business）就是准确地发现这些法则，并将它们削减至最少的数目。由于我们无法通过思考因果关系来解决任何关于起源和目的的问题，因此，我们的真正事务是准确地分析现象的情境，并用自然的连续性和相似关系将它们联系起来。为了描述实证哲学的性质，孔德以引力说为例。他论证道，"我们说宇宙的一般现象都可用引力说来加以解释，因为它将全部浩繁迥异的天文学事实联系起来并置于同一题目下，展现了原子之间相互吸引的倾向并与其质量成正比，与其距离成反比；同时该一般事实本身仅仅是我们非常熟悉的现象的延伸——地球上的物体的重量。我们对于引力和重量是什么无能为

---

❶ COMTE A. The Positive Philosophy ［M］. MARTINEAU H（Trans.）. London：George Bell & Sons，1896：27.

力，因为它们根本不是认识的问题。神学家和形而上学家可能会对这样的问题加以想象或凝练，但是实证哲学拒斥它们。当想要试图解释它们时，只消说引力是普遍性的重量、重量是地球上的引力，该问题就终结了，也即两种现象是同一的，这是问题产生的起点"。孔德还提到了法国物理学家傅立叶（M. Fourier）对热进行的一系列研究，孔德说，傅立叶"给了我们关于热现象的所有重要且准确的法则，以及大量新的真相，而从没有追问其本质，通过采用实证的方法，他发现了无穷无尽的研究材料，而没有费心于他不能解决的问题"❶。因此，在孔德看来，所谓实证哲学就是对自然科学的研究模式进行总结的一种关于科学的哲学，而这种科学研究模式就是运用观察、实验等实证的方法对现象进行归纳，从而找出其间的规律，并以最简练的原理表述出来。因此，实证哲学从一开始就把某一类问题弃之不顾，这就是关于现象的起源、意义的问题。在孔德看来我们对于这些问题无能为力，因此实证哲学必须加以拒斥，否则就会陷入无穷无尽的争论之中。然而，诸如"引力和重量是什么"这样最为根本性的问题恰恰是物理学的终极问题，如果没有对引力本质问题的思考，便不会有爱因斯坦的相对论，爱因斯坦本人也曾在各种场合表达过对实证主义的反对。❷ 如果全部科学都仅仅停留在对现象之间相互联系的机械统计上，那么人类便不会再有什么真正意义上的新的问题。今天，我们常常能够看到，很多科学事业中的人们在实证思想的影响下，忙于以实证的方法收集观察的材料，但由于缺少对问题本质的、更深入的思考和理解，而迷失在浩繁的资料之中。

另外，实证哲学的完善需要几大学科门类都进入实证的科学阶段，而不同种类的知识历经三个发展阶段达到最终的实证阶段的速度是不一样的。这取决于知识的性质。知识达到实证阶段的早晚与其一般性、简明性以及独立于其他领域的性质成比例。天文学因其一般性、简明性以及独立于其他科学

❶ COMTE A. The Positive Philosophy ［M］. MARTINEAU H （Trans.）. London：George Bell & Sons，1896：31.

❷ 李正风. 现代物理学家眼中的逻辑实证主义——科学家对待哲学态度的案例研究 ［J］. 自然辩证法研究，2001，17（4）：6–10.

而最先达到了实证阶段，然后是地球物理学，再然后是化学，最后是生理学。到目前为止，这几门学科已经达到了实证阶段，但是有一门学科仍然处于前两个阶段，即关于社会现象的科学。孔德说："社会现象最独特、最复杂、最依赖于其他学科，因此也将是最晚达到实证阶段的，即便社会现象没有任何特殊的障碍可遭遇。这一科学分支至今尚未进入实证哲学领域。在其他学科中已经被打破的神学和形而上学方法仍然在社会学中被采用。在所有社会对象的问题上，既有追问的方式也有讨论的方式。尽管优秀的人们已经极度厌倦关于神权和人权的不休争论。这是在实现实证哲学过程中需要逾越的极大的显然也是唯一的鸿沟。"❶ 因此，孔德的全部工作包含了两个重要的目标，一是要确立当前工作（指社会学）的原则；二是回顾在其他科学中起作用的因素，以表明它们并非截然地相互分离，而是同一棵树干的枝杈，即它们都是实证哲学的分支。实际上，这两个目标的任务是一样的，即对已经进入实证阶段的科学进行总结获得其实证特征，以作为全新的实证科学——社会物理学的样板，同时也即获得了一种实证哲学。

二、实证哲学将科学精神改造为实证精神

近代以来的科学精神意味着人类能够不受任何外部的、既定的模式之约束自由地思想、探索问题的答案，而并未强调这种思想和探寻采用的是怎样的方法。如在笛卡尔那里，这种科学的精神显然是通过系统的沉思实现的，而在伽利略那里虽然强调观察法的重要性，但同样表现为个人摆脱宗教神学束缚的独立思考，只不过伽利略用实验的方法来向公众演示，以证明自己的论点。然而，在孔德看来，人们对传统经院神学束缚人类理性、自由思想的反抗即为实证科学的革命。他说："实证科学的革命大约发生在两个世纪之前，当人类心智在培根的知觉之下、在笛卡尔的观念之下、在伽利略的发现之下骚动起来的时候。正是这种实证哲学精神与那种掩盖了所有科学真正本

❶ COMTE A. The Positive Philosophy［M］. MARTINEAU H（Trans.）. London：George Bell & Sons，1896：32.

性至今的迷信的经院系统相对立。"❶　孔德认为："从那时起，实证哲学的进
步以及另外两种哲学的退却如此明显，以至于任何理智的人现在都不会怀疑
这种革命注定要继续下去并达到完满，即每一个知识分支早晚都要被置于实
证哲学的掌控之下。"❷　由此，孔德将科学精神理解为实证的精神，这一误解
直接决定了现代人们对"科学"一词的理解。

孔德对自然科学进行了理论抽象，或者具体而言，他将自然科学取得的
一切进步和成果归功于其经验的方法，并以这种方法作为一门新兴学科的评
判标准，从而贬抑了其他沉思的探索途径。他认为，实证的特征要比前两种
神学的和形而上学的科学研究方法更具优势，当具有了一种普遍的实证特征
之后，这种实证的状态将取代前两种系统。"实证哲学的研究提供了唯一的展
现人类心智逻辑规律的理性手段。而迄今为止，对人类心智的逻辑规律的研
究采用的尽是些不合适的方法。……只有通过对这些事实（指人类心智的逻
辑规律）进行彻底的观察，我们才能达成对逻辑规律的认识。"❸　在孔德看
来，观察是认识理智现象的唯一手段，而作为神学最后形态的虚幻心理学是
需要被排除的。这样的心理学"通过在心智中进行沉思，即通过将心智与其
原因、结果分离开来，从而假称发现了人类心智的规律。这样的尝试蔑视我
们理智器官的生理学研究，并蔑视对过程的理性观察方法，无法在今天获得
成功"❹　值得玩味的是，孔德在这里所提示的心理学的方法即指内省沉思的
方法。显然，他所理解的心理学即指用内省沉思的方法来研究人类理智的学
科，他未预见到在30年之后在他的实证思想的影响下，成为一门独立学科的
实验心理学逐渐减少了内省法的比重，甚至在一个世纪里，他的关于实证科
学的全部设想塑造了整个现代心理学的进程。同时我们也看到这段论述与具

❶　COMTE A. The Positive Philosophy ［M］. MARTINEAU H（Trans.）. London：George Bell &
Sons, 1896：32.

❷　COMTE A. The Positive Philosophy ［M］. MARTINEAU H（Trans.）. London：George Bell &
Sons, 1896：32.

❸　COMTE A. The Positive Philosophy ［M］. MARTINEAU H（Trans.）. London：George Bell &
Sons, 1896：36.

❹　COMTE A. The Positive Philosophy ［M］. MARTINEAU H（Trans.）. London：George Bell &
Sons, 1896：36 – 37.

身心智提倡者反对传统哲学的研究方法如出一辙。

然而，在孔德的科学体系中，有一点是让人匪夷所思的。这就是他在前面提到的几门基础科学前面又加入了数学，认为数学是所有自然哲学的基础，位于他的科学等级中的第一位。他论述道，"我们只是将那个支配我们整个分类的原理进行了扩展性应用。……几何和机械现象是所有现象中最一般的、最简单的、最抽象的——最不能被还原为其他现象的，最独立于它们的；事实上，这些现象是作为所有其他现象的基础起作用的。因此对它们的研究是对所有其他现象研究的必不可少的第一步。由此，数学必须拥有科学等级中的第一位置"❶。这样，孔德所列出的实证科学的等级次序就是数学、天文学、物理学、化学、生理学和社会物理学。显然，孔德认为数学产生自对事物的精确测量，测量是所有科学中都需要运用的一种技术，不过，众所周知，数学中特别是成熟的数学有很大一部分是以演绎推理为主的抽象逻辑研究，这看起来与孔德所主张的实证研究方法不甚一致，至少不是按照他所言的，所有基础科学的最成熟阶段都是实证阶段。

不管怎样，孔德对实证方法的强调确实引起了 19 世纪人们关于科学观念的重大转变。科学的精神在抵制传统哲学内省沉思方法的过程中转化为对自然科学研究方法的坚持。事实上，按照孔德的设想，人们只需遵照他所规定的研究方案对问题进行按部就班的研究就能够取得辉煌的成就。正如前面我们转引他对天文学和热学研究的总结那样。正因为他将科学的精神改造成为实证精神，观察和实验的方法在所有追求科学身份的领域变得异常重要，特别是当哲学遭遇危机之时，这种实证精神便促使人们意欲通过这样的科学对哲学进行改造，而不管这种改造是否符合其所研究对象的根本性质。于是，一种新的抑制人类科学理性精神的信仰建立起来，尽管这种信仰具有科学的名号，但却不再具有真正意义上科学的精神。

❶ COMTE A. The Positive Philosophy ［M］. MARTINEAU H（Trans.）. London：George Bell & Sons，1896：55.

第四节　实证主义视域下的科学精神之后果

一、19 世纪哲学理性的危机与哲学的科学改造

19 世纪对于传统意义上的哲学而言无疑是黑暗的。此时，哲学不仅在内部出现了思想发展上的瓶颈，更有来自外部的自然科学的非议，以及怀疑论、非理性主义和神秘主义对人类理性的瓦解。从内部来看，黑格尔是传统哲学的集大成者。在黑格尔的博大体系中，"以往哲学的全部雏鸡都终于到家栖息了"❶。此后，哲学家们显然失去了曾经的荣耀与光环，并且难于有更多理论上的突破。在黑格尔死后的整个时期，代表传统哲学的学院派基本没有多大成就。那些继续学院传统的著述家——在经验主义一侧有约翰·斯图亚特·穆勒，在德国唯心主义一侧有洛策、济格瓦特、布莱德雷和鲍赞克特——没有一个在哲学家当中完全数得上一流人物，换句话说，他们大体上采纳某人的体系，而自己并不能与某人匹敌。❷ 在外部，从 17 世纪以来一向是新事物主要源泉的科学，取得新的胜利，特别是在地质学、生物学和有机化学方面。技术的革新和机器生产的规模化日益向人们昭示着科学技术所具有的巨大潜能。基于此，许多自然科学家以及一部分哲学家向传统哲学发起了质疑。

以黑格尔哲学为最高代表的传统哲学有两个本质的特征：一是传统哲学以思维自由地把握和解释世界为追求目标，二是传统哲学以哲学家个人头脑中的思辨活动为研究方式。❸ 从第一个特征来看，质疑的声音说，哲学和科学都起源于人类对知识的渴求，都以提供普遍知识为使命。在古代，科学所揭示的规律还不足以进行普遍的概括，而"人类总是倾向于在他们还无法找到

---

❶　[美] H. D. 阿金. 思想体系的时代：十九世纪的哲学家 [M]. 王国良，李飞跃，译. 北京：光明日报出版社，1989：64.

❷　RUSSELL B. The History of Western Philosophy [M]. New York：Simon and Schuster, Inc. , 1945：721.

❸　孙正聿. 哲学通论 [M]. 上海：复旦大学出版社，2005：252 – 253.

正确答案时就做出解答"❶，因此充斥着想象的哲学就成为认识的主要来源。而近代以来科学的进步已经使自然科学足以承担起不断地提供新的"世界观"或"普遍规律"的职能了，那么哲学就只能作为科学的"副产品"，即以对科学命题进行逻辑分析的方式存在。一些思想家甚至预言，随着科学的发展，随着物理学、生物学、社会科学最后是心理学的进步而与学科之母哲学的分离，哲学将告终结。❷ 对传统哲学第二个特征的批评就更加尖锐而不留情面了。批评家们认为，"精确的"科学是伟大的，而"思辨的"哲学是渺小的；只有忽视甚至侮辱传统的哲学，才能使科学从"形而上学"中解放出来；只有用实证科学（自然科学）的理论和方法改造哲学，才能使哲学从传统的"形而上学"变成"科学的哲学"。❸

因此，19 世纪传统哲学在内部和外部遭遇的危机促使人们重新考虑哲学该何去何从的问题。这种考虑首先表现为对传统哲学特别是对其突出代表黑格尔哲学的批判上。对黑格尔哲学的不同理解和批判划定了现代哲学的基本内容和走向，"几乎二十世纪的每一种重要的哲学运动都是以攻击那位思想庞杂而声名赫赫的十九世纪的德国教授的观点开始的，……我心里指的是黑格尔"❹。

对传统哲学的一种理解和批判来自非理性主义。与传统哲学将人的本质归结为"理性"、认为人是理性的动物不同，现代西方非理性主义思潮的先导叔本华把人的本质归结为一种非理性的、盲目的欲望冲动，即一种生存意志。叔本华说，世界是自我的表象，宇宙间的一切都是表象，是我的生存意志的表现。生存意志与表象世界的关系就是本质与假象的关系，"理性及表现形式只是意志和欲望的表现"。人们应该做的不是去认识作为假象的表象世界，而应该体验作为本质的生存意志。对生存意志的体验或把握不能运用理性思维，

---

❶ 孙正聿. 哲学通论 [M]. 上海：复旦大学出版社，2005：251.

❷ [美] M. 怀特. 分析的时代：二十世纪的哲学家 [M]. 杜任之，译. 北京：商务印书馆，1987：98.

❸ 孙正聿. 哲学通论 [M]. 上海：复旦大学出版社，2005：246.

❹ [美] M. 怀特. 分析的时代：二十世纪的哲学家 [M]. 杜任之，译. 北京：商务印书馆，1987：7.

理性思维所剖析的只是处在时空中服从充足理由律的表象世界，它不能把握世界的本质——自由的生存意志。❶ 体验或把握生存意志只能依靠生存意志本身，即依靠意志的自我反省或自我体验，这是一种非理性的、神秘的"直觉"。非理性主义对理性的责难显然加深了传统哲学理性的危机。

对传统哲学的另一种批评来自自然科学。如前所述，自然科学从哲学的追求目标和研究方法两个方面（从本质而言都是方法论的问题）对形而上学加以拒斥。19世纪30年代，几乎与黑格尔去世同时，孔德提出了实证主义思想。这一思想可以看成是对自然科学方法论的集中阐释。孔德坚持统一的科学观，认为自然世界和人类社会在本质上没有不同，主张将自然科学的研究方法——观察法和实验法应用于研究人的问题。实证主义一经提出立刻引发了一股对哲学进行科学改造的浪潮。以自然科学的方法论改造传统哲学的观点被称为现代哲学中的科学主义思潮。在科学主义看来，传统哲学的弊端就在于其"思辨性"和"超验性"。黑格尔哲学以"绝对理念"的自我运动来描述思维和存在所服从的同一定律，这是一种"狂妄的理性"或"理性的狂妄"❷。科学主义试图从"谦虚的理性"和"理性的谦虚"出发，用科学的理性来代替绝对理性。

对哲学进行科学改造的浪潮在19世纪的沙滩上留下了一个最为惹人注目的结晶——实验心理学。缪勒、费希纳、赫尔姆霍茨、冯特等具有自然科学特别是生理学背景的人将自然科学的方法全面地运用于研究心灵的相关问题。这其中冯特最为突出也最为明确地"完成了"对哲学的科学改造，从而成为"实验心理学或者现代心理学之父"。之所以将实验心理学和现代心理学不加区分地等同起来，是因为在很多人看来，实验心理学代表了新兴的现代心理学的典型特征。当然，实验心理学并非新心理学的唯一形态。几乎与冯特的实验心理学同时，布伦塔诺的描述心理学也以对哲学进行科学改造为矢志，并且在强调自然科学的方法论意义上，布伦塔诺与实证主义是一致的。但是，

---

❶ 夏基松. 现代西方哲学 ［M］. 上海：上海人民出版社，2009：64.
❷ 孙正聿. 哲学通论 ［M］. 上海：复旦大学出版社，2005：253.

与实证主义和实验心理学不同的是，布伦塔诺并未放弃哲学所特有的界域。并且，他认为描述心理学因"不带任何非心理学混杂物"而成为"纯粹的"，"它试图为自己提供基础"，这样的"心理学不再从其他自然科学中得到指示，它即使不是把自己作为独立的科学建立起来，也是把自己建立为自主的科学"❶。这种心理学是对哲学进行必要改造的适当工具，也是重建科学形而上学的适当工具。❷ 在与实证主义相区别的意义上，布伦塔诺构成了科学主义的反对力量，并且启发了现象学的创始人胡塞尔对科学主义思潮的反抗，同时鼓舞胡塞尔树立一种建立不同意义上的"科学的"哲学的信念。但是，布伦塔诺的主张并未阻止心理学的实证化道路。由于独立于哲学之后的心理学过分地追求经验实证的方法，而忽略了对心理现象或意识的本质探究，因而从冯特建立的实验心理学到美国的机能主义心理学，再到行为主义、认知心理学，现代心理学不断地遭遇危机和革命。从一定程度而言，当代认知科学也同样遭遇方法论的困境，从具身进路到神经现象学的进展就间接地表明，不论是心理学还是认知科学，只要受制于实证精神的引领都必然面临一种无法回避的困难。本章最后一部分将对神经现象学进行详细审察，届时我们将更为清晰地把握到这种方法论困境所带来的整个学科的摇摆状态。

二、现代心理学的不断危机和革命

现代心理学是以 19 世纪晚期实验心理学的创立为起点的。19 世纪自然科学的进步以及哲学本身的困境使人们普遍地"对任何形式的思辨的哲学形而上学体系发生怀疑，并也导致曾经令世人叹服的、在逻辑上极为精致的古典哲学体系在德国理智生活界的地位和声誉日渐衰微，进而使整个哲学事业面临'消亡'的危险"❸。在这样的历史条件下，一大批学者为了"变更并拯救

---

❶ ［美］赫伯特·施皮格伯格. 现象学运动［M］. 王炳文，张金言，译. 北京：商务印书馆，2011：76.

❷ ［美］赫伯特·施皮格伯格. 现象学运动［M］. 王炳文，张金言，译. 北京：商务印书馆，2011：71.

❸ 高申春. 十九世纪下半叶德国心理学的理论性质［J］. 长春市委党校学报，2001（5）：10－14.

哲学的命运，采取了自然科学的实证态度，并试图利用自然科学的经验方法来研究或'治疗'哲学，以把哲学建设成一门像自然科学那样精密的知识体系"。正是这一动机影响并最终导致了实验心理学的兴起。不得不说的是，实验心理学的诞生在方法论志趣上直接得益于生理学，对实验心理学的诞生起到推动作用的奠基人以及创立者无一例外地具有生理学的背景。实验生理学在 19 世纪上半叶的渐趋成熟，不仅在方法论上起到学科典范的作用，而且生理学有关神经、脑的机能和感官生理学的研究及其发展，与心理的生理机制问题如此密切地相关，以至于研究者在进行研究时经常以自己身内可以接触到的直接经验为参照依据，心理学史学家波林指出，"显然，这样的研究与心理学的关系更加密切的部分就采用了一种非正式的内省法；换句话说，就是利用人类的感觉经验，经常是实验者本人的经验。……这些学者完成了种种观察，但却没有对于其中一个因素即经验的性质作批评性的讨论"[1]。正是这种对自己直接经验的性质未加批判的态度，使当时的生理学家们不仅"僭越自己的研究领域而进入（心理学和）哲学领域"，而且给整个现代心理学留下了危机四伏的隐患。

　　实际上，现代实验心理学是作为"科学的哲学"而诞生的，其发展的历史进程更为主要的是以冯特的实验心理学为基准的。冯特早先作为生理学家以一系列感官经验的研究而与心理学联系起来，并在哲学陷入全面困境之时被某些向科学张望的人选中为哲学提供科学改造的可能。正是因为在一部分人看来哲学如此急切地需要被科学改造，才使如冯特这样的生理学家能够进入哲学领域，成为哲学教授。然而，冯特对于哲学困境的解救是素朴性的而非自觉的，他在塑造新心理学的形象时极力将之与传统形而上学区分开来，而这种区分的重要表现就是采用自然科学的方法。他在《对感官知觉理论的贡献》一文中明确指出，对于心灵的性质及其与肉体关系问题的形而上学的探讨是没有什么可取的，"即使我们退一步承认，讨论这些处在心理学背后的形而上学问题是有正当理由的话，我们仍然必须坚决主张，到现在为止，这

---

[1]　[美] E. G. 波林. 实验心理学史 [M]. 高觉敷，译. 北京：商务印书馆，1982：110.

些形而上学的问题在科学的心理学中所占的地位，正像关于造物主的见解在物理学中一样，是毫不足道的"❶。由此，可以看出，无论是对传统哲学的批判，还是对其新心理学的构想，冯特都是从方法论意义上加以论证的，"与纯哲学家们从哲学的问题及其性质着手对传统哲学加以改造从而导致整个哲学思维方式的转换不同，冯特仅仅是在研究方式上而不是从问题及其性质出发来改造传统哲学的"❷。这与孔德的实证哲学思想高度一致。冯特的心理学体系具有两个基本特征：一是他的心理学在理论上是对传统哲学心理学思想的直接继承；二是他是通过给传统哲学心理学穿上一套近代自然科学的外衣而使之转变为"科学"的。❸ 与此不同的是，布伦塔诺同样主张用自然科学的方法来解救哲学，但布伦塔诺更为自觉地从哲学的内在本性出发探索"哲学周期性衰退症的医治之方；只要哲学保持着它自身本性的信念——这个本性就是哲学乃是一种纯思辨知识——它就能够持续地拥有一个健康的发展环境，并像自然科学那样循着一个连续进步的发展道路前进"❹。因此，可以说冯特的心理科学是发扬实证精神的结果，而布伦塔诺的心理科学是一种真理意义上的科学，或者可以说是近代初期那种真正的科学精神的表达。

然而，由于孔德实证精神的广泛传播，冯特新心理学的形象更为深入人心，现代心理学随即沿着其实验心理学的模式铺展开来。至 20 世纪初，随着这种新兴的心理学逐渐进入美国，并与美国本土的实用主义精神和进化论思维方式相顺应，使得美国机能心理学天然地具有了那个潜在的危机，即心理学失去了对意识或心灵的性质进行批判性思考的品性。美国机能心理学从冯特的实验心理学那里既继承了实验主义的外在形式，同时又获得了其关于"意识是什么"的理论前提，然而这个理论前提与其进化论思维方式中心理学的理论前提在逻辑上是对立的，从而构成美国机能心理学的基本矛盾。冯特实验心理学的理论前提承袭的是近代以来笛卡尔式的意识观念，即将心灵视

---

❶ 张述祖. 西方心理学家文选 [M]. 北京：人民教育出版社，1983：2.
❷ 高申春. 心灵的适应——机能心理学 [M]. 济南：山东教育出版社，2009：40.
❸ 高申春. 冯特心理学遗产的历史重估 [J]. 心理学探新，2002，22（1）：3－7.
❹ 高申春. 心灵的适应——机能心理学 [M]. 济南：山东教育出版社，2009：38.

为一种与有机体的肉体完全不同或截然对立的精神实在，这与隐含在进化论思维方式之中的关于心理实在与有机体实在具有历史同一性的把握构成了逻辑上的对立和矛盾。正是由于这个内在的对立和矛盾导致美国机能主义最后在理论上陷入危机，表现为如安吉尔这样的新一代美国心理学家既无法"彻底地否定以铁钦纳为代表的传统意识心理学的意识观，也不能重新构建心理学的本体论基础，而满足于在常识的基础上信仰'意识'及其活动的效用价值，从而在心－身关系问题上陷入二元论的困境，并倾向于否定这个关系中的'心'的方面而只承认这个关系中'身'的方面，为心理学走向行为主义敞开了大门"❶。

　　随着更新一代心理学家的成长，心理学越发远离了哲学，这些"心理学家很少受到哲学及哲学史的训练和熏陶，他们难以体会'意识'范畴所承载的哲学史及认识论的意义"❷，相反他们更多地受到的是实证科学精神的影响和感召，因此，对于心－身关系的处理更为大胆而武断，他们以努力否定"心"的方面而只承认并研究"身"的方面来应对机能主义的危机。这样的心理学家就是以华生为代表的行为主义者。由此，行为主义的革命"在否定传统意识心理学理论前提的同时，连同这个前提试图把握的意识或心理实在的理论本体论意义一起加以否定，从而使实验心理学失去自身存在的逻辑基础"❸。毋庸置疑，这样的心理学已经失去其作为一门科学的逻辑基础，其危机的爆发将是一种必然。这种危机在 20 世纪 50 年代如期而至，正是要应对行为主义的危机，诞生了认知心理学或信息加工心理学。事实上，行为主义作为心理学的逻辑错误是如此之明显，乃至于任何一个普通大众都能够觉察出这种荒谬性，但是作为心理学家的行为主义者由于陷入了一种虔诚的对实证精神的信仰而全然不觉。不过，由于认知科学革命同样兴起于自然科学的背景下，并受其研究方法的约束，因此，这种革命仅仅是在研究对象的本体

---

❶　高申春．心灵的适应——机能心理学［M］．济南：山东教育出版社，2009：238.
❷　高申春．心灵的适应——机能心理学［M］．济南：山东教育出版社，2009：238.
❸　高申春．心灵的适应——机能心理学［M］．济南：山东教育出版社，2009：239.

论承诺上恢复了内部心智的假设，但"主体性在心智科学中仍然没有立足之地"❶，也无力从根本上论证意识或心灵的性质。这一特征同样延伸到具身认知进路中。

实际上，"自从心理学从哲学中分化出来成为一门实证科学之后，在心理学家中普遍流行着一种严重错误的、并往往不得不因此而要付出巨大的历史代价的偏见或理论态度，即无论是在研究方法、理论（体系的）形式还是在思维方式等方面，都要拒斥和否弃哲学，似乎他们（的理论）对哲学远离的同时也就意味着是对科学的接近"❷。可以说，现代心理学的每一次革命都是对实验心理学在诞生之初的那个隐患的不自觉的反应。虽然表面上看，每一次革命都与以往的危机存在差异，但从根本而言，其危机的性质一直延续着，从未改变。正是在这个意义上，心理学史学家托马斯·哈代·黎黑（Thomas Hardy Leahey）认为信息加工心理学与行为主义之间具有连续性，而非一种革命。这是因为，"信息加工的认知心理学与行为主义分歧最少，……对于两者来说，心理学都是自然科学的客观分支，它把人的行为作为研究的对象。像华生那样，信息加工的心理学家认为内省报告没有特殊的价值，他们依赖于对人的行为的谨慎描写。两者都力求预测和控制行为，而不探求解释人的意识。……在哲学方面，它（指信息加工心理学）拥护唯物主义，主张没有什么独立的笛卡尔学派的灵魂，也拥护实证主义继续坚持对一切理论术语进行操作"❸。因此，现代心理学的危机并没有因其认知革命而得到解决，在具身认知进路被提出时，心理学的方法论与研究主题之间的冲突又再现了。具身认知提倡者指责早期认知科学解释的亚人水平只是出于一种常识和直觉，但未能清晰地看到认知科学困境的本质，因此也预示了具身认知进路与以往一切心理学中革命的理论浪潮拥有相同的命运。

---

❶ ［加］埃文·汤普森. 生命中的心智：生物学、现象学和心智科学［M］. 李恒威，李恒熙，徐燕，译. 杭州：浙江大学出版社，2013：9.

❷ 高申春. 主体意识的自我觉醒——从西方心理学历史逻辑透视社会学习理论［D］. 长春：吉林大学，2000：10.

❸ ［美］T. H. 黎黑. 心理学史：心理学思想的主要趋势［M］. 刘恩久，宋月丽，骆大森，等译. 上海：上海译文出版社，1990：485－486.

三、科学对事实的追求与对人的生活意义的忽视

19 世纪，传统哲学所遭遇的内忧外困使其走向了低谷。传统哲学的危机实则为人类理性的危机、意识的危机。在这种情况下，拯救人类理性和意识就成为所有具有强烈使命感的思想者的终极追求。胡塞尔就是拥有这种使命感的杰出代表。他于 20 世纪早期就对实证科学对于人类生活方式、思想观念所产生的巨大影响进行了深刻的阐释，并指出正是实证科学观念使欧洲人性陷入了危机，而实证科学本身也同样潜藏着危机。在生平出版的最后一部著作《欧洲科学的危机与超越论的现象学》中，胡塞尔明确地指出科学正在面临的危机。

科学正面临危机是什么意思呢？一般而言，当我们说科学的危机时，可能更多地是指科学丧失了其真正的科学性，即"科学为自己提出任务以及为实现这些任务而制定方法论的整个方式成为不可能的"[1]。不过，在胡塞尔看来，这种在构造系统理论以及总的方法论风格上的变革性并不能改变科学的科学性，"物理学不论是由牛顿，或普朗克，或爱因斯坦，或未来的任何其他人所代表，它过去始终是而且将来仍然是精密的科学"[2]。而且，在变革的意义上，哲学和（非实证科学意义上的）心理学也同样面临着危机。那么这里所指的"科学的危机"有什么特殊的意义呢？鉴于数学和精密的自然科学一直以来都被视为严格的和最富有成果的科学典范，科学的危机从何而来呢？

自然科学的发展带来了人类物质生存状态的不断进步，但同时，科学对外在环境的关注也伴随着对人本身意义与价值的忽视。自然科学对于人类生活方式、思想观念所产生的巨大影响并不是积极的，而是灾难性的。胡塞尔认为，科学的危机最为主要地表现为 19 世纪末人们对科学的总的评价有所转变。19 世纪后半叶，"现代人的整个世界观唯一受实证科学的支配，并且唯

---

[1] ［德］埃德蒙德·胡塞尔. 欧洲科学的危机与超越论的现象学［M］. 王炳文，译. 北京：商务印书馆，2001：15.

[2] ［德］埃德蒙德·胡塞尔. 欧洲科学的危机与超越论的现象学［M］. 王炳文，译. 北京：商务印书馆，2001：15.

一被科学所造成的'繁荣'所迷惑，这意味着人们以冷漠的态度避开了对真正的人性具有决定意义的问题"。然而，第一次世界大战使人们亲眼看见了各种科学技术在战争中的应用，科学给人类带来的非但不是真正的繁荣，反而是各种灾难：环境破坏、流离失所、断臂残肢、生命陨灭。公众对科学评价态度的改变似乎是不可避免的。从文艺复兴以来，科学技术在公众心目中一直代表着人类理智的进步和繁荣，然而战争使人们对其价值和影响重新进行了评估。人们常说，在我们生存的危急时刻，这种科学什么也没有告诉我们。

说到底，实证的科学从来没有关心过意义与价值的问题，正是实证科学的观念使欧洲科学和人性同时陷入了危机。这是因为，这种科学对事实的注重使其从原则上排除了对于在这个不幸的时代的人们来说十分紧迫的问题，即所有这一切对于人的生存有什么意义呢？关于物体的和事实的科学显然什么也不能说，它甚至不考虑一切主观的东西。而精神科学（指那些以精神存在为研究对象的学科），由于对自然科学的效仿，对严格的科学性的追求使其必须小心地将一切价值的、评价的、人性的、思维理性的东西都排除掉。全部科学的目标仅在于追求一种绝对客观的真理，这种真理所描述的仅仅是，"世界，不论是物质的世界还是精神的世界，实际上是什么"❶。

第五节 危机的根源：理想化的客观世界与分裂的世界

科学的危机最为直接的原因就在于其客观主义的立场，而哲学的危机也间接地受这种立场的影响和决定。在现象学的创始人胡塞尔看来，这种客观主义的立场是历史性地形成的，即人们并非一直在客观性的意义上理解科学真理，而是由于某些历史发生的事件才使科学演变成今天人们理解的实证主义的客观科学。在文艺复兴时期，人们通过以古希腊罗马时期人的存在方式

❶ ［德］埃德蒙德·胡塞尔. 欧洲科学的危机与超越论的现象学 ［M］. 王炳文，译. 北京：商务印书馆，2001：18.

为典范来摆脱神学的束缚，重新塑造自己。古希腊罗马人的存在方式是一种"哲学式的"存在方式，即通过纯粹理性或哲学自由地赋予个人及其全部生活以准则。换句话说，古代人是通过自由理性的省思或洞察来认识和构成自身的。哲学在直到近代早期的很长时间里都是一种具有普遍性的包罗万象的科学，一种关于全体存在的科学。然而，这种关于普遍哲学及其方法的理想未能实现出来，而是经历了一种内在的解体过程。这种解体表现为近代以来各门学科从哲学中独立出来，这种独立并没有发展和强化那个理想，反而是一种革命性的重新塑造。在胡塞尔看来，就普遍哲学的理想作为欧洲人摆脱传统桎梏获得自由和解放的意义而言，这个理想的解体意味着欧洲人的整个文化生活意义的解体。最初作为哲学分支而建立的一切近代科学最终陷入了一种特殊的越来越令人迷惑的危机之中。因为它们的整个真理意义的根基被撼动了。因此，胡塞尔说，普遍哲学理想的解体必然导致近代科学的危机，而近代科学的危机从根本上意味着欧洲人性的整个文化生活意义的危机。

实际上，对普遍哲学的理想信仰的崩溃，对形而上学（指普遍哲学分解后与科学相区别的那个专门的学科）可能性的怀疑，都是对"理性"（reason）信仰崩溃的表现。在胡塞尔看来，正是理性赋予每一个思维之物、一切事物、价值、目的以意义，这些意义被认为是"真理"（truth）一词的同义，同时也是"所是"（what is）一词的同义。换句话说，只有理性能够给予我们真理，也只有理性能够向我们提供关于"所是"的说明。对普遍哲学信仰崩溃的同时，对世界由以获得意义的"纯粹"理性的信念，对历史、人性意义的信念，对人的自由的信念，即对人能够获得他个人所是及共同人类所是的理性意义的能力都一并崩溃了。当人失去了对理性的信念，也就意味着他失去了对自己的信念，对他自己真正之所是的信念。作为给予存在世界以意义的理性，以及作为通过理性存在的世界都变得越来越难以理解。

那么，使普遍哲学的信仰崩溃，同时使人们对纯粹理性的信仰崩溃，最终使科学演变成实证主义的客观科学的根本原因是什么呢？胡塞尔通过一种历史性的反思，向我们重新回溯了这一科学观念的变化过程。

首先，在近代初始，新兴几何学和新兴数学在欧几里得几何学以及希腊数学的基础上，将直观感性世界中经验到的物体或对象的经验形态进一步理想化，使得直线更直、圆形更圆、平面更平，构建出一个由这样一些理想的纯粹抽象形态组成的理想世界。在这个世界中的对象都是意义明确地被决定了的，并在主体间达成一种客观性。"作为一种具有决定性的无限体，这个理想的世界预先地就在其自身中决定了它的所有对象及所有对象的属性和关系"❶，这种自身封闭性使得数学家能够仅通过精神操作获得新的东西，并达到一种在经验的实践中达不到的"精确性"。通过这种改造，即将"经验的数、测量单位、空间的经验图形、点、线、面、体的有限理想化"发展成"几何学的理想空间"，将"有限的任务"发展成"无限的任务"，将"一种局限性的封闭的先验性"发展成"一种普遍的、系统的连续的先验性，一种无限的然而却是自洽的、连续而系统的理论"，一种新的理念被构想出来，即"一个合理的无限的存在整体以及一种用以把握这一存在整体的合理的科学系统"❷。

这一理念随即被伽利略所接纳，对他而言，如果历史已经表明应用于自然的纯粹数学，已经完美地实现了在其形态领域内的认识要求，那么我们就可以以相同的方式在它的其他所有方面构建出决定性来。由此，他开始效法几何学的成功道路，努力实现对整个自然的客观、精确和普遍的认识。于是，一种全新的自然科学，即数学化的自然科学出现了。胡塞尔说，"一旦数学化的自然科学开始成功地实现出来，一般意义上的（作为普遍科学的）哲学的观念就改变了"❸。这是因为，相比于自然科学所能够提供的关于那个使所有实在事件在任何时候都固结的、在特定意义上被决定的因果依存网络的说明，以往普遍哲学对于世界的主题化反思太过空洞和概括化，普遍哲学显然已经不再具有令人满意的普遍性。而经过改造了的几何学或纯粹数学以及自然科

---

❶ HUSSERL E. The Crisis of European Sciences and Transcendental Phenomenology［M］. CARR D（Trans.）. Evanston：Northwestern University Press，1970：32.

❷ HUSSERL E. The Crisis of European Sciences and Transcendental Phenomenology［M］. CARR D（Trans.）. Evanston：Northwestern University Press，1970：22.

❸ HUSSERL E. The Crisis of European Sciences and Transcendental Phenomenology［M］. CARR D（Trans.）. Evanston：Northwestern University Press，1970：23.

学逐渐承担了普遍性的任务。

无疑，科学在为我们提供主体间的、意义明确的规定性方面的成功是显而易见的。科学在追求客观化的道路上所实现的对自然的数量化描述塑造了一个全新的自然，一个理想化的自然。在胡塞尔看来，日常的感觉经验中，世界是以主观的相对的方式被给予我们的。每个人都有他自己的呈现；而且每个人都把这种显现看成真实的。而伽利略一开始就致力于寻找在各个主观显现的背后可以归之于真正自然的内容。在通过将自然数学化以达成这一目标的同时，他"抽去了作为引导个人生活的人的主体性，抽去了所有在任何意义上都是精神性的东西，抽去了所有人类实践中粘附于事物之上的文化属性"❶。由此产生出纯粹物体的东西，它们被当成具体而真实的对象，其全体构成了一个自身封闭的因果性的自然。这个全新的、理想化的、自身封闭的自然理念逐渐地取代了最初给予我们的自然。人们逐渐把通过伽利略的全部工作实现的那个数学化的自然当作了真正的自然的样子，而忘却了最初的作为生活世界的自然。用胡塞尔的话说，"数学地建构的理想世界悄然地取代了那个唯一真实的世界，那个通过知觉被实际给予的世界，那个曾经被体验到的和能够体验的世界——我们的日常生活世界"❷。数学以及数学化科学，实际上是一种被设计用来在无限世界中不断改进那些粗略的预见的方法，这种方法建构了一个包含代表真实生活世界每样东西的世界，就好像给真实生活世界穿上了一件理念的外衣。由此，真实的生活世界被掩盖了。同时这一方法最初由以被设计出来的目的和意义也被掩盖了。几个世纪以后，随着那个隐含意义的彻底尘封，科学及其方法越来越像一部能够制造有用事物的可靠机器，"一部人人都能在不理解这种制造的内在可能性和必然性的情况下学会正确地操控它的机器。……数学家，自然科学家，充其量是一位方法上的才

---

❶ HUSSERL E. The Crisis of European Sciences and Transcendental Phenomenology［M］. CARR D（Trans.）. Evanston：Northwestern University Press，1970：60.

❷ HUSSERL E. The Crisis of European Sciences and Transcendental Phenomenology［M］. CARR D（Trans.）. Evanston：Northwestern University Press，1970：48.

华横溢的技师——他的所有作为他唯一目标的发现都归功于这种方法"❶。

但是，理性的问题毕竟已经留给一个专属的领域了，在那个本应专门从事对理性问题进行探讨的领域难道没有给出理性所应获得人们尊重及信仰的理由吗？事实却令人失望。在伽利略实现了对自然的数学化之后不久，全新的自然理念很快在笛卡尔那里引起了关于"世界一般"观念的完全改变，世界分裂成两个世界：自然的世界和精神的世界。而且，在胡塞尔看来，这种分裂的世界是伽利略自在存在的物体世界的必然结果。❷ 当然这种分裂也符合伽利略的根本构想，如我们在第一部分所提示到的，伽利略把灵魂的问题留给了哲学，也即在专门化意义上的形而上学。对于这种分裂的直接促进者笛卡尔而言，一方面，精神世界作为在本质上不同于物质世界的另一存在不仅必须享有合法的地位，而且是一切存在的前提；但另一方面，由于笛卡尔预先已经被伽利略式对于普遍的和纯粹物体世界的确信所支配，再加之其沉思的悬搁原则贯彻的不彻底性，他经由沉思所获得的关于自我的伟大发现，"由于一种荒谬的错构而失去了价值"❸。由于受到来自物理学自然概念典范作用的影响，以及科学方法典范作用的影响，心灵，作为与属于封闭自然领域的身体分离之后留下来的东西，其存在被同化为一种原则上与自然（的类型）类似的存在类型；同时，由于和物理的自然相分离，对心灵的研究也可以在专门化的意义上成为一个独立的研究领域，这个可被称为心理学的研究领域由于面对着一种物理学并受其典范作用，而被"具体地设计成一种心理－物理的人类学"❹。胡塞尔认为，这种以物理学主义的马首是瞻的自然主义心理学在霍布斯那里就已经开始出现了，并且通过约翰·洛克传递给了整个近代，直到现在。

---

❶ HUSSERL E. The Crisis of European Sciences and Transcendental Phenomenology ［M］. CARR D（Trans.）. Evanston：Northwestern University Press，1970：52.

❷ HUSSERL E. The Crisis of European Sciences and Transcendental Phenomenology ［M］. CARR D（Trans.）. Evanston：Northwestern University Press，1970：61.

❸ HUSSERL E. The Crisis of European Sciences and Transcendental Phenomenology ［M］. CARR D（Trans.）. Evanston：Northwestern University Press，1970：80.

❹ HUSSERL E. The Crisis of European Sciences and Transcendental Phenomenology ［M］. CARR D（Trans.）. Evanston：Northwestern University Press，1970：62.

在心理学中尊奉物理学主义的自然主义不可避免地引起了一些困难，其中最为主要的是它使有所成就的主观性成为不可理解的。在伽利略和笛卡尔处，理性主义动机的力量还尚未遭到破坏，伽利略的自然科学本身是一种理性主义，因为这种普遍科学是作为古代普遍哲学的替代者以及一种理想地完成了的"全知"而出现的。笛卡尔欲通过普遍的怀疑来确立一种系统的普遍的哲学更是如此。由于伽利略对自然的数学化和理想化，整个世界被放置在一种客观主义的视角中。"理性"的内涵产生了歧义。沿着伽利略的自然主义道路，人们将理性视为永恒的、客观的规律。科学实现了专门化，"每一种特殊科学的建立以其本身而言都是受一种理性理论的观念所引导，或者受一个理性领域的观念所引导，该观念是与之相符合的"❶。而在笛卡尔的引领下，主观主义的理性得以发挥。不过随着前面提到的伽利略式自然科学的那个意义掩盖过程的发生，心灵被按照物质的方式加以理解，作为人类内在本性的理性，作为所有按照物理学主义的自然主义行事的人们在其工作中所体验到的自明性，以及所有理性的表达——自然科学的全部成就，在一种全新的看待方式下，即在科学主义心理学的视角中变得完全不可理解了。因此，欧洲科学的危机从根本上而言是整个欧洲人的生活方式的危机，是人性的危机。

胡塞尔对科学危机的揭示并非一种反击式的恶意中伤，而是一个处于变动时代的富有洞察力的思想者对时代脉搏的准确把量。这个时代不仅对于哲学而言是重要的转换期，对于科学而言亦是。不少人敏锐地认识到，"不管怎样夸口科学的实际成就，也不能掩盖这样一个事实，即科学陷入了理论上的困惑之中，这些困惑使从相对论和新量子论提供的解决办法开始的一切常规解决办法都失效了"❷。在胡塞尔的《危机》一书稍早，怀特海在其《科学与现代世界》（1926）中，同样深刻地揭示了科学的危机，他甚至将胡塞尔予以悬搁的科学的变革也视为其危机的表现。他告诉我们科学已经达到了一个

　　❶ HUSSERL E. The Crisis of European Sciences and Transcendental Phenomenology ［M］. CARR D（Trans.）. Evanston：Northwestern University Press，1970：62.
　　❷ ［美］赫伯特·施皮格伯格. 现象学运动［M］. 王炳文，张金言，译. 北京：商务印书馆，2011：122.

"转折点"："物理学的坚固基础已经瓦解……科学思想的旧基础正在变得不可理解。时间、空间、物质、材料、以太、电、机械、有机体、外形、结构、模型、功能，一切都需要重新解释。既然你不知道什么是机械学，你的机械论说明是什么意思呢？……如果科学不想蜕变为某种假设的大杂烩，就必须成为科学的哲学，并且必须着手彻底批判它本身的基础。"❶ 然而，不论是20世纪初还是当代，许多人出于个人的情感一直极力回避这一现实，即作为科学之一般基础的客观主义给人带来了越来越多的混乱而非秩序。"新世界，特别是由于那些科学的观众和拉拉队，仍然把对科学的天真信仰夸耀为能医治当代百病和解决当代各种问题的万应灵药。他们显然没有觉察到这样一个事实，即许多先进的科学家已不再具有这种信仰，他们不得不与由于科学的惊人发现所造成的与日俱增的混乱和伦理问题搏斗。"❷ 因此，不论是在变革的意义上，还是就其对于生活的意义而言，科学的危机都不容否认。而这种危机恰恰是由实证主义所宣扬的"科学是对事实的客观揭示"这一主张所导致的。显然，科学对事实的追求使其忽略了对整体人性提供有价值的描述。由此，我们甚至要进一步追问科学所提供的究竟是不是事实，是一种怎样的事实？实际上，实证科学所代表的客观主义立场是人类在探求外部世界过程中历史地形成的一种思维成果。所谓客观，是人在主观上无限地接近那个自己设定的"客观世界"的一种相对的客观，这种客观是对唯我主义的相对性尽可能地加以限制而人为地约定的客观。在这个意义上，科学所提供的事实只是人类在无限地接近真实的道路上作出的暂时性的主观判断。如果我们将其当作了真实，我们非但没有把握真理，且错误地将主观当成了客观，还停止了探寻真理的脚步。

---

❶ 转引自：[美] 赫伯特·施皮格伯格. 现象学运动 [M]. 王炳文，张金言，译. 北京：商务印书馆，2011：122–123.

❷ [美] 赫伯特·施皮格伯格. 现象学运动 [M]. 王炳文，张金言，译. 北京：商务印书馆，2011：122.

第六节　神经现象学：具身认知进路在方法论上的自负性与主题上的依附性

一、一种错误的归因

现代心理学的每一次危机都根源于那个在其成立之初的隐患，那个在心理学家中甚至所有将心智作为研究主题的科学家中，"普遍流行着的一种严重错误的、并往往不得不因此而要付出巨大历史代价的偏见或理论态度，即无论是在研究方法、理论（体系的）形式、还是在思维方式等方面，都要拒斥和否弃哲学，似乎他们（的理论）对哲学的远离同时也就意味着是对科学的接近"❶。可以说，现代心理学的每一次危机都是实验心理学在诞生之初的这个隐患的写照，而每一次应对危机的革命也因为这个隐患的残留无法在彻底的意义上真正消除危机。然而这一决定心理学走向的根本问题并不被大多数人所意识或承认，包括具身认知的提出者瓦雷拉等人。20 世纪 80 年代，当早期认知科学的计算－表征立场使认知科学的发展进入瓶颈时，瓦雷拉等人将认知科学的问题归结为科学与经验的紧张关系，即认为早期认知科学"对日常的、活生生的情景中作为人类意味着什么几乎什么也没说"，而他们的目标就是要建立一种新的心智科学，一方面把活生生的人类经验和内在于人类经验的转化的可能性囊括其中，另一方面，一般的日常经验要从心智科学已取得的清楚明确的洞见和所作的分析中获益。❷ 从瓦雷拉等人的这一论述中可以看出，他们看到了来自大众对作为心智科学的心理学或认知科学的不满，这种不满早在行为主义时代就已经出现了，即人们日渐感觉心理学作为一门研究人类精神现象的学科，除了在心理治疗中的技术应用外，几乎无法为现实

---

❶　高申春．主体意识的自我觉醒——从西方心理学历史逻辑透视社会学习理论［D］．长春：吉林大学，2000：10．

❷　VARELA F，THOMPSON E，ROSCH E. The Embodied Mind：Cognitive Science and Human Experience［M］．Cambridge：MIT Press，1991：XⅦ．

生活的人们提供任何有意义的经验指导。这种不满情绪并未因认知心理学或认知科学取代行为主义而消除。于是瓦雷拉等人将认知科学的发展困境与这种不满等同视之，并认为二者的共同根源在于认知科学对人类经验的忽视。因此，如果能够将人类经验纳入认知科学的体系，那么就将拯救认知科学于困境并消除大众对心理科学的不满。瓦雷拉等人认为自己准确把握到了问题的关键，并努力塑造一种能够在科学与经验之间建立起循环关系的新的认知科学——具身认知进路。然而，这只是对认知科学问题的部分把握。

显然，由于心理学成为科学以来一直追求方法上的科学性，从而使其不得不将研究局限在便于采用实证方法的主题上，或者更直接地说，这些便于采用实证方法的主题往往是来自第三人称的观察事实。在这方面，行为主义表现得最为突出。虽然行为主义之后的认知科学开始关注内部过程，但请注意，这种内部过程绝非第一人称意义上的直接经验，而仍然是以便于观察或进行实证研究的对象为主，如计算机程序隐喻和心理模型的构建。这种研究对象对研究方法的适应使心理学以及认知科学在研究主题上偏废了来自第一人称主体的现象意识。对于瓦雷拉等人而言，只要在主题上恢复这一对象，就可以超越早期认知科学的障碍。但事实上，现代心理学在主题上的偏废是其追求实证科学身份的必然结果，换句话说，心理学对实证方法的应用使其不得不放弃对意识的现象性或主观性的研究。因为实证的研究方法在本质上与意识的现象性是对立的。因此，在科学的视野中，如果仅仅在研究主题上恢复意识经验的地位，而不同时恢复与意识经验相适应的方法，那么终将所获寥寥。就像瓦雷拉等人最初所提倡的具身认知进路那样。事实上，具身认知进路除了对早期认知科学提出了质疑和挑战，没有给我们提供任何关于意识经验的新颖看法。具身认知的提倡者们最后慢慢发现，他们在主题上和研究思路上是多么依赖于以意识经验为研究对象的现象学。这不仅体现在他们的具身认知观得自著名的现象学家梅洛－庞蒂，而且瓦雷拉日后所提出的神经现象学在主题上同样有赖于胡塞尔的时间意识现象学，我们可以通过了解神经现象学的研究纲领来进一步深入地理解这一点。

二、神经现象学的纲领

1983 年，约瑟夫·列文在《太平洋哲学季刊》上发表题为"物理主义与感受性质：解释的鸿沟"一文。文中指出在大脑的物理结构及功能与意识之间存在一个解释的鸿沟，换言之，对结构和功能的物理说明不足以解释意识。此后，查莫斯在 20 世纪 90 年代早期提出了所谓"意识的困难问题"。在他看来，对脑的结构和机制进行研究是容易的，而回答脑如何形成关于意识经验的主观性质的问题则是困难的。当然所谓意识的困难问题实际上是查莫斯从其物理主义的立场看待意识问题时因感到棘手和困惑而形成的提法。实际上意识的困难问题是一个伪问题。❶ 在查莫斯提出这一问题之后不久，瓦雷拉提出了应对这一问题的方案——神经现象学。

根据瓦雷拉的设想，神经现象学旨在将来自第一人称视角的（主观体验的、内在洞察的）与来自第三人称视角的（自然科学的、观察的）关于意识的资料结合起来，将意识的困难问题"重构为在两种'不可通约'的现象性领域之间寻求有意义的桥梁。在这个意义上，神经现象学通过以完全不同的方式来阐述'困难'之义而成为对困难问题的潜在解决方案"❷。显然，在瓦雷拉看来，关于意识的第一人称视角的研究得自胡塞尔及其他现象学家，而第三人称视角的研究来自脑或身体的科学研究，二者的结合能够使"体验结构的现象学解释与它们在认知科学中的对应部分通过互惠约束而相互关联"❸。对于这种"互惠约束"，汤普森作出了进一步的解释。汤普森说，所谓"互惠约束"，"是指现象学分析有助于引导和塑造科学对意识的研究，而科学发现反过来也有助于引导和塑造现象学研究"❹。瓦雷拉对自己的设想践行的一个

---

❶ 李莉莉. 意识"困难问题"的消解及超越 [J]. 科学技术哲学研究，2015（5）：70－74.

❷ VARELA F. Neurophenomenology：A methodological Remedy for the Hard Problem [J]. Journal of Consciousness Studies，1996，3（4）：340.

❸ VARELA F. Neurophenomenology：A methodological Remedy for the Hard Problem [J]. Journal of Consciousness Studies，1996，3（4）：343.

❹ [加] 埃文·汤普森. 生命中的心智：生物学、现象学和心智科学 [M]. 李恒威，李恒熙，徐燕，译. 杭州：浙江大学出版社，2013：279.

重要的表现是他将胡塞尔对时间意识的分析用在意识的神经现象学进路中，提供了一个时间意识的神经现象学解释，以此作为"对整个神经现象学事业的一个决定性检验"❶。

我们先来简要地了解一下胡塞尔的时间意识概念。胡塞尔认为存在着一种意识进程的时间，它不同于客观经验世界的有关事物延续性的时间，而是一种内在时间。这种区分在这样一个表达中最为鲜明，即一个被体验到的现在，就其本身而论，不是客观时间的一个点，而是一个过去、现在和未来的叠加物❷。这与威廉·詹姆斯（William James）的观点非常一致。詹姆斯说，"实际被认知的当下并不是一个刀刃，而是一个马鞍，……我们对时间的复合知觉单元是一个持续块，有着一个船头和一个船尾，好像是一个向后看以及一个向前看的端点。我们并不是先感受到一个端点再感受到另一个，然后从对该相继性的知觉中推理出一个二者之间的间隙，而是我们似乎将这个时间间隙感受为一个具有两个端点的整体"❸。以一段旋律为例，虽然声音是一个一个响起的，但我们听到或感知到一段旋律，而不是单个的当下的声音。胡塞尔认为，这不能仅仅用"我有回忆"来说明这个旋律流逝了的部分对我而言是对象性的，也不能仅仅用"我有前瞻的期待"来说明我没有在各个声音到来之前预设这就是所有的声音，我们需要更深入的分析。事实上，胡塞尔认为时间意识包含三个机能，即原印象、滞留和前摄。原印象是对声音－现在的意识，而现在这个声音不断地变化为一个过去，一再有新的声音－现在来接替那个过渡到变异之中的声音，不过那个过渡到变异之中的声音并未消失，而是为我们所持有，或者说我们仍在一种"滞留"中拥有它。如果对声音－现在的意识、原印象过渡到滞留中，那么这个滞留本身重又是一个现在、

---

❶ VARELA F. The Specious Present：A Neurophenomenology of Time Consciousness［A］. PETITOT J，VARELA F，PACHOUD B，ROY J M（Eds）. Naturalizing Phenomenology：Issues in Contemporary Phenomenology and Cognitive Science. Stanford：Stanford University Press，1999：266 - 314.

❷ ［德］埃德蒙德·胡塞尔. 内时间意识现象学［M］. 倪梁康，译. 北京：商务印书馆，2009：36.

❸ ［美］威廉·詹姆斯. 心理学原理［M］. 方双虎，等译. 北京：北京师范大学出版社，2019：672.

一个现时的此在者，它本身是现时的，同时它又是关于曾在的声音的滞留。意识的每个现时的现在都从一个滞留转变为另一个滞留，从不间断，因而形成一个滞留的不断连续，以至于以后的每个点对于以前的点来说都是滞留。声音响起，并且"它"不断地响下去。声音 – 现在变换为声音 – 曾在，印象意识流畅地向一再更新的滞留意识过渡。如果旋律成为过去的，那么我们在次生回忆中就将经历与正在感知时相同的滞留串，以及对尚未出现的声音的期待或前摄。因此，像旋律这样的时间客体只能在这样一种形式中"被感知"，其所包含的时间区别就是在原意识、滞留和前摄行为中被构造起来的。❶

对于瓦雷拉而言，神经现象学的任务就是将时间意识的现象学解释与对意识的神经相关物的解释以一种相互启发的方式关联起来。瓦雷拉认为，胡塞尔对时间意识的结构分析"与我们从物理学中习得的线性时间的点状连续统表征并不一致。但是它们确实与认知神经科学中的一系列结论有着天然的联系，即认为存在一种与一个认知事件关联的神经事件所需要的最小时间。这种不可压缩的时间框架可以被分析为大脑中与广泛的同步震荡相关联的一种长程神经整合的显现"❷。由此，瓦雷拉提议，时间意识的现象学结构可以通过其动力学基础的重构来阐明其性质，换句话说，时间意识的现象学结构可以通过动力系统理论的概念得以重新描述，而这些描述可以基于脑的生物特征。事实上，他的这一提议就是要为时间意识结构的现象学解释提供"实证"。

瓦雷拉首先将现象学的时间意识结构转化成神经动力学的描述。他假设：任何认知事件都有一个作为其涌现和运行基础的单一而特定的神经集合，该神经集合是来自不同脑区域的大尺度整合，具有某种时间编码的特征。例如一个认知活动（知觉的或活动的状态，流过的思想或记忆，或情绪评价等）完成所花费的时间是 250～500 毫秒。其相关的神经过程不仅跨越不同的脑区，而且也跨越了一个时间段，瓦雷拉将这个时间段称为 1 尺度（1scale）。

---

❶ ［德］埃德蒙德·胡塞尔. 内时间意识现象学 ［M］. 倪梁康，译. 北京：商务印书馆，2009：71.

❷ VARELA F. Neurophenomenology：A methodological Remedy for the Hard Problem ［J］. Journal of Consciousness Studies，1996，3（4）：342.

而将基本感知运动花费的时间10～100毫秒称为1/10尺度，将记忆描述花费的时间称为10尺度。这个大尺度整合的神经事件的时间编码即相位同步（phase synchrony）。由于认知事件是相继发生的，因此相应的神经事件就会经历大尺度的整合和解耦这样的动态转换，也即相位的动态同步和去同步。瓦雷拉认为，相位的同步和去同步是我们体验为当下认知时刻的神经基础，或者用神经动力学的可操作术语来讲，在1尺度上的整合－放松（integration－relaxation）过程是当下时刻的意识的严格相关物。以此为实验假设，瓦雷拉和他的同事设计并实施了一个实验研究用以阐释这些观点。❶

实验以高对比度的黑白面孔视觉识别作为当下时刻意识的范式例证，向被试呈现正向或颠倒的黑白面孔图。当正向呈现时，被试很容易将其识别为人脸，当颠倒呈现时，通常被试会将其知觉为无意义的黑白形式。被试必须在看第一眼时尽可能快地决定他们知觉到的是不是一张脸。在实验过程中通过记录被试的脑电图（EEG）来获得与有意识知觉相伴随的脑区的同步活动。结果显示，在"知觉"条件与"无知觉"条件之间存在显著的差异，在"知觉"到的情况下，能够观察到一个显著的1尺度神经激活的同步化阶段，而在"无知觉"的条件下却没有。在这个同步化阶段之后是一个相位离散的阶段，这表明，神经集合正在经历解耦阶段。由此，我们可以基本看出神经现象学进路的研究模式，按照瓦雷拉的设想，"神经现象学重又开启了一条人类经验与认知科学和谐共振的道路。……这首先要求对现象学描述的技能进行重新学习和掌握，建立一种持久的现象学考察的传统"❷，这样，从受到现象学训练的被试那里收集第一人称体验的描述报告，然后将这种来自第一人称体验的描述报告作为一种发现与意识关联的生理过程的启发策略。神经现象学的研究规划通过由经验揭示的现象领域和由认知科学所建立的相关现象领域之间的相互约束来寻求结合点。

---

❶ VARELA F. The Specious Present：A Neurophenomenology of Time Consciousness［A］//PETITOT J，VARELA F，PACHOUD B，et al. Naturalizing Phenomenology：Issues in Contemporary Phenomenology and Cognitive Science. Stanford：Stanford University Press，1999：266－314.

❷ VARELA F. Neurophenomenology：A methodological Remedy for the Hard Problem［J］. Journal of Consciousness Studies，1996，3（4）：340.

三、神经现象学的实质：一种方法论上的自负抑或自卑情结

从上述对神经现象学的简要介绍可以看出，神经现象学并非一种现象学研究，即它并不是采纳现象学的研究传统来作进一步的探究，而仅仅是主张其追随者对现象学进行学习和掌握，以为其神经动力学的描述提供原料，然后再采用实验的方法提供相关的神经事实数据。因此，从本质上来讲，神经现象学并非现象学，而是神经科学。事实上，从前面对认知科学的介绍可以看出，它的研究方式更接近于认知神经科学，因为对神经事件的研究不仅仅需要新的技术，同样需要理论。如果没有理论，任何观测到的数据都是无意义的，这也是为什么近年来神经科学与早期计算表征立场的标准进路相结合的原因。神经现象学将现象学与脑科学相联结是出于同样的动因。然而，我们不禁要问：第一，目前尚未发现神经现象学的研究在结论上有对现象学的突破，神经现象学研究如果只是对现象学结论的术语转换和神经证实，那么，其存在价值是什么？第二，现有的神经现象学研究仅仅对现象学的第一人称资料中的少数几个主题做了考察，一个必然要提出的问题是，现象学的所有结论都能获得对应的神经层面的同型解释吗？第三，神经现象学的目的在于桥接来自第一人称的现象资料和第三人称的脑科学资料，然而从不同视角对同一事物进行的两种描述有必要桥接吗？这些都是神经现象学在未来的发展道路上需要面对的问题。需要特别指出的是，从具身认知进路到神经现象学，瓦雷拉等人始终在研究主题上表现出了对现象学的依赖，而又在方法论上保持着对实证方法的推崇。

瓦雷拉等人曾在《具身心智：认知科学和人类经验》一书中坦言，他们对新的心智科学的这种信念受启发于法国现象学家梅洛－庞蒂现象学中的具身性思想。瓦雷拉等人认为，他们和梅洛－庞蒂一样都持有这样的观点，即我们具有看待自己身体的两种不同的方式，一种是从外部将身体视为生物学意义上的物理结构，另一种是从内部将身体体验为现象学意义上的经验结构，我们总是不断地在这两种方式❶之间穿梭往复。而所谓具身性有着双重的意

---

❶ 原书中将这两种方式说成"the two sides of embodiment"，似有不妥，个人认为更合理的说法应该是"the two sides of body"，这直接暴露了作者对梅洛－庞蒂具身性思想的理解存在偏差。

义，它既包含作为活生生的、经验性结构的身体之义，也包含作为认知机制语境或背景的身体之义。瓦雷拉等人这种对梅洛－庞蒂具身性思想的解读是否准确需要做进一步的考察。不管怎样，瓦雷拉等人似乎确信，"如果不详细地研究一番知识、认知以及经验的具身性，就无法理解我们在对身体的两种看待方式中的穿梭往复"。此外，由于瓦雷拉等人所堕于的科学背景，在他们看来，实证科学的方法较哲学或现象学具有天然的优势。他们曾雄心壮志地意欲通过具身认知运动发起革命。然而，在不到十年的时间里他们对胡塞尔现象学态度的转变已经表明他们最初的规划失败了。事实上，现象学与心理科学或认知科学之间的关系远远不是主题和方法之间的关系，也不是将主题和方法进行简单的嫁接就可以解决所有问题的。这涉及自近代以来的两种不同的思维方式，我们将在下一章对此作深入的阐述。

不管怎样，瓦雷拉等人之所以会从具身认知进路进展到神经现象学，并对现象学的态度发生了重大的转变，很重要的原因就在于其在方法论上的盲目自负以及缺乏对人的心理或意识本质的深刻理解，当然这种方法论的自负情结也是历史地形成的。今天，这种方法论上的自负情结仍然在很多心理学的和认知科学的研究者身上起着作用，它已经成为我们进行真正的心理学研究的重要障碍。我们必须看到，只有重新恢复哲学的或现象学的方法论地位，重新增补心理学的哲学厚度，才能使我们在对意识的本质理解中获得长足的进步。

回到本书的主题，如前所述，瓦雷拉等人最初提出具身认知进路是受到法国现象学家梅洛－庞蒂思想的启发。实际上，梅洛－庞蒂的知觉现象学中所蕴含的具身性思想是对笛卡尔心身二元论以及胡塞尔超越论现象学的批判式反应。这种反应在除梅洛－庞蒂以外的许多思想家那里都可以寻到踪迹，它代表了现代哲学的一种思潮和趋势，接下来的一章将重点解读这一发生在20 世纪的具身性思潮。通过这种解读我们将进一步认识到具身认知进路所代表的科学立场从根本而言是不自信的，也是盲目的和不自觉的。

第五章　当代认知科学中具身性主题的哲学思源

从《具身心智：认知科学和人类经验》一书的导论中可以看到，瓦雷拉等人对心智具身性的理解受启发于法国现象学家梅洛－庞蒂的现象学思想。尽管他们否认是在当代认知科学语境中对梅洛－庞蒂的思想进行学术考察，但实际上，具身认知进路的确是以实证科学研究的手段和资料为依据来论证具身性主张的。同时，莱考夫和约翰逊从哲学背景的视角论证了标准认知科学的二元论基础，并认为具身认知进路的动因正是以一种具身动力学来取代标准认知科学的离身性论调。从一定程度而言，这种取代是梅洛－庞蒂身体现象学超越笛卡尔二元论与胡塞尔先验现象学的再现。但如果深入探究问题的本质就会发现，具身认知进路的科学主义立场决定了它无法在认知科学之内系统地实现身体现象学所具有的超越论意义，其原因只有在广阔的思想历史空间中进行仔细的考察才能加以把握。从笛卡尔提出二元论之后，整个近现代哲学思潮中都涌动着一股对二元论进行超越的力量，这种力量在19世纪传统哲学遭遇危机之后更为集中地表现出来。一个非常引人注目的表现是，以现象学为根基，与胡塞尔的超越论现象学和海德格尔的存在现象学具有逻辑连续性的梅洛－庞蒂的具身性现象学思想。而如果将视角放宽，在更广阔的思想领域中进行探索，我们还将发现詹姆斯的彻底经验主义、狄尔泰的生命哲学，以及皮亚杰的发生认识论，这些思想都或直接或间接地拥有这种思维方式。这种思维方式以主体经验的现象世界为逻辑根基，以生命及其历史的维度为参照，将有机生命看成一个与环境动态协调的整体存在。对于人而言，心灵与身体的区别是认识论意义上的而非存在论意义上的，主观与客观并不是经验世界中两个截然对立的领域，身体在意识或心灵的发生及发展中具有重要的作用，身体是人在世存在的体现。由此，具身性思潮超越了笛卡尔二元论所设立的心物平行的世界观，反叛了二元论将心灵视为一种实体的先验存在，并解释了其现实的发生和起源。这一章我们将集中探索发生在 20 世纪的这一具身性思潮。以此为对比进一步理解具身认知进路在思想深度上的欠缺和浅薄。

第一节　近代以来心－身、主－客二元对立思维方式的起源

　　作为理性主义的鼻祖，笛卡尔在近代初期提出了心身二元论的主张，同时也促成了主观主义和客观主义的对立。从笛卡尔所处的时代来看，人类理性正在从神学的束缚中解放出来，自然科学正在悄然兴起。作为一位具有科学精神的哲学家，笛卡尔旨在抛弃一切传统观念，"在科学上建立起某种坚定可靠、经久不衰的东西"，即建立一种拥有坚固基础的牢固而合理的思想体系，一种系统哲学。于是他以普遍怀疑的方法去寻找唯一确定无疑的真理根基，笛卡尔因此成为近代哲学认识论转向的重要开创者之一，而他找到的这个真理基础就是"我"作为一个思维的东西、一个精神、一个理性是毋庸置疑地存在着的。然而，由于受其所处时代的思维方式所限，笛卡尔将这一认识论意义上的真理错误地转化为本体论意义上的承诺接受下来，从而人为地构建了心灵与身体之间的平行关系，同时设立了主观世界与客观世界两个具有截然相反性质的存在。正是笛卡尔的这一误解造成了整个近代关于认识起源问题的持久争论，接下来我们将追踪他的这一误解发生的逻辑。

一、二元论的缘起

　　笛卡尔所处的时代是科学思想日趋深入人心，神学逐渐失去支配力的历史转换时期。通常，人们认为 17 世纪是这一转换的时间节点❶，代表了近代

---

❶　[美] 雷·斯潘根贝格，黛安娜·莫泽．科学的旅程 [M]．郭奕玲，陈蓉霞，沈慧君，译．北京：北京大学出版社，2008：101.

的开端。"文艺复兴时期的意大利人，没一个会让柏拉图或亚里士多德感觉不可解；路德会吓坏托马斯·阿奎那，但是阿奎那要理解路德总不是难事。"❶而此后，科学的发展对于整个思想文化领域产生了颠覆性的影响。不过，我们也应该看到，对于处在近代开端的人们而言，神学在其精神思想领域中仍然占据着重要的地位，科学的进步和神学的退却不是无限的。这一时期的科学家几乎都同时又是教徒：哥白尼是宗教法博士，当过教士；伽利略既是科学家，也是天主教徒；就连缔造了整个自然物理主义的牛顿也将那些暂时无法解释的自然现象归结为上帝的安排。笛卡尔自视为虔诚的天主教徒，他的《沉思录》是为促进教会神学的说服力以及维护人们对上帝和灵魂的信仰而著，至少表面上看是这样。16、17 世纪的人们在情感上仍然坚定地相信灵魂与上帝的存在，在这种态度下，很多科学家因同时具有教徒的身份而着意将科学与神学划分开来。如伽利略深信，科学的任务是探索自然规律，而神学的职能是管理人们的灵魂，二者不应互相侵犯。

对于拥有科学精神同时又善于沉思的笛卡尔而言，科学与神学的这种划江而治并不能让他满意。因为在他心中有着一种忧虑，这种忧虑既包括对科学无神论威胁的担心，也有来自他自己的矛盾，即在追求真理与信仰之间的冲突。在《沉思录》的卷首，笛卡尔"致神圣的巴黎神学院院长和圣师们"言："尽管对于像我们这样的一些信教的人来说，光凭信仰就足以使我们相信有一个上帝，相信人的灵魂是不随肉体一起死亡的，可是对于什么宗教都不信，甚至什么道德都不信的人，如果不首先用自然的理由来证明这两个东西，我们就肯定说服不了他们。"❷ 从表面来看，笛卡尔似乎作为教徒坚定地相信上帝和灵魂，但实际上，与其说他在用"自然的理由"来向无神论者证明，不如说他在努力说服自己，因为他无法仅凭信仰将上帝和灵魂作为先在条件接纳下来，而必须以一种系统的、逻辑一贯的科学的方法来论证它们的存在，

❶ RUSSELL B. The History of Western Philosophy［M］. New York：Simon & Schuster, Inc. , 1945：525.

❷ DESCARTES R. Discourse on Method and Meditations on First Philosophy［M］. CRESS D A（Trans. ）. Indianapolis：Hackett Publishing Company, 1998：47.

更为主要的是通过这种方法，他能够获得真理性的认识。因此，笛卡尔意欲抛弃一切传统观念，建立一种拥有坚固基础的系统哲学，即"在科学上建立起某种坚定可靠、经久不衰的东西"。

二、一个认识论真理：毋庸置疑的"我存在"

笛卡尔的系统怀疑是从感官经验开始的。笛卡尔说，感官有时会在很小的事物和远距离的事物之间糊弄我们，因此不值得完全相信。就连诸如此刻"我坐在炉火旁，穿着冬天的睡袍，手里拿着一张纸"这样清楚明白的事也没有什么确定无疑的标记和相当可靠的迹象来使人分辨出清醒和睡梦，但是即便如此，睡梦中所虚幻的假象也总在模仿某种真实的东西，而即便这些假象荒诞到无以复加的程度，也总有某些更简单、更一般的东西是真实的、存在的，以构成这样荒诞的形象。在笛卡尔看来，这些真实存在的更简单更一般的东西就是"物体的一般性质和外延；具有广延性事物的形状；事物的量，即大小和数目；以及事物所处的地点，所持续的时间；诸如此类"❶。也就是说，我看到的某个事物有可能是一个虚幻的假象，也可能是我在睡梦中的所见，但是对于事物的一般性质无论是清醒还是睡梦中都是不变的，是确定无疑的，比如 2＋3 恒等于 5，正方形总有四个边等。因此，数学、几何学就比物理学、天文学、医学更为可靠，因为前者所对待的是一些非常简单、非常一般的东西，而后者由于对待的是一些复合的（composite）事物，因而是可疑的。

然而，对于更一般的、更简单的这类认识总还可以进行怀疑，因为倘若有一个"神通广大的奸诈狡猾的恶魔"来使我总是这样计算，并总是让我认为正方形有四个边，那么我岂不是就轻信了他的诡计？但是，所有这些可怀疑的点都指向了一个确定无疑的事件，那就是"我"的存在！"我"的所见可能是虚幻的或梦境中的，但如果没有"我"，哪里来的假象呢？"我"可能

---

❶ DESCARTES R. Discourse on Method and Meditations on First Philosophy［M］. CRESS D A（Trans.）. Indianapolis：Hackett Publishing Company，1998：61.

会按照某个神灵的安排进行计算，但这恰恰说明了作为欺骗对象的"我"的存在，"有我、我存在"（I am，I exist）❶ 这个命题是确定无疑的。

实际上，在笛卡尔哲学中，"我存在"不仅是全部认识论的基础，而且"我"是作为认识的主体存在的，是一切问题的前提，是笛卡尔全部哲学的核心。从总体来看，笛卡尔在论证了"我"存在、上帝存在之后，重新确立了他之前加以怀疑的感觉、理性的可信性以及物质存在的可能性，似乎他绕了一圈后又重新回到了最初的思想原点，但是，整个沉思的论证过程充满了理性的批判精神，这是笛卡尔哲学的最为闪耀的光辉成就。现象学的创始人胡塞尔将笛卡尔普遍怀疑的方法视为古今一切哲学的必经之路，他说："对于每一个真正想成为哲学家的人来说，不可避免地应从一种彻底的怀疑的悬搁开始，即对自己迄今所有的一切信念的整体加以怀疑，预先禁止对它们使用任何判断，禁止对它们的有效或无效采取任何立场。"❷ 这种普遍的怀疑作为哲学认识论的必要条件，成为现象学的重要思想来源。而通过普遍怀疑确立起来的主观存在则奠定了近代以来所有人本主义哲学思潮的逻辑起点。

三、作为一个思维、理智、精神或心灵的"我"存在

这个毋庸置疑地存在着的"我"是什么呢？笛卡尔首先否定了"我是我的身体"，因为在笛卡尔看来，身体是和外物一样，具有一定形状，位于某处，排他性地占据一个空间，能通过触摸、观看、聆听、品尝或鼻嗅加以认识，能够进行移动——当然不是通过自己而是通过其他外物的作用。而"我"与此不同，我并非一个空间之物。从传统的官能心理学来看，如果我不是身体，那么我是否就是所谓的灵魂？笛卡尔说，不全是。笛卡尔认为灵魂使我想要吃饭、能够走路、感觉和思考，这些机能中像吃饭、走路和感觉是与身体息息相关的，它们都不是我的本质。那么就只剩下思维了，笛卡尔发现只

---

❶ DESCARTES R. Discourse on Method and Meditations on First Philosophy ［M］. CRESS D A（Trans.）. Indianapolis：Hackett Publishing Company，1998：64.

❷ ［德］埃德蒙德·胡塞尔. 欧洲科学的危机与超越论的现象学 ［M］. 王炳文，译. 北京：商务印书馆，2001：99.

有思维是不能与我分开的，是我之为"我"的根本，我可以怀疑一切，但不能怀疑我在怀疑，思想持续一秒，我便存在一秒，思维停滞，我亦不复存在。因此，我是一个在思维的东西，一个精神，一个理智，或者一个理性。

在这一段寻找"我"的本质的论述中，笛卡尔排除了身体、感觉以及灵魂的一部分内涵，只将"我"等同于思维（thought）、精神（spirit）、理智（intellect）或心灵（mind）。其中至少有两点值得注意：第一，关于思维、精神、理智和心灵，笛卡尔将它们视为上帝的杰作，是上帝直接将这些东西赋予我，上帝是我的理性和心灵的直接且唯一的来源，上帝是笛卡尔用来解释理性何以存在的根源。理性的认识能力完全是因为上帝的无限性、至善性，精神、理智或心灵由此位于超然于其他一切事物的高贵位置上，这样，笛卡尔人为地切断了"我"这个精神、理智和心灵与其他一切事物（包括身体、感觉及外物）的联系。理性是固有的，不需要任何学习和后天的形成过程。在笛卡尔的哲学中，"'我'来源于什么"便成为一个不是问题的问题，因为它具有神学的自明性和预设性。在神学进一步淡出人类的理智领域之后，关于理性的来源问题就被鲜明地提示出来。身体现象学就是其中的代表之一，身体现象学从其初衷来看就是在解决这个理性、这个心灵或意识的来源问题。詹姆斯的彻底经验主义也具有这一主题，皮亚杰的发生认识论也是如此。

第二，在得出"我存在"这一认识基础之后，一个紧随其后的问题便是这种精神存在与物质的东西（material things）具有怎样的不同。笛卡尔也确实提出了这一问题。但是，笛卡尔对这一问题的理解和解答由于受到经院哲学的影响出现了偏差，也因为这种偏差使"'我'作为一个精神、理智或心灵存在"这一具有重要认识论意义的论断在不知不觉中成为一种本体论的预设。如前所述，笛卡尔的初衷是想要寻找确定无疑的认识基础，并由此展开对真理的追寻，而他通过系统怀疑的方法找到的这个认识基础却有着一种本体论的意味。"我存在"或"精神存在"不仅从字面上容易使人产生精神实体的联想，而且由于人类认识的一种基本的倾向，即通过比较来加深对事物的理解，于是精神与物质的比较就自然而然地发生了。通过与物质的比较，笛卡尔不仅进一步确立了精神的实在性和独特性，同时，精神和物质虽然具有种种差异，但却都是某种实体（substance），这使得二者作为同一范畴中的两个相对立的概念并列起来。这样一来，"我存在"便从一个认识论真理转变为本体论前提，也因此最终成就了笛卡尔的实体二元论。

四、"我"作为一个精神或心灵的存在是其他一切存在的前提和基础

笛卡尔通过系统怀疑的方法确定了唯一毋庸置疑的真理："我存在"，又以逻辑推论的方式将"我"的本质等同于一个思维的东西，一个精神、理智或心灵，并认为，其他一切存在都是以"我存在"为前提，并由我这个思维之物的明晰判断来提供确定性且被其所证实。因为"我"作为一个思维的东西，一个理智或理性，其来源不是别的，正是至善的、完满的上帝，是这个无限的、永恒的、常住不变的、不依存于别的东西的、至上明智的、无所不能的，以及一切东西由之而被创造和产生的实存将某些认识能力和真理放在"我"之中。因此，上帝必然是存在的，并且可以得出一条一般原理：凡是我领会得十分清楚、十分分明的东西都是真实的、存在的。

首先，我作为一个理性或心灵清楚分明地领会到物质性的东西是存在的，因为我清楚而分明地觉察到了它们。我如此清楚分明地通过感官觉察到了很多事物。我感觉到我有一个头、两只手、一双脚，以及其他构成这一身体的组织。我也能感到我的身体受到来自他物的各种影响，有的是有益的，有的是有害的，愉悦感和痛苦感使我衡量出什么是适宜的，什么是不适宜的。除了快乐和痛苦之外，我还感觉到内部的饥饿、口渴以及其他感受的质。我也能感到光、颜色、气味、味道以及声音，以此为基础我识别出天空、大地、海洋以及其他物体，并能把它们相互区分开来。既然所有关于这些性质的观念向我的思维呈现了它们自己，而且这些性质全都是我恰当而直接地感知到的，那么就不无理由说我感觉到了明显不同于我的思维的事物，也即那些观念由以产生的物体。借助经验我知道这些观念在未经我许可的情况下就向我全然呈现出来，它们的呈现不受我的意愿左右。而有时尽管我可能有所期盼，但如果对象没有呈现给某一感官，我就不可能感觉到任何东西。而当它呈现

时，我就一定会感觉到。并且，通过感觉觉察到的观念比刻意、有意地通过沉思形成的观念抑或印在记忆中的观念更为生动、清晰，甚至更为独特，因此它们似乎不可能来自我自己，而只可能来自其他事物。因此，除我之外存在着诸多物体。还有一个证据可以用来证明外物是存在的，这就是想象力。笛卡尔说想象力不同于理性和思维，想象力并非我的本质，它有赖于直接呈现的物体。我发现我会使用想象的能力来应对物质性的事物，而想象就是认识功能在某个直接呈现的物体（body）上的应用。笛卡尔以千边形为例来说明想象力与思维或"我"的本质不同。

笛卡尔说，我们在构想一个千边形时，会像理解三角形是由三条边围成的那样去理解它是由一千条边围成的，但却不能像想象一个三角形那样清晰地用心灵之眼观察它。尽管如此——由于习惯的力量，每当我思考一个实体（corporeal）事物时，常常会想象某个东西——我也许会模模糊糊地向自己表象出某种图形，不管怎样，这个图形显然不是千边形。而且该图形对于辨别千边形与其他多边形在属性上的差异也一无是处。但是对于五边形而言，我既能够像理解千边形那样理解它的形状，也能通过心灵之眼想象它的五条边及其围成的区域。因此，为了进行想象，我需要心灵的一种特殊的努力，这种努力是理解所不需要的。这种努力也将想象与纯粹理智活动区别开来。因此，就其区别于理解力而言，想象力并非我的本质（也即我心灵的本质）之必需，因为即使我缺少想象力，我也仍旧是现在的我。这样一来似乎可以推论出，想象力有赖于某种不同于我的东西。

这种不同于我的东西就是身体（body）。值得注意的是，笛卡尔在更广泛的意义上首先使用这个语词来意指外在物体，在论述外在物体存在之后才借助对想象能力的分析推论出身体的存在。他说，我很容易理解到，可能有一个身体存在着，正是借助这个身体，我才能想象实体事物。想象这种思维形式与纯粹理智区别开来是在如下这个意义上说的，即当心灵进行理解时，心灵就在一定意义上转向它自己，并省察在它内部的某个观念，而当它想象时，它就转向身体，并在身体中直觉到某个与观念相符合的事物，这个观念要么由心灵的理解而来，要么由感官的觉察而来。诚然，如果身体确实存在，想象就能够以这种方式实现，并且我想不到还有其他恰当的方式来解释想象，所以我做了一个可能的猜想，即身体是存在的。

五、心灵与肉体的关系

笛卡尔哲学具有如下几个要点：唯一毋庸置疑的真理和逻辑基础——"我存在"；一个一般性原理——凡是我领会得十分清楚、十分分明的东西都是真实的；以及一个推论——外物和身体存在。那么，"我"、外物、身体之间具有怎样的关系呢？"我"在本质上是一个理智、精神（spirit）或心灵（mind），这个理智、精神或心灵显然是不同于外部事物的，那么身体呢？"我"这个精神存在与这个身体又是什么关系呢？

一方面，笛卡尔认为心灵与身体截然有别。因为我清楚分明地将心灵和身体领会为不同的实体（substances），那么根据一般性原理可知，心灵和身体一定相互有别。在笛卡尔看来，身体和外在物体一样都是物质性（materialistic）的，具有某种形态、位于某个位置、排他性地占据一定的空间，甚至可以统称为"body"。那么就身体仅仅是一个外在之物而不是一个思维之物而言，就可以确定我与我的身体截然有别，并且纵然没有身体，心灵也会一如现状。● 心灵和身体存在巨大的差异，这个差异还在于身体就其本性而言常常是可分的，而心灵则完全是不可分的。因为当我考虑心灵时，即当我考虑我自己时，我在我之中区分不出什么部分来；或者不如说，我将我自己理解为一个浑然一体的完整的东西。尽管整个心灵似乎与整个身体结合在一起，不管怎样，如果一只脚或一只手或任何其他身体部分被截去，我知道并没有什么东西从心灵中被拿走。也不能将意愿、感觉、理解等功能称为心灵的"部分"，因为正是这整个而同一的心灵意愿着、感受着和理解着。此外，在我能够想到的任何实体的或广延的事物中，没有任何东西是我不能在思维里轻易地划分成各个部分的，在这个意义上物体和身体都是可分的。由于人的身体

● DESCARTES R. Discourse on Method and Meditations on First Philosophy ［M］. CRESS D A（Trans.）. Indianapolis：Hackett Publishing Company，1998：96.

是由更多的偶然性构成的，而心灵则具有更多的一般性，从这个意义上也说明，人的肉体很容易消亡，但精神或心灵就其本性而言是不灭的。心灵能够理解不同的事物，能够想要不同的事物，能够感受不同的事物，但心灵本身却从未改变。● 此外，不仅心灵可以独立于身体而存在，而且由于人的身体是某种由骨骼、神经、肌肉、血管、血液以及皮肤等零件装配构造而成的机器，即使没有心灵存在于其中，仍然会展现所有它现在具有的运动，除了那些受意志或者因此也可以说受心灵支配发起的运动。❷ 因此，心灵与身体不仅是彼此有别的，甚至可以说是彼此对立的。❸

另一方面，心灵与身体虽然截然不同，但却是紧密结合在一起的。这个身体，出于某种特殊的权利被称为"我的"，要比任何其他东西都更属于我，因为我永远不可能像与其他物体那样与它分离。接下来，笛卡尔继续论证道，在我的身体之中，并且为了它，我能感觉到所有的饮食之欲和情感。我注意到来自这个身体而不是别的外在物体的疼痛和愉悦感，❹ 而且我的天性也使我明白，"我出现在我的身体中，就像一名舵手出现在船只上，不仅如此，我最为紧密地与之相联，也就是说，与之混合在一起，以至于我与身体构成了一个事物。因为如果这不是事实，那么，我作为仅仅是思维之物的那个存在，当身体受伤时，将不会感觉到疼痛；或者毋宁说，我将通过纯理智手段来觉察伤口，就像舵手通过观察来判断他的船只是否有损坏。事实上，当身体需要食物或饮料时，我会明确地对此加以理解，而不会困惑于饥饿和口渴的感觉。因为显然这些口渴、饥饿、疼痛等模糊的思维形式不是来自别的，正是

● DESCARTES R. Discourse on Method and Meditations on First Philosophy ［M］. CRESS D A (Trans.). Indianapolis：Hackett Publishing Company, 1998：55.

❷ DESCARTES R. Discourse on Method and Meditations on First Philosophy ［M］. CRESS D A (Trans.). Indianapolis：Hackett Publishing Company, 1998：100.

❸ DESCARTES R. Discourse on Method and Meditations on First Philosophy ［M］. CRESS D A (Trans.). Indianapolis：Hackett Publishing Company, 1998：54.

❹ DESCARTES R. Discourse on Method and Meditations on First Philosophy ［M］. CRESS D A (Trans.). Indianapolis：Hackett Publishing Company, 1998：95.

发自那个由心灵和身体的混合而成的整体"❶。

这里需要指出的是，如何理解笛卡尔前后两种矛盾的表述，即一方面他将心灵与身体区分开来，认为纵然没有身体，心灵也会一如现状，另一方面又承认我永远不能与我的身体分离。首先，从笛卡尔的整个思想逻辑来看，他将心灵看成是上帝直接赋予人的一种精神实体。"我等同于我的精神，我的父母给了我物质的身体，但作为一个思维存在的我并非得自他们。"在笛卡尔看来，即便没有物质的身体，心灵仍然能够一如现在思考，换句话说，心灵在思考或存在时一点也不牵涉身体，不关身体的事。因此，即便不考虑经院哲学的灵魂独立之说，仅从认识论的意义上来理解笛卡尔的心身分离也是讲得通的，即心灵按照其自身的规定独立运行，而身体也有着遵循物理决定论的本性。从这一点上就可看出，笛卡尔改变了古典哲学中的灵魂官能说，后者认为身体的很多官能来自灵魂的支配。由于具有自然科学的背景，笛卡尔明确地将心灵和身体划归到不同的领域，即精神和物质两个彼此平行且相互独立的世界，这一区分有着深远的认识论意义。因为，心灵与身体的区分性和独立性使得心灵成为一门学科的专属研究对象成为可能，但是由于笛卡尔未能彻底地论证"心灵存在"的认识论意义，也就使得后世还原论在科学唯物论的基础上取消心灵存在成为必然。因为从精神、理性和心灵的本质而言，显然动物是没有心灵的，那么动物就是只有身体没有心灵的机器。有了这样的观念，用同样的眼光来看待人就并不遥远了，正如罗素所言，"对笛卡尔的科学比对他的认识论更注意的人，不难把动物是自动机之说加以推广：何不对于人也一样讲法，将这个体系做成首尾一贯的唯物论，简化这一体系？在18世纪，实际迈出了这一步"❷。当进化论一出，动物和人的界限不再那么泾渭分明，而且似乎笛卡尔的心灵实体总是带给人更多的困惑，心灵的存在就不再那么为人尊崇了。此外，同样由于笛卡尔对"心灵存在"的认识论意义

---

❶ DESCARTES R. Discourse on Method and Meditations on First Philosophy ［M］. CRESS D A（Trans.）. Indianapolis：Hackett Publishing Company，1998：98.

❷ RUSSELL B. The History of Western Philosophy ［M］. New York：Simon and Schuster，Inc.，1945：568.

揭示得不够彻底，他将寻找到的"我存在"这一认识论基础当成一种本体论预设，从而为自己设定了一个不得不面对却又无法自圆其说的问题——心灵和身体如何相互作用，对此前面已有所交代，在本章第三个部分也将再次论及。总之，在笛卡尔看来，心灵和身体虽为两种不同的东西，但却如此紧密地结合在了一起，因为显然心灵与身体（结合）为同一个东西——人，这同样具有自明性，是我清楚而分明地领会到的，那么就需要论证为什么是这样。不难理解，笛卡尔再次用"存在就是合理的"来解释，虽然是借上帝之名。从身体的利益来考虑，作为一架不那么完善的机器需要心灵来改正一些错误，然而心灵和身体这两个完全独立的平行的实体是如何实现交流的呢？或者说"我"作为心灵的存在是如何感受到身体的具有生存意义的信号的呢？

为什么"我"在本质上不同于身体，但我却能够感受到来自身体的疼痛呢？根据笛卡尔的论述，我出现在我的身体中，其重要的意义在于发现身体的需要，帮助它作出判断。因为在身体周围存在着各种各样的物体，它们对身体产生或有益的或有害的影响，心灵需要判断哪些事物是要接近的，哪些事物需要躲避。在笛卡尔看来，这个过程似乎是这样的，身体的状况会通过脑作用于心灵，而且这种作用是一一对应的，即脑中的任一特定运动都只引起心灵中的一个感觉。比如当喉咙发干时，会引起脑中的一种运动，这种运动反映到心灵中就产生"渴"的感觉，这时心灵就判断应该喝水了。当脚部受伤时，经过神经的传导，也会引起脑中的一种运动（当然有别于喉咙发干的运动），这种脑部运动会在心灵中映射出"疼痛"的感觉。后来笛卡尔主义将这种对应关系解释为：身体和精神好似两个钟，每当一个钟指示出"干"，另一个钟就指示出"渴"。显然，这种解释不能令人满意，因为它没有进一步说明在感觉之后发生的由心灵向身体的回转，当心灵感觉到"渴"之后它会作出一个判断，指引身体趋向于水，这个指引也同样是映射为脑中的某种运动吗？如果是，是否可以说心灵在控制身体呢？这不是明显地与身体完全受物理定律支配相抵触吗？而且这样的影响不也恰恰违反了心灵和身体分属于不同世界互不干扰的总体主张吗？而实际上，笛卡尔二元论所遗留的问题还不止于此。

第二节 笛卡尔的遗产以及二元论遗留的问题

一、"我存在"的性质问题与"我思"的方法论意义

笛卡尔普遍怀疑的积极意义是明显的。一方面其认识论的动机具有时代的进步意义，即通过普遍的怀疑寻找确凿的认识基础，并通过严格的逻辑论证来确定认识原理，取得一般性结论，这对于自古典时代就以神学为主导的哲学而言无疑是具有开创性的；另一方面，笛卡尔通过向内省思而使主观存在上升为认识论基础的地位，这极大地鼓舞了人类作为理性和意识主体的自觉性和自信性。自笛卡尔以后，理性主义富有生命力地成长为近代哲学的重要形式之一，而在自然科学极具膨胀力的现代，这种自觉性和自信性又给予了现象学以生命。

然而，如前文所提示到的，笛卡尔对于自己通过普遍怀疑寻找到的毋庸置疑的真理——"我存在"所具有的认识论意义的理解是不彻底的，这在很大程度上应归因于其经院哲学的思维方式。在那个时代，人们对于"精神实在"的认识尚未完全脱离本体论的束缚。古典哲学对世界的本体论探寻形成了人们关于"存在"的客观化理解模式，即人们会将一切存在的事物理解为如同物理世界那样的看得见摸得着的有形实体，人们关于灵魂的观念就是这种倾向的表现。当然，这也并不奇怪，因为这是由认识本身的类比习惯导致的。所以，笛卡尔的"'我'作为一个思维的东西、一个精神、一个理智或一个心灵存在"本是一个具有认识论意义的真理，但却在不知不觉中回归成一个本体论预设。到后来，"我"作为一个精神存在与身体并列起来，成为两个无法沟通的实体。导致"我存在"成为笛卡尔二元论的一个无法自圆其说的症结。在后世很多有关心灵的思想中，"我"变成了"笛卡尔式的幽灵"令人困惑不解。因为，一方面"我存在"是确定无疑的，而另一方面，这种存在总是在类比的意义上被误解为一种和物理实在并列的某种东西。

实际上，如果笛卡尔能够进一步彻底地贯彻其认识论初衷，就会发现比

"我存在"这一毋庸置疑的认识论真理更为重要的是"我思"的方法论意义。他将看到"我存在"这一结论的得出来自认识主体的向内省思，这是一种完全不同于对外部物理世界认识的方式。因为后者是主体站在外在于认识对象的第三人称视角实现的认识，与此不同的是，前者是主体内在地包含在认识对象之中，或者说和认识对象相同一的自我认识。前者是内在的体察，后者是外在的观察。更进一步说，如果在笛卡尔沉思之时，有另外一个沉思者对笛卡尔进行外在的解剖（这正是现代脑神经科学中所能够实现的），那么笛卡尔的"我"就会失去其存在意义，因为这另外的沉思者除了看到笛卡尔的脑及神经系统的一系列活动外，别无他物。笛卡尔的精神或心灵除了笛卡尔这个主体的自我省思外决不能由另外的第三人称他者观察得到。因此，"精神的存在"与"物质的存在"得自人的两种不同的认识方式。而且，两种认识方式也分别只能适用于与其对应的那种存在的研究。二者不能构成两个相互平行的实体，或者说精神和物质并不属于同一个范畴体系。由于笛卡尔没能把握到这一点，他把身体（包括脑）归属于物理的世界，再把他由普遍怀疑得到的"精神存在"与其并列起来，从而在很大程度上降低了精神或心灵对物质的特异性，这间接地导致了19世纪实验心理学的诞生。

如前所述，笛卡尔提出"我存在"这一论断给了心灵成为一个学科的研究对象以合法性，因为既然心灵是与物质和身体相对立的截然不同的一个实体，而自然科学已经对物质和身体作了大量卓有成效的研究，那么心灵不仅应该是一门学科的研究对象，而且因为自然科学的进步被广泛地视为人类理智的重大成功，将自然科学的成功经验用于研究心灵也就顺理成章了。因此，在19世纪，自然科学的实验方法被用来研究心灵，该尝试导致了实验心理科学这个产物。随后，美国机能心理学从德国心理学那里承袭了整个概念体系，这个概念体系从其性质来说是笛卡尔式的，即将意识视为某种独立于身体而自足的实体存在的那种理解方式[1]，这一概念体系与美国心理学所信奉的实用

---

[1] 高申春. 心理学：危机的根源与革命的实质——论冯特对后冯特心理学的关系 [J]. 吉林大学社会科学学报，2005，45（5）：150－155.

主义精神相矛盾，从而导致了机能主义的危机以及作为应对这一危机结果的行为主义运动的兴起。行为主义运动所奉行的对意识和心灵的取缔最为明显地违背了心灵存在这一认识论基础，也与心理学作为一个学科的前提相抵触，因此 20 世纪 50 年代的心理学再次陷入危机❶，继而兴起的认知心理学虽然在一定程度上回归了对心灵实在的关注，但是已经失去自身理性优势的心理学无力重新揭示自身的逻辑矛盾，从而遭遇到当代具身认知研究的冲击。

与实验心理学诞生的历史动机不同的是，19 世纪晚期的生命哲学和 20 世纪初的现象学都发扬了笛卡尔的"我思"的方法论意义，二者都发源于布伦塔诺的描述心理学。布伦塔诺的描述心理学的方法是通过经验直观而对自己的心理成分作直接描述。生命哲学的创始人狄尔泰将这种方法称为"自身思义"，它是一种反思的意识，是主体朝向自身的生命的体验。现象学的创始人胡塞尔则主张用"现象学的直观"来探讨现象的性质。从本质而言，"现象学的直观"与"自身思义"的方法与笛卡尔的沉思的方法是异曲同工的。我们将在下一章重新回到这个主题作进一步的讨论。

二、精神或理性的起源问题

笛卡尔开启了近代哲学认识论的先河，他通过寻找认识的确定性基础，从而不那么明确地提出认识的来源问题。在他看来，由于"我"在本质上等同于一个精神、理智或理性，因此，人的全部认识问题就是理性的问题，认识的来源问题就是精神、理性的来源问题，因为只有"我"这个精神实体才能够思考和认识。又因为理性来源于上帝，因此，认识也就只能来源于上帝。是上帝创造了"我"这个精神实体，是上帝赋予人理性的能力。当然，笛卡尔的"结果不能比其原因更具完善性"的原则是未经批判地就被加以使用了的经院哲学的准则。罗素说："笛卡尔的认识论的建设性部分远不如之前的破坏性部分有味。建设性部分利用了各色各样的经院哲学准则，这种东西不知

---

❶ [美] T. H. 黎黑. 心理学史：心理学思想的主要趋势 [M]. 刘恩久，宋月丽，骆大森，等译. 上海：上海译文出版社，1990：421.

怎么回事会逃过了起初的批判性考察。"● 但不管怎样，在笛卡尔看来，人类既可以利用理性认识外物和整个世界，也可以认识理性所属的精神自我，理性的这一近乎完善的认识能力其来源除了上帝之外别无其他。

随着神学逐渐退出人类的认知领域，在笛卡尔之后，认识的来源问题演变成了近代哲学经验主义和理性主义旷日持久的争论。然而不论是 18 世纪英国的经验主义还是德国的理性主义唯心论都似乎难以摆脱自相矛盾的命运。洛克、贝克莱和休谟都在其精神气质和其理论学说的倾向之间表现出这种矛盾。在精神气质上，他们是有社会责任感的公民，决不一意孤行，不过分渴望权势，赞成在刑法许可的范围内人人可以为所欲为的宽容社会。他们都和蔼可亲，是通达世故的人，温文尔雅、仁慈厚道。简言之，他们的性情是社会化的，而他们的理论哲学却走向主观主义。在德国，康德的先验理性显然更多带有笛卡尔的影子，他把笛卡尔的主观主义进一步发扬了，而在物自体上，康德始终没有达成一种前后一贯的解释。这种自相矛盾从本质上根源于笛卡尔对心灵和身体、精神和物质、观念和对象的割裂，这使很多哲学家大伤脑筋，一个人的主观主义越强烈，他就将越发地抗拒外物与心灵的联系。这种抗拒的紧张情绪直到进化论思想的广泛传播才逐渐松弛下来。●

不过，经验主义和理性主义共同的主观主义倾向倒是促成了心灵概念内涵的丰富。在笛卡尔看来，"我"或心灵在本质上仅限于思维、理智和理性，而感觉则因其模糊不定而不被纳入心灵的范畴，笛卡尔只在说明感官经验与外物的差异时才承认感觉的主观性质，但他从不认为感觉是心灵的本质属性。经验主义者们把感官经验提高到了认识来源的地位，就连理性主义者康德也承认经验命题只能通过感官知觉才能知道。之后，黑格尔提出认识的三元运动学说，同样把感官知觉看成认识的开端。所谓认识的三元运动指的是，认识始于感官知觉，感官知觉中只有对客体的意识。然后，通过对感觉的怀疑

● RUSSELL B. The History of Western Philosophy [M]. New York：Simon and Schuster, Inc.，1945：567.

● RUSSELL B. The History of Western Philosophy [M]. New York：Simon and Schuster, Inc.，1945：701.

批判，认识成为纯主体的。最后，它达到自认识阶段，在此阶段主体和客体不再有区别。❶ 黑格尔的精神现象学加上 19 世纪的反理性主义，使得心灵的内涵逐渐从笛卡尔的纯粹"理性"拓展为包含理性、感知、意识、无意识等一切主观事件的整体，而内在主观事件的本质特征则为主观感受性。在 20 世纪 60 年代感受性质问题成为反驳物理主义还原论的有力武器，被认为是意识的最为核心的属性。

"心灵"概念内涵的逐渐丰富使心灵的来源问题在含义上发生了转变。理性的起源在康德的先天范畴体系中被认为是先验的，皮亚杰的发生认识论则提出了建构结构论的主张。从 19 世纪后半叶开始，对意识的研究走向了不同的道路，表现为实验心理学和现象学哲学两种不同的研究范式。早期实验心理学忙于施行实验的方法，无暇对意识进行更充分的理解；而自视为"关于纯粹意识本质结构的科学"的现象学，其创始人胡塞尔显然对意识的起源问题兴趣不大，因为后来他越来越强调主体意识的超验性。这期间，威廉·詹姆斯以心理学家和哲学家的双重身份，从对二元论的批判中间接地回答了意识的起源问题，他用"纯粹经验"来说明意识产生之前的心灵状态。20 世纪40 年代，梅洛－庞蒂通过其代表著作《知觉现象学》提出一种关于身体的现象学思想，虽然这种探讨并未直接提示意识的起源问题，但是我们可以从中看到意识或心灵不再是笛卡尔意义上那个独立的实体，而是有其身体的起源。因此，笛卡尔将心灵的起源归于上帝，这为后世遗留了一个巨大的思想空间。

三、心－身问题与主－客对立

从前述对笛卡尔实体二元论的简述可知，笛卡尔通过普遍怀疑的方法获得了"我存在"这一毋庸置疑的真理，同时由于笛卡尔仍然受限于素朴实在论意义上的存在观念，而未能彻底发掘"我存在"的认识论意义，因此"我存在"就由一种认识论真理转变成本体论预设，从而使"我"或"心灵"获

❶ RUSSELL B. The History of Western Philosophy［M］. New York：Simon and Schuster, Inc. , 1945：734.

得了与物质一样的实体意义，心灵与身体成为同一个范畴中的两个相互平行又完全不同的实体。于是，对于外物如何通过身体引起心灵上的感觉问题就成为笛卡尔哲学中的一个无法解决的矛盾。实际上，笛卡尔的这一心身关系问题是一个伪问题。当神经科学日益成熟之后，笛卡尔的心灵实体概念引发了无数令人迷惑的问题。很多现代人都能轻易地拒绝笛卡尔的二元论，但在具体说明心灵或意识问题时，他们的二元论思维方式就明显地表露出来了。心灵剧院的比喻就来源于这种二元论思维方式。这一比喻这样描述意识的发生过程，即在身体内部（特别是在头部）有一个小人，它透过感官了解外面的世界，就好像它坐在一个屏幕前，这个屏幕上播放的是感官从外界获取来的一系列感觉。那个小人就是真正的"我"。心灵剧院的比喻暗含着与笛卡尔实体二元论相同的逻辑矛盾，即人们永远无法说清在物理刺激与心灵之间是如何发生转换的，于是"笛卡尔式幽灵"就以这种方式残留下来。从直觉上来讲，"我"好像就是寄居在这个身体中的一个幽灵，从大脑的某个地方往外看，或者在脑海里想象某些事物，然后指挥身体做出各种行为。这种二元论的思维方式也曾经误导很多神经科学家去寻找与意识相对应的脑区，并企图在那里发现心灵存在的证据，但事实已经证明他们失败了。

说笛卡尔的心身关系问题是一个伪问题是因为，"我"或心灵作为精神存在与物质存在的对立不是本体论或素朴实在论意义上的对立，而是人类作为认识主体的两种认识途径的对立。这两种认识途径分别是向内的省思与向外的观察。对于心灵而言，唯有这个心灵主体的向内省思才能获得其自身存在的证明，任何来自外部的观察都无法找到"这样的"心灵。因此，这种精神实在是如此不同于任何物质，因为所有物质性的东西都可以通过外在的观察来认识，包括生物学意义上的身体，唯有精神或心灵不能被观察。换句话说，如果我作为一个心灵没有进行向内的省思，那么任何来自外部的认识都绝不会找到我的心灵，在这个意义上，我的心灵便不存在。因此，把心灵和身体或脑并列起来去寻找二者沟通的方式显然是无效的伪问题。近代以来一直困扰着人们的那个物质与精神的转换问题也因此可以得以消解了。

由于笛卡尔二元论造成了持久而深远的困惑，其心身关系问题在现代衍伸出一种新的表达方式，即代表精神属性的心灵与代表物理属性的脑或神经系统究竟是一种怎样的关系。当然这个问题不再是对二者之间是如何沟通的追问，而是致力于理解心灵和脑的本体论性质。在笛卡尔的时代人们就已经认识到，心灵与脑密切相关，但出于与笛卡尔一样的认识局限，心灵与脑的关系并未被完全揭示出来。也正因为如此，在神经科学所代表的自然科学如日中天之时，心灵曾一度被还原为脑的活动，心灵存在几乎成为一种谬误。20 世纪 60 年代以后，随着意识的主观性质重新成为人们关注的焦点，心灵或意识与脑的关系问题也成为心灵哲学探讨的核心问题。实际上，心灵与脑的关系可以简单地表述如下：心灵是脑构建出来的自我概念，心灵存在只能由这个脑所属的个体通过自我省察的方式获得，而脑作为一个物质的东西是外部观察（外部认识）的结果。心灵与脑的这种性质上的对立与任何我们已知的其他对立关系都不同，任何将心灵与脑在类比的、平行的意义上进行的理解都将歪曲二者的关系。心灵与脑的对立来自人不能同时运用两种认识途径的矛盾，因为一个人不能同时向内省思获得"我存在"的心灵体验，又同时从脑中"跳出来"外在地观看自己的脑。换言之，心灵与脑二者在同一时刻只能存在一个。在一定程度上可以说，我的心灵与我的脑不可能在同一种途径下同时存在，要么是我作为思想的主体通过省察洞悉到我的心灵，要么是他人通过观察看到我的脑，我不可能通过省察来认识我的脑的结构，他人也不可能通过观察来直接探知我的心灵。当一个人的脑活动时，这个人内在体验到的是心灵，而当他被另外一个主体观看时，从这个另外主体的角度只能看到脑，绝看不到被观看对象的心灵。正因如此，物理主义才会从根本上否认心灵的存在，因为物理主义所采用的全部方法都是以第三人称视角来看待被研究对象的，这就容易理解为什么物理主义坚称世界只有物质别无其他。但是脑恰恰是这样一种与众不同的物质，它能构建出一个心灵的体验并为自己所把握，在这种向内的体验中衍生出了精神的维度，而这个维度才是人存在的本质特征，也是在这个意义上，我们说心灵存在着。

通过沉思的方法获得的"我存在"这一认识论真理是笛卡尔为意识的本质探究所作的重要贡献。不过，笛卡尔在论证心身关系时间接地使主观与客观对立起来，成为一对不可调和的矛盾。他强调内在于我的精神世界与外在的物理世界在本质上是不同的，认识更为根本地来自主观精神世界中的理性，而理性归根结底是上帝赋予我们的，它独立于那种遵循物理规律的外部世界。这样，理性的起源问题就成为一个未解之谜遗留下来。自此之后，主观与客观的区分被作为既得结论为人们所接受。正如罗素所言，"在一般公认的哲学中，几乎一切都和主体客体的二元对立有密不可分的关系。假如不承认主体和客体的区别是基本的区别，那么精神与物质的区别、沉思的理想，以及传统的'真理'概念，一切都需要从根本上重新加以考虑"❶。然而，随着近代超越论思想的兴起，所谓"客体"的内涵逐渐由意指外在的物理世界演变为意指意识经验的内容，在超越论对客观主义的批判之下衍生出了现代哲学中对传统主－客二元对立认识论的集中批判。梅洛－庞蒂的具身性思想就是现代哲学超越二元对立思维方式的代表。

第三节　梅洛－庞蒂及其具身现象学

一、梅洛－庞蒂思想的背景：客观主义与超越论

随着近代早期自然科学的发展，客观主义作为一种世界观逐渐流行起来。从根本而言，客观主义代表了一种所见即真实的立场，在这种立场中，外部物理世界独立于人的意愿而存在并遵循其固有规律，科学就是通过观察或经验证实的方法探究这种规律从而实现对客观世界的认识和解释。客观主义立场最成熟的表现形式就是实证主义。实际上，笛卡尔的思想也是因为受到了客观主义的影响，才使得他将自己通过普遍怀疑获得的"我存在"这一认识论真理转变为一种本体论预设，使精神成为与物质相对立的另一种实体。正是在这个意义上，现象学的创始人胡塞尔说："笛卡尔对客观主义的急迫关注

❶　RUSSELL B. The History of Western Philosophy［M］. New York：Simon and Schuster, Inc. , 1945：812.

是他误解自己的原因。"❶ 晚期胡塞尔的超越论现象学其根本的主旨就是对这种在自然科学中大行其道的客观主义加以严正的批判，并进而提出一种现象学的唯心主义。胡塞尔借以对客观主义进行批判的有力武器正是对笛卡尔"我思"的主观主义解释。鉴于梅洛－庞蒂具身性思想的抱负就是试图将笛卡尔主义从现象学中清除出去，以保持胡塞尔的基本意图且不牺牲超越论现象学本身❷，因此，我们在此处首先来明确胡塞尔现象学的超越论立场及其唯心论立场，然后在此基础上进一步理解梅洛－庞蒂的具身性思想。

胡塞尔用"超越论的"（transcendental）一词意指超越素朴客观主义的立场。胡塞尔说："客观主义的特征就是，它在由经验不言而喻地预先给定的世界基础上活动，并且追问这个世界的'客观真理'，追问这个世界，对每一个有理性的存在者，都无条件地有效的东西，追问这个世界本身是什么。"❸ 而"与此相反，超越论说：预先给定的生活世界的存在意义是主观的构成物，是正在经历着的生活的、前科学的成就。……至于'客观上真的'世界，科学的世界，它是更高层次上的构成物，……"❹ 因此，胡塞尔主张"只有彻底追溯这种主观性，……才能使客观真理成为可以理解的，才能达到世界的最终存在意义"❺。实际上，胡塞尔通过一种历史性的反思，重新回溯了客观主义立场的产生过程。在胡塞尔看来，客观主义的立场是历史性地形成的，即人们并非一直是在客观性的意义上理解科学真理，而是由于某些历史发生的事件才使科学演变成今天人们理解的实证主义的客观科学。

在胡塞尔看来，客观主义的产生可追溯至近代初始，新兴几何学和新兴

---

❶ HUSSERL E. The Crisis of European Sciences and Transcendental Phenomenology［M］. CARR D（Trans.）. Evanston：Northwestern University Press，1970：81.

❷ ［美］赫伯特·施皮格伯格. 现象学运动［M］. 王炳文，张金言，译. 北京：商务印书馆，2011：719.

❸ HUSSERL E. The Crisis of European Sciences and Transcendental Phenomenology［M］. CARR D（Trans.）. Evanston：Northwestern University Press，1970：68－69.

❹ HUSSERL E. The Crisis of European Sciences and Transcendental Phenomenology［M］. CARR D（Trans.）. Evanston：Northwestern University Press，1970：68－69.

❺ HUSSERL E. The Crisis of European Sciences and Transcendental Phenomenology［M］. CARR D（Trans.）. Evanston：Northwestern University Press，1970：68－69.

数学在欧几里得几何学以及希腊数学的基础上，将直观感性世界中经验到的物体或对象的经验形态进一步理想化，使得直线更直、圆形更圆、平面更平，人们由此构建出一个由这样一些理想的纯粹抽象形态组成的世界，在这个世界中的对象都是意义明确地被决定了的，并在主体间达成一种客观性。"作为一种具有决定性的无限体，这个理想的世界预先地就在其自身中决定了它的所有对象及所有对象的属性和关系"❶，这种自身封闭性使得数学家能够仅通过精神操作获得新的东西，并达到了一种在经验的实践中达不到的"精确性"。通过这种改造，即将"经验的数、测量单位、空间的经验图形、点、线、面、体的有限理想化"发展成"几何学的理想空间"，将"有限的任务"发展成"无限的任务"，将"一种局限性的封闭的先验性"发展成"一种普遍的、系统的、连续的先验性，一种无限的然而却是自洽的、连续而系统的理论"，这样，一种新的理念被构想出来，即"一个合理的无限的存在整体以及一种用以把握这一存在整体的合理的科学系统"❷。

胡塞尔认为，近代初期人们关于理想世界的观念随即被伽利略所接纳，对于伽利略而言，如果历史表明应用于自然的纯粹数学，已经完美地实现了在其形态领域内的认识要求，那么我们就可以以相同的方式在它的其他所有方面构建出决定性来。由此，伽利略开始效法几何学的成功道路，努力实现对整个自然进行客观、精确和普遍地认识。于是，一种全新的自然科学，即数学化的自然科学出现了。胡塞尔说："一旦数学化的自然科学开始成功地实现出来，一般意义上的（作为普遍科学的）哲学的观念就改变了。"❸ 这是因为，相比于自然科学所能够提供的关于那个使所有实在事件在任何时候都固结的、在特定意义上被决定的因果依存网络的说明，以往普遍哲学对于世界的主题化反思太过空洞和一般化，普遍哲学显然已经不再具有令人满意的普

---

❶ HUSSERL E. The Crisis of European Sciences and Transcendental Phenomenology ［M］. CARR D （Trans.）. Evanston：Northwestern University Press，1970：32.

❷ HUSSERL E. The Crisis of European Sciences and Transcendental Phenomenology ［M］. CARR D （Trans.）. Evanston：Northwestern University Press，1970：22.

❸ HUSSERL E. The Crisis of European Sciences and Transcendental Phenomenology ［M］. CARR D （Trans.）. Evanston：Northwestern University Press，1970：23.

遍性。而经过改造了的几何学或纯粹数学以及自然科学逐渐承担了追求普遍性的任务。

无疑，数学这样精密的科学在为我们提供主体间的、意义明确的规定性方面取得的成就是卓越的。科学在追求客观化的道路上所实现的对自然的数量化描述塑造了一个全新的自然，一个理想化的自然。在胡塞尔看来，日常的感觉经验中，世界是以主观的相对的方式被给予我们的。每个人都有他自己的呈现，而且每个人都把这种显现看成真实的。伽利略从一开始就致力于寻找在各个主观显现的背后可以归之于真正自然的内容。在通过将自然数学化以达成这一目标的同时，他"抽去了作为引导个人生活的人的主体性，抽去了所有在任何意义上都是精神性的东西，抽去了所有人类实践中粘附于事物之上的文化属性"❶。由此产生出纯粹物体的东西，它们被当成具体而真实的对象，其全体构成了一个自身封闭的因果性的自然。这个全新的、理想化的、自身封闭的自然理念逐渐地取代了最初给予我们的自然。人们逐渐把通过伽利略的全部工作实现的那个数学化的自然当作了真正的自然的样子，而忘却了最初的作为人的生活世界的自然。用胡塞尔的话说，"数学地建构的理想世界悄然地取代了那个唯一真实的世界，那个通过知觉被实际给予的世界，那个曾经被体验到的和能够体验的世界——我们的日常生活世界"❷。

然而，被抽去主体性的世界与生活的世界，哪一个才是真实的世界呢？受近代以来的客观主义的影响，现代人们普遍认为是前者。胡塞尔通过历史地追溯客观主义的起源而竭力说明生活的现象世界才是真实的且是更为基本的，因此也是极其有意义的。

胡塞尔认为，数学以及数学化科学，实际上是一种被设计用来在无限世界中不断改进那些粗略预见的方法，这种方法建构了一个包含代表真实生活世界每样东西的世界，就好像给真实的生活世界穿上了一件理念的外衣，由

---

❶ HUSSERL E. The Crisis of European Sciences and Transcendental Phenomenology [M]. CARR D (Trans.). Evanston：Northwestern University Press，1970：60.

❷ HUSSERL E. The Crisis of European Sciences and Transcendental Phenomenology [M]. CARR D (Trans.). Evanston：Northwestern University Press，1970：48.

此，真实的生活世界被掩盖了，同时这一方法最初由以被设计出来的目的和意义也被掩盖了。因此，现象学的任务就是要通过普遍的悬搁以抛弃这样一种主张，一种素朴的自然态度，即认为这个世界是客观实在的，包括我们自己机体在内的我们日常现实中的物体，还有自然科学、社会科学和历史科学所维护的或所代表的那种实在。❶ 所谓现象学的还原即指将这种在素朴的自然态度中承诺的客观世界还原到纯粹的现象，还原到作为它的起源的主体性上。这种还原应该揭示出通常被掩盖了的意识活动和意识成果。在这个意义上，超越论的现象学也是一种关于人类意识或人类认识的学问，当然在更广泛的意义上也可以将其称为一种认识科学。

作为现象学的创始人，胡塞尔将自己的现象学称为"关于纯粹意识的本质结构的科学"。通过研究意识，胡塞尔旨在建立认识的可靠基础，从这一点上看，胡塞尔与笛卡尔有着一致的哲学动因，他们都因其最初的学科背景而有着严格的科学的理想。这种严格的科学的理想以及在哲学上的彻底精神，使他们共同地寻求一切知识的"根源"或"起源"。在笛卡尔处，这一根源被归结为得自上帝的理性，而胡塞尔也逐渐从"到'事物'中"寻求知识的"根源"转向探索更深层次的认识主体的意识。正因为这种转向，胡塞尔使存在与超越性地还原了的意识相关联，并越来越倾向于把"存在"看成仅仅是为意识而存在的，正如他所言，"离开了这种意识所赋予的意义，存在就什么也不是"❷。

二、梅洛－庞蒂思想的主旨：超越二元论与唯心论现象学

胡塞尔认为，近代以来的超越论思想同样起源于笛卡尔，用胡塞尔的话说，"笛卡尔既是客观主义的理性主义之近代理念的创立者，又是冲破这种理

---

❶ ［美］赫伯特·施皮格伯格. 现象学运动 ［M］. 王炳文，张金言，译. 北京：商务印书馆，2011：180.

❷ 转引自：［美］赫伯特·施皮格伯格. 现象学运动 ［M］. 王炳文，张金言，译. 北京：商务印书馆，2011：188.

念的超越论动机的创立者"❶。实际上，胡塞尔晚期的现象学在很大程度上是对笛卡尔思想中所蕴含的这种超越论动机的深入挖掘和拓展。同时，通过用笛卡尔思想的一个方面来否定另一方面，胡塞尔实现了对笛卡尔二元论的超越。而梅洛－庞蒂一方面继承了胡塞尔现象学中的超越论思想，另一方面也致力于澄清胡塞尔现象学中被指摘的唯心主义倾向，同时着手将主观的东西与客观的东西重新统一于在我们生动的经验中被给予的世界的原初现象之中。这样，他通过使现象学从"超越论的"走向了"存在论的"，同时超越了二元论与唯心论现象学。

梅洛－庞蒂接受作为一种超越论哲学的现象学，他认为这种现象学将得自自然态度的论断暂时搁置起来，所谓自然态度意指一种直接沉浸在世界中的，没有经过反思就将世界"定位"成某种或多或少独立于我们的东西，即科学所具有的那种客观主义倾向。因此，现象学从一开始就是对科学的反思。梅洛－庞蒂认为，科学的观点将"我的存在"视为世界进程的一个片段，这些观点总是既幼稚又狡猾，因为它们在没有明确提到另一种观点（关于意识的观点）的情况下就把它视为理所当然的。通过这种观点，世界从一开始就在我周围形成它自己并开始"为我"存在。"我，不是这样一个'活物'，甚至不是这样一个'人'，也不是这样'一个意识'，即具有动物学、社会解剖学或归纳心理学在这些自然或历史过程的产物中所认识到的所有特征的东西。我是绝对的源头，我的存在并非源自我的祖先们，源自我的物理或社会环境；相反，我的存在走向它们并支撑它们，因为是我自己将那个过去的传统或地平线（或背景）带入到为我的存在（being）之中的，并因此带入到'存在'一词为我才具有的意义上的存在中"❷，梅洛－庞蒂认为正是在这个意义上，胡塞尔才主张"回到事物本身"，即回到那个先于认识的世界，那个认识总是谈论的世界，也即人的直接经验的世界。整个科学的宇宙都是建诸于这个作

---

❶ HUSSERL E. The Crisis of European Sciences and Transcendental Phenomenology ［M］. CARR D （Trans.）. Evanston：Northwestern University Press，1970：73.

❷ MERLEAU－PONTY M. Phenomenology of Perception ［M］. SMITH C （Trans.）. London：Routledge and Kegan Paul，1962：Ⅷ.

为直接经验的世界之上的，"对于这个世界而言，科学是位列其次的表达。作为一种存在形式，科学在本性上过去没有而且也永远不会具有与我们所感知的世界相同的意义，其原因很简单，即它是对感知世界的一种理论上的说明或解释"❶。由此，在笛卡尔所建构的二元世界里，主观和客观、精神和物质的关系就不是平行的，而是一个以另一个为基础和前提，作为基础和前提的，绝不是客观主义所标榜的客观世界或物质世界，恰恰相反，只能是人的主观现象世界。

不过，梅洛－庞蒂认为现象学总是被误解为具有一种超越论唯心主义的气质。对此，梅洛－庞蒂通过揭示胡塞尔思想中的一些矛盾之处而努力地加以澄清和修正。梅洛－庞蒂认为，笛卡尔，特别是康德，借助"我不可能将任何东西领悟为存在着的，除非我首先在领悟活动中将自己经验为存在着的"，而将主体或者意识分离出来。他们将意识、那个对"为我自己的我的存在"的绝对肯定，作为一切在那里存在的条件呈现出来，并将关联活动作为关联性的基础呈现出来。实际上，梅洛－庞蒂说："关联活动如果离开了从中发现关系的世界景象就什么都不是，在康德那里意识的统一性是与世界的统一性同时获得的。在笛卡尔那里，方法上的怀疑并没有使我们失去任何东西，因为整个世界，至少就我们所经验到的世界而言，在我思中被重新复原了，并享有同等的确定性。"❷ 梅洛－庞蒂认为，胡塞尔指责康德采用了一种"机能心理学主义"，是意在说明一种分析性的反思。虽然这种反思"从我们对世界的经验开始，并返回到主体，如同返回到不同于该经验的可能性条件，并揭示出一种无所不包的综合性，没有这种综合性就不会有世界"❸。然而，这种综合性却不再保留我们经验的部分，它提供了一种重构而非一种解释。胡塞尔对康德的指责是中肯的，但却是不彻底的，因为这种指责本应推进他自

❶ MERLEAU－PONTY M. Phenomenology of Perception［M］. SMITH C（Trans.）. London：Routledge and Kegan Paul，1962：Ⅷ.

❷ MERLEAU－PONTY M. Phenomenology of Perception［M］. SMITH C（Trans.）. London：Routledge and Kegan Paul，1962：Ⅸ.

❸ MERLEAU－PONTY M. Phenomenology of Perception［M］. SMITH C（Trans.）. London：Routledge and Kegan Paul，1962：Ⅸ－Ⅹ.

己的"意向性反思"（noematic reflection），而不是一种"纯意识分析"（noetic analysis）。意向性反思使对象的基本统一性清晰起来，纯意识分析则将世界的基础建立在主体的综合活动上。这种分析性的反思相信能够向后追溯先前构成性行为所遵循的道路，然后在"内在的人"中抵达一种总是被等同于内部自我的构成力。这样，"反思就被自己带走了，并将自己安置在无懈可击的主体性中，就像尚未受到存在与时间的触碰一样"。❶ 但是，梅洛－庞蒂认为这是非常天真的，或者至少也是一种不完全的反思，这种反思看不见自己的起点。实际上，当我开始反思时，我的反思就具有了一种非反思性的经验；此外，我的反思无法不将自己觉察为一个事件，这样，它在自己看来好像是循着一种真正的创造性活动，循着意识的一种变化的结构。然而，它不得不认出被赋给主体的世界，因为主体被赋给他自己。真实的东西必须被描述，而不是被建构或被形成。❷ 这也是为什么在梅洛－庞蒂思想中，知觉占据重要地位的原因。因为在他看来，不能将知觉归入以判断、活动或预见为代表的综合一类。"我的知觉场永远被颜色、声音以及转瞬即逝的触觉感受所充斥，我无法准确地将它们与我的清楚知觉到的世界背景关联起来，但是它们也是我无论如何都会立即'放入'世界之中的东西，而从来不会把它们与我的白日梦相混淆。"❸ 梅洛－庞蒂认为，知觉不是一门关于世界的科学，它甚至都不是一个活动（act），一种刻意采取的立场；它是所有活动（acts）从中突显出来并预先假定的背景。世界并非一个我掌握其构造法则的客体，它是我的全部思想以及我的全部外显知觉的自然环境和场。因此，真理并非"寓于""内在的人"，或者更准确地说，没有什么内在的人，人处于世界之中，而且只有在世界中，他才能认识自己。"当我巡回了一周然后进入通常意义上的独断论领域或科学的领域中重返自我时，我找到的不是内在真理的源头，而是

❶　MERLEAU－PONTY M. Phenomenology of Perception［M］. SMITH C（Trans.）. London：Routledge and Kegan Paul，1962：X.

❷　MERLEAU－PONTY M. Phenomenology of Perception［M］. SMITH C（Trans.）. London：Routledge and Kegan Paul，1962：X.

❸　MERLEAU－PONTY M. Phenomenology of Perception［M］. SMITH C（Trans.）. London：Routledge and Kegan Paul，1962：X.

一个注定入世的主体。"❶

在梅洛－庞蒂看来，一种超越论的唯心主义将世界看成一个不可分的价值统一体，该价值被所有个体所共享，每个人做出的对世界的知觉都不会比别人的知觉更多。"一种在逻辑上连贯的超越论唯心主义使世界摆脱了其模糊性和超越性。世界恰恰就是我们对其形成了某种表征的东西，不是作为人或经验的主体，而是就我们都受同一束光照，都参与那个'一'而不是破坏其统一性而言。分析性反思对其他心灵问题一无所知，或者对世界的问题一无所知，因为它坚称，随着意识最初微微放出光芒，理论上就会在我之中出现达到某种普遍真理的力量，而另一个人，同样没有此在（thisness），没有位置或身体。……这个'我'因此也是那个'他'并未被设想为那个现象编织物的一部分；它们有的是有效性而非存在性。"❷ 而众所周知，在胡塞尔的现象学中存在一个"他心"问题，如果我为我自己存在，他者为他自己存在，那么我们必然具有某种为彼此的形象。我们必须都具有一个外观，除了为自己的视角之外，还有一个为他人的视角。由于我们每个人所拥有的这两种视角不能被简单的并置起来，因为在那样的情况下我不是他人所见到的我，他也不是我所见到的他，因此自我与他者自我必须由其情境来界定，且不能脱离其全部内在性，也即哲学并不因重返自我而告终，我通过反思不仅发现了我出现在自己面前，而且发现了一个"外在观察者"存在的可能；在我经验到我的存在的那个时刻——在反思的极端，我缺少那种将我置于时间之外的终极密度，我在自己之中发现了一种阻碍我作为完全个体化的存在的内在弱点：一种将我作为众人之中的一个人或者至少作为众意识中的一个意识暴露在他人目光下的弱点。笛卡尔式的"我思"贬低了他人的知觉，告诉我它所做的，即这个我只对它自己可用，因为它将"我"定义为我对自己的思考，显然只有我自己才能有的思考。由于"他人"远不止一个空洞的语词，因此我的存

❶ MERLEAU－PONTY M. Phenomenology of Perception［M］. SMITH C（Trans.）. London：Routledge and Kegan Paul，1962：XI.

❷ MERLEAU－PONTY M. Phenomenology of Perception［M］. SMITH C（Trans.）. London：Routledge and Kegan Paul，1962：XI－XII.

在永远不应该被削减为我对这种存在的光秃秃的觉知，而是应该再加入别人可能拥有的对它的觉知，这样就包括我在某种自然中的化身，以及至少是一种历史性处境中的可能性。"我思"一定在一种处境中揭示出我来，而且正是也只有在这个条件下，超越性主体，作为胡塞尔加给它的，才能够是一个内在的主体。作为一个沉思着的自我，我能够清楚地将我自己与世界以及事物区分开来，因为，我当然不是以事物存在的方式存在。我甚至必须从我自己中区分出我的身体，我的身体被理解为事物中的一个东西，理解为一个物理－化学过程的集合。但是即便我因此发现的"我思"活动在客观的时间和空间中没有位置，也不能说它在现象学的世界中没有位置。世界，我认识到与我自己相区别的、作为受因果关系联结的事物全体或过程全体的世界，我重新"在我之中"将它发现为所有我的思想的永恒的地平线（或背景），以及我总是将自己置于与之相关联的一个维度。"真正的我思并不将主体的存在以他对存在的思考来界定，也不会将世界的毋庸置疑性转换成关于世界思考的毋庸置疑性，最后也不会将世界本身替换成作为意义的世界。相反，它将我的思考本身识别为一个不可分割的事实，在将我揭示为'在世的存在'中废除任何种类的唯心主义。"❶

三、梅洛－庞蒂具身性思想的内容

（一）作为不同于外部物体的现象的身体

如前所述，在笛卡尔那里，身体（body）与外部世界中的物体一样，同属于物理世界，"具有一定形状，位于某处，排他性地占据一个空间，能通过触摸、观看、聆听、品尝或鼻嗅加以认识"❷。很显然，笛卡尔是以一种客观主义的视角而将身体看成一个客体（an object）的，并且认为这样的身体区别于作为主观存在的"我的思想"和"我的心灵"。在笛卡尔的影响下，近代

---

❶ MERLEAU－PONTY M. Phenomenology of Perception [M]. SMITH C (Trans.). London：Routledge and Kegan Paul, 1962：XIII.

❷ DESCARTES R. Discourse on Method and Meditations on First Philosophy [M]. CRESS D A (Trans.). Indianapolis：Hackett Publishing Company, 1998：63.

哲学或哲学心理学尽管摆脱了灵魂独立说，但始终将心灵视为一种可以单独进行考察的事物，将身体视为与心灵完全异质的或平行的事物。在梅洛－庞蒂看来，这种身体概念源于一种客观性思维，一种对客体的假定。他翔实地论证了这一假定在我们的知觉中的起源。用他的话说，"我们的知觉止于对象，而对象一经构成，看上去就成为我们已有的或者应有的对于它的全部经验的原因"❶。

知觉的过程是怎样的呢？在未加反思的层面上，知觉的过程和结果就是认出外部事物，而现象学则用了一种反思的手段将知觉的过程剖解开来。梅洛－庞蒂详细论述道，知觉有一种对象－地平线（或可称对象－背景）结构，这种结构使得视野中的一个部分能够在我的注视之下变得生动并被呈现出来，而其他事物则退到周边地带潜伏起来，但它们并没有消失。它们使我具有了随我处置的地平线（或背景）。这个地平线（或背景）就是决定在搜索过程中认出对象的东西，看一个对象就是驻留于它，并从这一驻留中就所有其他事物向对象呈现的方面而言来把握这些事物。因此，在我已经从各个不同角度观察了我现在视觉的核心对象的前提下，"每一个对象都是所有其他对象的镜子。当我注视桌子上的台灯时，我不仅把从我的位置可见的属性赋给它，也将那些从壁炉、墙壁、桌子的视角看到的属性赋给它；……因此，我能够看见一个对象，这是就诸对象形成了一个系统或一个世界而言的，也是就每一个对象都将其周围的其他对象作为其诸隐藏面的观察者，也将其作为那些方面永久性的担保者来对待。我对一个对象的任何所见瞬间就在所有那些世界上的对象间重复着，这些对象被理解为共存的，因为它们中的每一个都是其他对象对它的全部'所见'"❷。

知觉在时间维度上具有同样的特征。梅洛－庞蒂论证道，当我凝神思忖一个对象，如一栋房子，我从我的"持存"（duration）中的某个点或瞬间看

❶ MERLEAU－PONTY M. Phenomenology of Perception［M］. SMITH C（Trans.）. London：Routledge and Kegan Paul，1962：67.

❷ MERLEAU－PONTY M. Phenomenology of Perception［M］. SMITH C（Trans.）. London：Routledge and Kegan Paul，1962：68.

见了它，但它仍然是我昨天看到的、仅仅过了一天的同一栋房子，它也是不管一个老人还是一个孩子可能看到的同一栋房子。此外，年龄和变化确实会影响它，但是即便它明天坍塌了，它今天存在着将成为永远的事实。每个时刻都召唤所有其他时刻来见证；每一个现在都永久性地支撑着一个时间点，该时间点需要有来自所有其他时间点的承认，以至于对象被在所有时间上可见，就像它被从所有方向上可见一样，而且是借助同样的手段，也即由一种地平线（或背景）强加的结构。当下仍然将即逝的过去牢牢抓住，而没有将它假定为一个对象，并且既然即逝的过去同样把握着它的即逝的过去，那么过去的时间就完全聚集起来并被当下所把握。对于即将来临的未来同样如此，这个未来同样有其邻近的界域。但是，用我的即逝的过去我也拥有了围绕着它的未来界域，这样我有了作为那个过去的未来的我的真实的现在。用即将来临的未来，我有了将围绕着它的过去界域，并因此有了作为那个未来的过去的我的真实的现在。这样，通过滞留与前摄的双重界域，我的现在不再是一个被持续的"流"很快带走且消失的实际现在，而是成为客观时间中的一个固定的且可认出的点。

　　然而，诸地平线或背景（不论是空间上还是时间上的）的综合不过是一种假定的综合。我从自己的目光所得的意象中设想那些从所有方向汇聚来的其他意象，用以定义对象。我拥有的仍然只是一种协调的且不明确的关于对象的一组视角，而不是那个实存的对象。同样，尽管我的现在将过去的时间以及未来的时间牵扯到自己之中，它也只是在意向上拥有它们。而且即便我现在拥有的关于我的过去的意识准确地涵盖了过去本来的样子，那个我声称重新获取的过去也不是真正的过去，而是我的现在所见的过去，或许是已经对其改装了的过去。同样在未来中，我可能也有一个关于我正经历的现在的错误观念。但我们仍然相信存在一个关于过去的真理，即我们的记忆是以世界的大写记忆为基础的，在世界的记忆中房子有着它在那天实际所处的位置，这样的记忆也保证它在此时此刻的存在。对象在世界的大写记忆中没有任何隐藏的东西，而是完全展现出来。当我们的目光从一处扫视到另一处时，它的诸部分就共存起来，它的现在并不取消其过去，它的未来也不取消其现在。

因此对对象的假定使我们超出了实际经验的限制（limits），一种外来存在（an alien being）对这种限制提出了反对并叫停了它，其结果是最终经验相信它从该对象中抽取了所有它自己的教义（teaching）。梅洛 – 庞蒂认为正是经验的这个"出神性"（ek – stase）导致所有的知觉成为对某物的知觉。

从梅洛 – 庞蒂的论述可以看出，经验带有一种透视主义（perspectivism），即"我的人性的目光仅能假定对象的一个方面，尽管通过地平线（或背景）它指向所有其他方面，但除非以时间和语言为中介，否则我永远不可能碰到先前的样态以及那些呈现给他人的样态。如果我在我自己的目光所得的意象中设想那些从所有方向汇聚来的其他意象，探索房子的每个角落并定义它，我仍然只有一种协调的且不明确的关于对象的一组视角，而不是在其充实里的那个对象"❶。换句话说，我们实际所见的只是对象当前的一个面，但我们的知觉具有一种将所有其他视角、其他时刻所见的面综合起来以形成完整对象的机能。梅洛 – 庞蒂认为，由于我们过分关注存在（being），很容易使我们忘记了这种透视性机能，而将其直接作为一个对象加以对待，并从对象间的关系来推断它。这种透视主义实际关涉的就是身体。他说，由于过分关注存在，使我压抑了将目光（gaze）觉知为一种认识手段这一意识，而将我的眼睛作为某种物质的东西来对待。从这一刻起，眼睛以及我的整个身体就在客观空间里取得了它们的位置。作为我投向世界的立场的身体成为那个世界诸对象中的一个，于是一种客观性思维便形成了。在此之后，我们就失去了与知觉经验的接触，尽管客观性思维不论从何种意义上都是知觉经验的结果和自然延续。

也正是这种客观性思维导致人们将身体作为与物体或客体相同的对象来看待，然而这种客观性的身体显然不是我自己体验到的那个身体，用梅洛 – 庞蒂的话说，"即使是在科学领域中，个体自己的身体也逃避那个有意加诸于

---

❶ MERLEAU – PONTY M. Phenomenology of Perception ［M］. SMITH C（Trans.）. London：Routledge and Kegan Paul，1962：69.

它的对待"❶，即将它作为客体来看待。梅洛－庞蒂引用现代生理学的很多最新发现驳斥了这种客体性的身体观念。

首先，生理－心理事件并不在客观的因果序列之中。所谓生理－心理事件指的是在生理机制基础上发生的主体的主观体验。在客观主义设定的因果封闭的世界中，身体的机能作用被转译成自在的（in－itself）或第三人称视角的语言，在客观主义支配下的生理学要在行为背后发现刺激与感受器、感受器与感觉中枢之间的线性依赖关系。现代生理学抛弃了这一虚饰，不再将同一感官的不同特质，以及不同感官的数据资料与相区别的质料工具联系起来。实际上，中枢神经的损伤甚至传导神经的损伤并不转换成某些感觉特质的丢失或某些感觉数据资料的丢失，而是转换为功能分化的缺失。而且，可感觉的质，即那个知觉所受的空间限制，甚至一个知觉是否呈现，并不是有机体外部的情境的现实结果，而是代表了它遭遇刺激的方式以及与刺激相关联的方式。当一个兴奋抵达一个与之不协调的感觉器官时，该兴奋不会被感知到。这样说来，有机体接收刺激的机能在于"设想"一种特定的兴奋形式。心理－生理事件因此不再具有"世界"因果关系的样式，脑成为"模式化"过程的所在。这种模式化过程甚至在皮层加工阶段之前就介入了，而且从神经系统运转的那一刻开始混淆了作用于有机体的诸刺激的关系。横向机能抓住并重组了兴奋，使其与它即将唤起的知觉相类似。这一神经系统中勾勒出的形式，这一结构呈现是无法被想象成一系列第三人称的过程的，也无法被想象成运动传导或想象成一个变量对另一变量的支配的。换句话说，"我无法取得关于它的一种远距离认知"❷。我猜测这种形式可能是什么，是通过舍弃作为一个客体、部分之外的部分的身体，通过重新回到我在此刻经验的那个身体做到的。我用手触摸客体，对刺激物进行预期，我的手自己把我即将感知的形式勾勒出来。除非我自己发动身体，除非把我看成一个朝向世界生长

❶ MERLEAU－PONTY M. Phenomenology of Perception ［M］. SMITH C（Trans.）. London：Routledge and Kegan Paul，1962：72.

❷ MERLEAU－PONTY M. Phenomenology of Perception ［M］. SMITH C（Trans.）. London：Routledge and Kegan Paul，1962：75.

的身体，否则我就无法理解活的身体的机能。就此，梅洛－庞蒂不仅驳斥了客观性身体的概念，而且提示出一种理解身体的途径，即一种第一人称的现象的方法和立场。

其次，我与我的身体的关系不同于我与外部对象的关系。梅洛－庞蒂认为，一个对象之所以成为对象是因为它"站在"我面前，能够被我观察，我可以变换不同的角度来获得有关对象的不变性。它能被移开远离我，并最终从我的视野中消失，这样对象的呈现同时需要一种可能的不在。身体与外部对象不同，外部对象能够远离我，而身体始终与我同在，始终从同一个角度向我呈现。此外，当双手叠加在一起时所产生的一种模棱两可的感觉结构，即两只手在"触摸"和"被触摸"之间转换角色，身体尝试在"被触摸"时触摸自己，并同时发起"一种反思"，这种反思足以将它与外部对象区别开来。我对自己身体的运动觉与对外部对象的运动知觉完全不同。我直接移动我的身体本身，我并没有在客观空间的一处发现它然后将它移动到另一处，我不需要寻找它，它就与我在一起——我不需要引导它以完成运动，身体从一开始与运动相接触并驱使自己朝向终点。这是从传统心理学中就可以得出的结论，即身体不再作为世界中的一个对象来被设想，而是作为我们用以与世界交流的手段，而世界不再被设想为受因果决定对象的一个集合，而是作为在我们所有经验中潜伏的地平线（或背景）。然而，由于心理学家们向着对他们来说自然而然的东西迈进了一步，他们选择了科学承诺的非个人化思维的立场，这种立场使他们将自己作为有生命主体的经验本身当作一个客体或对象。"心理学家们并没有意识到在他们以这种方式对待身体的经验时，他们仅仅是用科学的手段，将始终无法避免的那个问题搁在了一边。"❶ 这个问题就是灵魂与身体的联合问题，随着心理学家们将身体视为一个客观的对象，灵魂与身体的联合就成为不可能的。

最后，身体的空间性有别于客观的空间。所谓客观的空间，指的是我们

---

❶ MERLEAU－PONTY M. Phenomenology of Perception ［M］. SMITH C（Trans.）. London：Routledge and Kegan Paul，1962：95.

能够判断出的外在对象在方位上的关系。梅洛－庞蒂认为身体的诸部分以一种特殊的方式内在地关联着，它们并非并列地陈列在那里，而是彼此包含。这不同于客观对象的空间关系。我的身体存在不仅不是空间的一个片段，而且如果我没有身体，那么也就不会有任何所谓的空间，由此可以说客观的空间性是以我的身体的空间性为前提和基础的。另外，身体的空间性充分地表达了身体的现象性。梅洛－庞蒂通过解释一种被称为精神性失明（psychic blindness）❶ 的病症诠释了身体的现象性。这种病症表现为无法在被蒙上双眼的情况下做"抽象"运动。所谓抽象运动就是不针对实际情境的运动。比如根据指导语做运动，或让被试描述相关的运动。抽象运动必须在可视的情况下或者允许他们做一些关涉全身的准备运动时才能完成。而对于日常生活中所需的习惯化运动，同一位患者即使在蒙上双眼时也能做到。梅洛－庞蒂认为，我们有一种关于身体空间的地点知识。这种知识虽然无法被描述或者说无法转换成视觉语言，但却有助于主体完成具体运动。患有精神性失明的病人，当被蚊子叮咬时，不需要寻找被叮咬的地点。对于他而言，问题不在于根据客观空间中的坐标轴来定位叮咬点的位置，而在于用他的现象的手够到他的现象身体的某一疼痛点。因为在作为具有抓挠潜能的手和被叮咬的需要被抓挠的点之间，一种直接被经验到的关系呈现在个体自己的自然的身体系统中。也就是说，"我们移动的永远不是我们的客观身体，而是我们的现象身体"❷。这种现象的身体不仅仅是一种体验中的身体，而且它还将视觉的、触觉的和运动的诸方面综合起来，形成一个受我支配的统一体。

在《知觉现象学》一书中，梅洛－庞蒂用了将近一半的篇幅论述了身体的内涵，其身体观念完全不同于笛卡尔传统意义上的物理的身体概念，而是主体体验着的并与之共存的现象的身体。这个意义上的身体不再与作为心灵的"我"对立，而是与之共存、联合，更为准确地说，"我"与我的身体是

❶ MERLEAU－PONTY M. Phenomenology of Perception［M］. SMITH C（Trans.）. London：Routledge and Kegan Paul，1962：103.

❷ MERLEAU－PONTY M. Phenomenology of Perception［M］. SMITH C（Trans.）. London：Routledge and Kegan Paul，1962：106.

一个有机的整体，所谓具身的（embodied）也正是在这个意义上而言的。

（二）具身性：身体是在世存在的方式

梅洛－庞蒂公开承认自己是存在主义者，他的存在论现象学"力图在传统科学的客观主义和过分狭隘地集中在笛卡尔传统中的哲学所特有的主观主义之间找到一种新的统一"❶，在他看来，"知觉是科学与哲学的发源地。被知觉或被体验到的世界以及它的全部主观的和客观的特征，是科学与哲学的共同基础"❷。因此，他的知觉现象学显然是为实现这一目标而创作的，而在论述主体的入世和在世存在观念时，梅洛－庞蒂认为身体是我们在世存在的方式，即我们通过我们的身体在世界上存在，我们用我们的身体感知世界。著名的现象学研究者施皮格伯格认为，梅洛－庞蒂的现象学最具特征的内容就是，他"试图将现象学在人的个人实存和社会实存中具体化，……在此之前，没有一个人像梅洛－庞蒂那样将人的实存与人的实存借以得到'体现'的身体看成是一个东西"❸。实际上，梅洛－庞蒂通过确立现象身体的概念从而将心灵与身体联合起来，当然这种联合并不是两个概念的外在相加，而是一种在存在中的真实融合。作为一个认知主体的我总是有一个身体伴随存在，或者可以说我就是我的身体，在这个意义上"我"是具身的（embodied）。

如果身体是一种我们只有通过主动占用它才能够了解的表达性统一体，那么其结构将传递给知觉的世界。身体的图式理论暗含了一种知觉理论，也就是说，通过身体的图式理论，我们将改变以往对知觉的理解。知觉既不像经验主义所理解的那样，是对客观现实的表征，也不能根据理智主义的定义，将知觉的真实性"基于内在观念的仔细审查以及基于它们的各种原则上，并

---

❶ ［美］赫伯特·施皮格伯格. 现象学运动［M］. 王炳文，张金言，译，北京：商务印书馆，2011：724.

❷ ［美］赫伯特·施皮格伯格. 现象学运动［M］. 王炳文，张金言，译. 北京：商务印书馆，2011：724－725.

❸ ［美］赫伯特·施皮格伯格. 现象学运动［M］. 王炳文，张金言，译. 北京：商务印书馆，2011：758.

诉诸上帝的意志确定它的有效性之后"[1]。知觉是具身的。对某物的知觉时时刻刻都渗透着从此在的我的身体投过去的目光。"当我在我的寓所里四处走动，如果我不知道每一个它呈现给我的方面都代表着从一处或另一处看到的公寓，而且如果我不晓得我自己的运动，不晓得作为通过那些运动的诸阶段保持其同一性的我的身体，那么这些方面就不可能看起来是同一事物的不同视角。""独立于一个心理－物理的主体在场的空间本身没有任何方向，没有内部也没有外部。"因此，为了实现对事物的知觉，必须以我的身体为前提，以随着我的身体移动而带来的不同视角中的对象为前提。而且，"外部知觉以及对个体自己身体的知觉是共变的"，换句话说，"事物，以及世界是连同我的身体的各个部分一同被给予我的，不是借助任何'自然几何学'，而是在一种生动的联系中，这种联系可与那种存在于我的身体本身各个部分间的联系相媲美，或毋宁说相一致"[2]。由此，知觉是具身的。

与此同时，世界不再是那个外在于我们的客观现成的存在，也不是依据纯粹的思维以及宇宙的创造者而展开的表象世界，而是以身体为一般介质知觉到的世界。"世界并没有什么东西外在于心灵。世界是意识所包含的客观关系的整体。"[3] 换句话说，"世界在我们的肉身之中"[4]。因此，世界出现在我们面前是就我们通过我们的身体在世存在而论的，而且是就我们用我们的身体感知世界而论的。这样，由于我们利用身体感知，身体成为所有对象被编织于其中的织物，至少在与被感知世界的关系上，身体是我们理解的工具。"在知觉中，我们不思考对象，我们也不认为自己在思考它，我们被移交给该对象，并融入在这个身体中，这个身体比我们更加了解这个世界，了解我们

[1] WILLIAM R U. Dualism：The Original Sin of Cognitivism［M］. Durham：Acumen Publishing Limited，2006：12.

[2] MERLEAU – PONTY M. Phenomenology of Perception［M］. SMITH C（Trans.）. London：Routledge and Kegan Paul，1962：203 – 205.

[3] MERLEAU – PONTY M. The Structure of Behavior［M］. FISHER A L（Trans.）. Boston：Beacon Press Boston，1963：3.

[4] MERLEAU – PONTY M. The Visible and the Invisible［M］. LINGIS A（Ttrans.）. Evanston：Northwestern University Press，1968：136.

所具有的动机，以及我们可用来合成世界的手段。"❶ 因此，作为知觉主体的身体，具有一种"最初的主体性"，身体是"默会的我思"（tacit cogito）、"沉默的我思"（silent cogito）、"不可言说的我思"（unspoken cogito），❷ 这种我思是笛卡尔"可言说的我思"（spoken cogito）的条件与基础。❸ 因此，梅洛－庞蒂的具身性思想是对笛卡尔所遗留的理性来源问题的解答。与此相类似，瑞士心理学家、发生认识论的创始人皮亚杰同样关注了理性的起源问题，而且皮亚杰也同样强调身体动作在儿童智力发生过程中的重要作用。所不同的是，皮亚杰对身体与认知关系的理解仍然是外在的和分离性的，而非得自梅洛－庞蒂所着力论述的作为整体存在的现象的视角。

第四节　一种新的思维方式：心智的具身性与整体的人

近代以来，在笛卡尔二元论的影响下，人被以分裂的方式加以理解，思想家和研究者要么对人的内在精神世界感兴趣，要么从客观主义的视角将人看成自然的一部分。实际上，在这种分裂的世界观中，心灵成为与身体无关的、抽象的、超越性的心灵，身体成为与心灵无关的人为概念化的身体。在流行的普遍观念中，身体就是那个物理的、化学的、生理的身体，而不是那个与"我"共存的、"我"体验着的、无须寻找而直接使用的身体。而后者正是梅洛－庞蒂所倾力打造的新的身体概念。实际上，梅洛－庞蒂通过阐述身体的现象维度，其最终的目的在于提供一种存在论的视角，在这一视角中，人不再是不相容的、矛盾的心灵和身体之和，而是一个有机整体，一个存在。梅洛－庞蒂的这种对人的理解方式代表了现代哲学中的一种新的思维方式，一种超越传统二元论的思维方式。这种思维方式早在19世纪末20世纪初就已经有所表现，我们可以从詹姆斯的"纯粹经验"、狄尔泰的"生命存在"、

---

❶ MERLEAU － PONTY M. Phenomenology of Perception ［M］. SMITH C（Trans.）. London：Routledge and Kegan Paul，1962：238.

❷ MERLEAU － PONTY M. Phenomenology of Perception ［M］. SMITH C（Trans.）. London：Routledge and Kegan Paul，1962：402.

❸ 燕燕. 梅洛－庞蒂：具身意识的身体［J］. 世界哲学，2010（4）：42 － 51.

海德格尔的"人之此在"概念等思想那里找到类似的主张和思想倾向。他们构成了现代哲学中的具身性思潮。在这里我们从这几位具有具身性思想的典型人物理论中获得这一思潮的一般立场和观点。

一、具身性思潮的起点：反对主－客二元对立

何为主观，何为客观？人们最直接、最素朴的认知是将主观看成与我们内在的思想世界有关，而将那个我们直观到的外部世界视为脱离于我们独立存在的客观世界。笛卡尔在近代初期就对这种素朴实在论进行了认识论的批判。笛卡尔看到，那个所谓的客观世界一点也没有超出我们的经验世界。尽管笛卡尔最终承认存在两个相互平行的世界，即精神的和物理的世界，使其既是客观主义的创立者也是主观主义的创立者。但是，由于笛卡尔将全部知识的确定性建立在自身存在的基础上，又"承认'清晰'和'判然'（两样全是主观的）是真理的判断标准"[1]，因而从根本而言，笛卡尔是主观主义的。自笛卡尔之后，主观主义与客观主义的对立成为近代哲学的思想论证主题。一方面，客观主义或自然主义在伽利略对自然进行数学化之后成为自然科学的主要立场，世界成为依照某种理性存在的恒常之物，是脱离人的主观经验的客观存在。随着自然科学对人类生活的影响范围不断扩大，这种客观主义日趋深入人心。另一方面，出自笛卡尔的一切哲学都偏向于把物质看成唯有从我们对于精神的所知、通过推理才可以认识（倘若可认识）的东西。如此，所谓客观的世界也不过是主观经验世界的一部分。罗素说："欧洲大陆的唯心论与英国的经验论双方都存在这两种倾向；前者以此自鸣得意，后者为这感到遗憾。"[2]

前文已经论述了梅洛－庞蒂现象学思想的主旨就是对这种主－客对立的思维方式的超越，而实际上，我们在詹姆斯的彻底经验主义中同样发现了这

❶ RUSSELL B. The History of Western Philosophy［M］. New York：Simon and Schuster, Inc.，1945：493.

❷ RUSSELL B. The History of Western Philosophy［M］. New York：Simon and Schuster, Inc.，1945：564.

种倾向。

在前文论述笛卡尔二元论所产生的影响中已经指出，笛卡尔的主－客对立观念在近代的认识论批判中经历了一种内涵的转变，主－客对立由主观精神世界与外部物理世界的对立演变为意识与经验内容的对立，而其中的转变更为根本地发生在对所谓"客体"的理解上。所谓"客体"的内涵由意指外在的物理世界演变为意指意识经验的内容。在这一转变中，意识作为一个不同于物质的实体存在的观念被抛弃了。但是在很多思想家看来，意识仍然作为事件的见证者而存在，并认为意识是具有一种内在结构经验的东西，这种内在结构在本质上仍是二元的，即它像油彩一样具有溶剂和颜料两个部分，这两个部分可以通过某种手段截然分开。在詹姆斯看来，精神实体的观念需要被彻底地抛弃，并用纯粹经验来取代，以排除一切形式的二元论。❶ 现代哲学的一个重要的发展动因就是力图超越主－客对立的思维方式。詹姆斯认为，主观与客观、主体与客体并非互相对立的。如果假定世界上只有一种原始素材或质料，一切事物都由这种素材构成，那么这种素材就是纯粹经验。詹姆斯同样采用油彩作比喻，但他的比喻却支持了一种完全不同的观点。詹姆斯说，当油彩被装在罐子里时，它就作为可售的物质之用，当把它涂在画布上，周围涂上别的油彩，它在画面上就表现出一个相貌，行使着一个精神职能。在詹姆斯看来，经验具有一种模棱两可性，"'内'和'外'并不是经验一来到我们这里就自带的两个特征，毋宁说它们是后来我们为了特殊需要而加以归类的结果"❷。同样，"一个指定的未分化的经验部分，在一种联合的语境中，扮演着一个知者的角色，一个心灵状态的角色，'意识'的角色；同样是这段未分化的经验，在另一种不同的语境中却扮演着一个被知的东西，一个客观的'内容'。一句话，在这一组中它表现为一个思想，在另一组中它表现为一个事物。而且，因为它能够在两组中同时表现，我们就完全可以将它说成既是主观的，也是客观的"❸。

❶ ［美］威廉·詹姆斯. 彻底的经验主义［M］. 庞景仁，译. 上海：上海人民出版社，2006：3.

❷ ［美］威廉·詹姆斯. 彻底的经验主义［M］. 庞景仁，译. 上海：上海人民出版社，2006：102.

❸ JAMES W. Essays in Radical Empiricism［M］. New York：Longman Green and Co.，1912：10.

　　当然，詹姆斯并不是对笛卡尔二元论思维方式进行批判的第一人，早在19世纪60年代末，德国哲学家狄尔泰就在尼采和叔本华的影响下从学科关系的视角论证了传统哲学二元论思维方式的问题。狄尔泰认为，笛卡尔将当时已获得优势的自然概念发展为一种庞大的机械主义，认为自然这一整体内的运动量是恒定的。而笛卡尔同时又接受这样一个观点，即一个单独的灵魂可以从外面在这一物质体系中产生运动。这种自相矛盾使他不得不通过上帝观念来维持二者的相互作用，这"最清晰地表明了自然的新形而上学与传统精神实体的形而上学的不可相容性"❶。因此，二元论思维方式导致了近代以来两种立场之间的尖锐争论和冲突："一种是认为自然从属于意识的先验立场，一种是将人类精神从属于自然环境的客观经验立场。"实际上，狄尔泰认为，自然科学知识与人文科学是相混杂的和重叠的。因为"外在世界包含人类事实和精神意义"，而"人类、社会和历史的科学要在两方面把自然科学当作基础：第一，心理单位本身只有在生物学的帮助下才能进行研究；第二，自然是其有意识活动的中介和范围。"❷狄尔泰说，二元论所带来的长期困窘，最终导致了一般意义上的形而上学立场的瓦解。这种解体需要一种意识来完成，即"生动的自我经验是实体这一概念的基础。当生动的自我经验在充足理由原则的基础上应用于外部经验时，实体的概念就产生了。所谓精神实体的学说不过是转回了作为实体概念起源的生动的经验"❸。狄尔泰所谓生动的自我经验表达了这样一种观念，即"一个人的精神生活是精神物理学生命单位的组成部分，这种生命单位是人的存在和人的生命得到显示的形式"❹。

　　实际上，不论是詹姆斯还是狄尔泰，以及梅洛－庞蒂，他们通过批判传统主－客对立的二元论思维方式，所要表达出的是同一个声音，即没有绝对的主观，也没有绝对的客观，任何事物都是主客融合的，甚至是主客同一的："如果我们老老实实看待实在，把实在看待得就像它首先呈现给我们那样，……

❶　［德］韦尔海姆·狄尔泰.人文科学导论［M］.赵稀方，译.北京：华夏出版社，2004：8.
❷　［德］韦尔海姆·狄尔泰.人文科学导论［M］.赵稀方，译.北京：华夏出版社，2004：18.
❸　［德］韦尔海姆·狄尔泰.人文科学导论［M］.赵稀方，译.北京：华夏出版社，2004：8.
❹　［德］韦尔海姆·狄尔泰.人文科学导论［M］.赵稀方，译.北京：华夏出版社，2004：15.

那么这种可感觉的实在和我们对于这种实在所有的感觉，就在感觉产生的时候，两者是绝对同一的。实在就是统觉本身。……主观和客观合而为一了。"❶ "世界就是我们知觉的世界。"❷ "自然所给予我们的也就是我们自身所有的。"❸

二、具身性思潮的核心：心灵与身体在"存在"中的统一

传统哲学的二元论使人们要么关注人的超验理性，要么在自然科学视域中关注生理学意义的身体，而具身性思想将关注点转向了人的整体存在，并将这种整体存在放置于世界中来探讨，从而将心灵与身体统一起来。如前文所述，现象学的创始人胡塞尔同样对笛卡尔主-客对立的二元论进行了批判，但胡塞尔的超验现象学悬置了客观存在，最终进入主体我的纯粹思维领域寻求一切现象的源头，在本质上仍是笛卡尔式的立场。新现象学的代表人物赫尔曼·施密茨（Hermann Schmitz）"批评胡塞尔、萨特的现象学解决主客、心身关系的方式，仍属于传统生理学主义—还原主义的思维范式，没有脱离开笛卡尔先验我思的基础。并认为海德格尔离开胡塞尔的先验现象学转向此在现象学，力图从存在论层面上解决传统心身二元论问题，比起胡塞尔来是一种突破"❹。海德格尔用"此在"（Dasein）来表示像我们这样的存在者，即"除了其它可能的存在方式以外还能够对存在发问的存在者"❺。同时海德格尔又指出，这种"此在"是一种在世的存在（In – der – welt – sein），世界并不是物的单纯聚集，它不是可以供我们直接观察的对象，我们总是属于世界。虽然海德格尔从"此在"的主体性出发最终又回到了主体的形而上学，但其

---

❶ ［美］威廉·詹姆斯. 彻底的经验主义［M］. 庞景仁，译. 上海：上海人民出版社，2006：146.

❷ MERLEAU – PONTY M. The Structure of Behavior［M］. FISHER A L（Trans.）. Boston：Beacon Press Boston，1963：3.

❸ ［德］韦尔海姆·狄尔泰. 人文科学导论［M］. 赵稀方，译. 北京：华夏出版社，2004：20.

❹ 庞学铨. 身体性理论：新现象学解决心身关系的新尝试［J］. 浙江大学学报（人文社会科学版），2001，31（6）：5 – 13.

❺ ［德］马丁·海德格尔. 存在与时间［M］. 陈嘉映，王庆节，译. 北京：生活·读书·新知三联书店，2006：9.

存在论思想影响了梅洛－庞蒂，在梅洛－庞蒂那里这种存在论立场表现为他对身体的关注上，他赋予身体以一种突出的地位，即身体是我们在世存在的方式。

梅洛－庞蒂用现象的身体概念从总体上表达了这样一个立场，即人不是分裂的精神和肉体的机械混合体，人的任何一种属性、机能或特质都是一个整体存在的表达。不论是身体组织、身体的性欲还是语言，都是人作为一个有机整体的表现。梅洛－庞蒂论述道，"心理－生理事件无法在笛卡尔式的生理学模式下来设想，也不能被设想为一种自在的过程和我思过程的并置。灵魂和身体的统一不是一种两个相互外在的语词——主体与客体——之间通过臆断的裁定进行的融合。这种统一是在每时每刻存在的运动中实现的"❶。我不用寻找我的身体就可以运用我的身体，我不用考虑我的身体所处的空间位置，我只要直接地、自发地移动我的身体就可以到达我的意向目的。"我"与我的身体不是分离性的而是一体的。梅洛－庞蒂在其后期的著作《可见的与不可见的》中提出"肉身"（the flesh）的概念，这是将心灵与身体统一起来的鲜明表达。一方面"肉身"与传统作为客体的"身体"（the body）概念相区别，表示充满生命力的血肉之躯。另一方面，梅洛－庞蒂通过采用"肉身"（the flesh）概念来取代早先"具身性"（embodiment）一词的用处。因为"具身的"（embodied）含有心灵嵌于身体之中之义，虽然心灵与身体已经难分难解地彼此缠绕于一处，但仍是两个不同的东西，而肉身概念则完全将心灵和身体合而为一。因此，"从身体现象学走向肉身本体论哲学，是梅洛－庞蒂哲学内在逻辑的必然结果"❷。

有人认为具身性思想正是在海德格尔和梅洛－庞蒂的著作中被揭示出来的。❸而实际上，早在 19 世纪末，詹姆斯就在他的《心理学原理》一书中流露出有别于生理学意义的身体观念："当我们从外观去注视活的生物体时，最

❶ MERLEAU－PONTY M. Phenomenology of Perception［M］. SMITH C（Trans.）. London：Routledge and Kegan Paul，1962：88－89.

❷ 燕燕. 梅洛－庞蒂具身性现象学研究［D］. 长春：吉林大学，2011：161－162.

❸ 燕燕. 梅洛－庞蒂具身性现象学研究［D］. 长春：吉林大学，2011：79.

惊奇的一件事就是它们都有各种各样的习惯。"习惯是身体与心灵交织于其中的交界面，是某种心理倾向包含在身体的态势中，或身体的某种趋向或认同反映在某种心理情绪中。习惯之所以是身体与心灵的交织体，是因为身体不是机械的身体，而是可塑、可感、活性的身体。❶ 如果说在写作《心理学原理》时詹姆斯还尚未完全脱离二元论的思维方式和话语方式的话，那么随着他的彻底经验主义思想的成熟和系统化，詹姆斯对心灵与身体内涵的理解逐渐趋向于一种具身性的思维方式。"我"这个词所表示的不是一个实体的存在，而只是用来区别活动所发生之处的地点名称，"就我们是'人'，并且与一个'环境'对立而且相反而言，我们身体中的运动表现为我们的活动"，"身体所在之处就是'这里'；身体行动之时就是'现在'；身体所触的东西就是'这个'，其他一切东西都是'那里''那时''那个'"。❷ 因此，那个以往被与心灵实体等同起来的"我"不过是表达身体作为被经验世界的中心——观察中心、行为中心、兴趣中心的一个名词，和"这个""这里"一样表示一种强调。"自我"不再是"处于永远流动和运动之中的知觉的集合体，或一束知觉"，而是"总是被感觉在场的身体"❸，"心灵是牢牢固着在身体上的"❹。通过这种对"自我"的重新诠释，詹姆斯先于梅洛－庞蒂表达了"我就是我的身体"这一具身性思想。

当然，从思想的历史发生来看，现象学流派中的胡塞尔、海德格尔、萨特，以及詹姆斯的彻底经验主义都受到了狄尔泰于19世纪晚期提出的生命哲学观点的影响。狄尔泰的生命哲学同样针对传统哲学中对物质和精神的割裂。狄尔泰认为哲学研究的对象不应是单纯的物质，也不应是单纯的精神，而应该是人的整体的生命，这种生命的突出特征就是人的精神生活。这种精神生活不同于传统哲学中的理性主义心理学所对待的那个抽象的精神实在，而是人的一种生活的或生命的存在方式。狄尔泰说，自然科学的研究将呈现给意

---

❶ 燕燕. 梅洛－庞蒂具身性现象学研究［D］. 长春：吉林大学，2011：71.
❷ ［美］威廉·詹姆斯. 彻底的经验主义［M］. 庞景仁，译. 上海：上海人民出版社，2006：112.
❸ ［美］威廉·詹姆斯. 心理学原理［M］. 方双虎，等译. 北京：北京师范大学出版社，2019：520.
❹ ［美］威廉·詹姆斯. 心理学原理［M］. 方双虎，等译. 北京：北京师范大学出版社，2019：235.

识的事实视为一种来自外部的（from outside）、被分离地给予的对象。与此相反，他倡导一种不同于以往的关于人的研究（human studies），这种研究的对象最初是从内部关涉地（from within）被给予的，是真实的且是一种生命之流（a living continuum）。● 狄尔泰认为体验是研究这种内在精神生活之链（the nexus of psychic life）的唯一方式。从这里我们看到了现象学以及具身性思想的源头。正如梅洛-庞蒂在《行为的结构》一书中所表达的："世界因为包含有生命，已不再是被各个彼此并列的部分充满的东西，而是在行为发生的地方的自身'塌陷'。"● "行为所发生的地方"不是一个可以被碎片化分解的东西，而是一个涌动生命能量的整体存在。

三、具身性思潮的结果：意识作为一个实体的消解

我们已经知道，笛卡尔通过普遍的怀疑确立了认识论的基础——毋庸置疑的"我"的存在。并将"我"等同于一个思维之物、一个理性、一个心灵。然而，受时代精神所限，笛卡尔将理性的起源归于上帝，即认为是上帝赋予"我"思想的能力。这种观念在近代哲学中表现为超越论的唯心主义哲学。唯心论者到那个绝对的精神主体中寻找认识的起源，并对描述这种精神主体更感兴趣，从而极力否认感官经验作为认识开端的合理性。超越论的唯心主义所设定的绝对主体虽然具有一种目的的统一性，但却"使世界不可理解地摇摆不定"●，它的主观主义表现形式特别违反我们的常识。另外，倡导认识起源于感官经验的经验主义哲学家却透过感官看到了一个自然的实在，并帮助实在论再次复兴起来。认识作为自然之镜的隐喻就是在这样的背景中形成了。詹姆斯正是看到了近代哲学中所隐含的这一认识论困境，才提出了彻底的经验主义思想。

首先，意识作为一个实体，或心灵、自我作为创造对象的绝对精神，其

● DILTHEY W. Descriptive Psychology and Historical Understanding［M］. ZANER R M，HEIGES K L（Trans.）. Hague：Martinus Nijhoff，1977：27.

● ［法］莫里斯·梅洛-庞蒂. 行为的结构［M］. 杨大春，张尧均，译. 北京：商务印书馆，2010：193-205.

● ［美］威廉·詹姆斯. 彻底的经验主义［M］. 庞景仁，译. 上海：上海人民出版社，2006：28.

确定性在具身性思维方式中受到了质疑。可以说，从笛卡尔开始，"我"作为一个精神存在或一个意识就已经被很多人所接受了，对精神实体的确信同我们对外部物体存在的确信一样是直觉的结果。古老的实在论以对外物直觉为根本，在世界的统一性上陷入矛盾。超越论的唯心主义以对"自我"的直觉为根本，却在常识的范畴里失去效力。前一种直觉已经在近代哲学的认识论转向中得到了批判，但后一种直觉却几乎是一切近代哲学在逻辑上陷入自相矛盾的来源。詹姆斯的彻底经验主义对这两种直觉都予以批判。特别是前一种直觉。在《"意识"存在吗?》一文中，詹姆斯引用了当时一位哲学家的观点作为这种直觉的表达："我们称之为意识经验之内容的东西都与一个以'自我'为名的中心有着这样的一种特殊关系，只有通过这种关系，内容才得以在主观上被给予，或者出现。"❶ 作为对这种观念的反对意见，詹姆斯提出，意识是不存在的，"那些死抱住意识不放的人，他们抱住的不过是一个回响，不过是正在消失的'灵魂'遗留在哲学的空气中的微弱的嘘声而已"❷。

詹姆斯所驳斥的这种意识被视为主观的构成物，或者是经验所由以镶嵌于其上的基底。对此，詹姆斯反证道，世界，不外乎知觉的世界和我思的世界，它们都是由一种可以被称为"纯粹经验"的素材所构成。纯粹经验既可以是客观的，也可以是主观的，它是什么取决于我们的谈论或涉及。当它"是平实无华的未经限定的现实性或存在"时，它仅仅"是一个简简单单的这"。传统哲学中对思想与事物的区分在这里显得不那么合乎逻辑了，詹姆斯说，我们不能说一个现时的尺子具有广延性，而一把想到的尺子则没有。因为"每一个有广延的物体的适当心理图画都必须具有物体本身的全部广延"❸。物理的或知觉的世界与所思的世界的区别不在于有没有广延，"而在于在两个世界里都存在的各种广延的各种关系"❹。因此，区别于物体的意识实体是虚构的，真正实在的是具体的思想，而思想和事物都是用同一种东西

❶ ［美］威廉·詹姆斯. 彻底的经验主义［M］. 庞景仁，译. 上海：上海人民出版社，2006：5.
❷ ［美］威廉·詹姆斯. 彻底的经验主义［M］. 庞景仁，译. 上海：上海人民出版社，2006：2.
❸ ［美］威廉·詹姆斯. 彻底的经验主义［M］. 庞景仁，译. 上海：上海人民出版社，2006：20.
❹ ［美］威廉·詹姆斯. 彻底的经验主义［M］. 庞景仁，译. 上海：上海人民出版社，2006：20.

做成的，即纯粹经验。对于后者，即意识被视为是经验所由以镶嵌于其上的基底，詹姆斯认为，"没有什么基底……经验本身，一般来说，可以从它的边缘上生长起来"❶。"普通的经验主义……一向倾向于抹杀事物的各种连结，强调事物的各种分离。……其结果自然促使理性主义去努力加上一些超验的统一者、一些实体、一些理智的范畴和力量，或者一些自我，来矫正它的各种不连贯性。"❷当我们如实地对待经验及经验的连结时，我们就不再需要某种高高在上的方式，或者说不再需要那个以自我为名的意识基底了。但是，"谁要是把意识这一概念从他的第一本原表里抹掉，谁就仍然必须设法以某种方式使这种职能得以行使"❸。这种职能就是认识的职能，即"为了说明事物不仅存在而且被报道，被知，就要把'意识'设定成为必要的条件"❹。不过，意识并非作为一个超越性的东西来实施其认识作用，所谓"认识作用实际上非常像是我们的生动活泼的生命的一个职能，又为什么一定要认为它是一种时间以外的静止的关系呢？"❺

同詹姆斯一样，在传统意识观念上，梅洛－庞蒂也持有一种批判的立场。这主要表现在他对包括胡塞尔在内的一切主观主义和唯心主义的改造上。梅洛－庞蒂说，现象学主张"回到事物本身"，"这种回归绝对不同于唯心论者（idealist）之回到意识"，唯心论者"借助'我不可能将任何东西领悟为存在着的，除非我首先在领悟活动中将自己经验为存在着的'，而将主体或意识分离出来"，同时这种纯意识的分析（noetic analysis）"将世界的基础建立在主体的综合活动上。……相信能够回头追溯先前构成性行为所遵循的道路，然后在'内在的人'中抵达一种总是被等同于内部自我的构成力"，而实际上，"真理并非仅仅'寓于''内在的人'，或者更准确地说，没有什么内在的人……我的存在永远不应该被削减为我对存在的光秃秃的觉知，而是应该再加入别人

---

❶ ［美］威廉·詹姆斯. 彻底的经验主义［M］. 庞景仁，译. 上海：上海人民出版社，2006：59.
❷ ［美］威廉·詹姆斯. 彻底的经验主义［M］. 庞景仁，译. 上海：上海人民出版社，2006：30.
❸ ［美］威廉·詹姆斯. 彻底的经验主义［M］. 庞景仁，译. 上海：上海人民出版社，2006：3.
❹ ［美］威廉·詹姆斯. 彻底的经验主义［M］. 庞景仁，译. 上海：上海人民出版社，2006：3.
❺ ［美］威廉·詹姆斯. 彻底的经验主义［M］. 庞景仁，译. 上海：上海人民出版社，2006：51.

可能拥有的对它的觉知，这样就包括我在某种自然中的化身"❶。正是在这个意义上，梅洛－庞蒂提示出所谓的具身性（embodiment），具身性思潮超越了近代哲学的认识论困境。

四、具身性思潮与认识的起源问题

传统哲学中作为一个实体的意识概念消解的同时，由这个意识所承载的认知主体的职能也就不复存在了，或者可以说认知过程并不像传统哲学所理解的那样，具有明确的主体和客体之分。那么我们如何看待和理解认识呢？詹姆斯说，如果我们将构成世界或一切事物的原始材料叫作"'纯粹经验'，那么我们就不难把认知作用解释成为纯粹经验的各个组成部分相互之间可以发生的一种特殊关系。这种关系……的一端变成知识的主体或担负者，知者，另一端变成所知的客体"❷。认识职能的承担者不再是经验世界中那个纯粹的自我或意识实体，而可能是任何一段经验。在知觉性经验中，"知者和所知是同一件经验"，它在这一个结构里是知者，而在另一个结构里是被知。詹姆斯用关于房屋的经验来加以说明。他说，房间－经验处于两个进程的交叉点上，沿着不同的路径进入两个结构中，一个是主体的个人传记，一个是房屋的历史。而认识的发生就是"某些外来的现象"以及"连结的特殊体验"加诸原初的影像之上，从而形成一种连续和不断确证的过程，即构成了一种认识空间。这样那个原初的影像才会"被叫作知道实在的知者"❸。"不论什么地方，只要这样的一些过渡被感觉到，那么第一个经验就认知最末一个经验。"❹ 因此，传统哲学中理性主义或超越论者所提出的"'一个'东西如何能认知'另外'一个东西这整个问题，在'另外性'本身是一个假象这样的一个世界里，就根本不再是一个真正的问题了"❺。

---

❶ MERLEAU－PONTY M. Phenomenology of Perception［M］. SMITH C（Trans.）. London：Routledge and Kegan Paul，1962：Ⅸ－Ⅻ.

❷ ［美］威廉·詹姆斯. 彻底的经验主义［M］. 庞景仁，译. 上海：上海人民出版社，2006：3.

❸ ［美］威廉·詹姆斯. 彻底的经验主义［M］. 庞景仁，译. 上海：上海人民出版社，2006：38.

❹ ［美］威廉·詹姆斯. 彻底的经验主义［M］. 庞景仁，译. 上海：上海人民出版社，2006：39.

❺ JAMES W. Essays in Radical Empiricism［M］. New York：Longman Green and Co.，1912：60.

实际上，一种具身性的思维方式通过对经验主义、理性主义以及超越论的批判而否定了认识起源中的人为性。经验主义将认识的起源设定在感觉上，然而在作为部分、元素的感觉如何形成整体的问题上，经验主义常常诉诸一些人为的联结机制。理性主义及超越论则借助于一种反思性活动力图在主体之中寻找认识的起源。相反，具身性思维方式是拥有这样一种观念的立场，即它期望肃清一切意识的污染，而回到一个未被扰动的本源。这个本源在詹姆斯看来就是纯粹经验，而在梅洛－庞蒂看来就是知觉。对此，詹姆斯和梅洛－庞蒂都谈到了反思的问题。詹姆斯认为反思具有一种人为分解经验之流的效力，他说："当反思的理智一旦工作起来，它就在流动过程中发现了一些不可理解的东西。它把经验的各个元素和各个部分区分出来，加给它们一些不同的名称，而像这样分割开来的东西，它就很难再把它们弄到一起了。"❶实际上，我们应该回到直接的生活之流，即纯粹经验之中去，因为是它"供给我们后来的反思与其概念性的范畴以材料"❷。

同样，梅洛－庞蒂认为，"当我开始反思时，我的反思就具有了一种非反思性的经验；此外，我的反思无法不将自己觉察为一个事件，这样，它在自己看来好像是循着一种真正的创造性活动，循着意识的一种变化的结构，然而，它不得不认出（recognize）……被赋给主体的世界，因为主体被赋给他自己。真实的东西必须被描述，而不是被建构或被形成"❸。因此，知觉不同于判断、活动或预见。"我的知觉场永远被颜色、声音以及转瞬即逝的触觉感受所充斥，我无法准确地将它们与我的清楚知觉到的世界背景关联起来，但是它们也是我无论如何都会立即'放入'世界之中的东西，而从来不会把它们与我的白日梦相混淆。"❹再者，我们无须判断就能够知道哪些是我们自己的构想，哪些是知觉的现实，"知觉不是一门关于世界的科学，它甚至都不是

❶ ［美］威廉·詹姆斯. 彻底的经验主义［M］. 庞景仁，译. 上海：上海人民出版社，2006：64.

❷ ［美］威廉·詹姆斯. 彻底的经验主义［M］. 庞景仁，译. 上海：上海人民出版社，2006：65.

❸ MERLEAU－PONTY M. Phenomenology of Perception［M］. SMITH C（Trans.）. London：Routledge and Kegan Paul，1962：X.

❹ MERLEAU－PONTY M. Phenomenology of Perception［M］. SMITH C（Trans.）. London：Routledge and Kegan Paul，1962：X.

一个活动（act），一种刻意采取的立场；它是所有活动（acts）从中突显出来并预先假定的背景"❶。由于"反思并非是从世界中撤退向着作为世界基础的意识统一体前进；它后退以观看像烟花一样绽放的超越性的形式；它松开将我们与世界联结起来的意向性之线，这样才能将之（意向性之线）带入我们的注意之中"❷。因此，真正的认识起源就不是那个反思所能达到的"绝对的心灵"，"彻底的反思"必须"发展成一种对其自己依赖于一种非反思性生活的意识"❸。以此为基础，梅洛－庞蒂构建了他的知觉现象学，把知觉视为一个具身性的过程，并从知觉中寻求认识的起源。

由此，梅洛－庞蒂通过修正胡塞尔现象学的唯心论倾向而将超越论现象学发展为一种存在论现象学。我们看到，梅洛－庞蒂的具身性思想是在深入考察笛卡尔的认识论逻辑和胡塞尔的超越论现象学的基础上提出的。如果脱离这一思想史的背景和线索，具身性的意义将不复存在。因此，所谓具身性思潮的主旨和动因必须在广阔的哲学背景中得到理解。一方面，具身性思维方式的形成是以近代以来的二元论思维方式为前提和基点，意欲融合二元论思维方式中心与身的分离；另一方面，通过批判并超越二元论思维方式，具身性思潮消解了二元论思维方式下的意识实体概念，解决了传统认识论的困惑和难题，并对传统哲学遗留下的认识起源问题给出了更具启发性的答案。同时，不能因为具身现象学是对笛卡尔认识论和胡塞尔超越论现象学的批判，就说具身现象学是优越于前两者的。不论是笛卡尔的二元论还是胡塞尔的超越论现象学，都各自构成人类思想发展历程中的一个有效的环节，而这一点是具身认知进路的提倡者们在最初没有意识到的，也最终决定了具身认知进路的命运。

---

❶ MERLEAU－PONTY M. Phenomenology of Perception ［M］. SMITH C（Trans.）. London：Routledge and Kegan Paul，1962：Ⅹ－Ⅺ.

❷ MERLEAU－PONTY M. Phenomenology of Perception ［M］. SMITH C（Trans.）. London：Routledge and Kegan Paul，1962：ⅩⅢ.

❸ MERLEAU－PONTY M. Phenomenology of Perception ［M］. SMITH C（Trans.）. London：Routledge and Kegan Paul，1962：ⅩⅣ.

第六章 具身认知进路的现在与未来

第一节 从认知科学与现象学的"联姻"
看方法论沙文主义的破除

认知心理学的更为广阔的研究背景是融合了哲学、心理学、脑科学、神经科学、计算机科学、语言学等诸多领域的认知科学。与认知心理学相比较，认知科学的研究视野显然要宽泛得多，因此受到追求科学身份这一动因的影响也不那么强烈。在研究方法上，认知科学的跨学科性质决定了其研究方法的多样性，尤其是在当代。不过，由于早期认知科学主要以认知心理学和人工智能领域为核心，为了凸显其与传统哲学认识论的差异，早期认知科学在方法上比较集中于实验法和各种技术手段。后来，随着心灵哲学、语言学等领域的渗透，认知科学的唯科学方法论立场就变得不那么鲜明了。

一、方法论的沙文主义

"沙文"一词来源于拿破仑手下的一个士兵尼古拉斯·沙文，此人对拿破仑极为崇拜，狂热地尊奉拿破仑对其他民族的征服，甚至在情感上自视优越并鄙视其他民族。后来人们用"沙文主义"意指那种极端的、过分的爱国主义。今天，沙文主义也用来泛指那些盲目热爱自己所处的团体，而对其他团体怀有恶意、鄙视和偏见情绪的立场、观点和态度。这里引用"沙文主义"一词来指称在心理学和认知科学中普遍存在的方法论上的情绪和态度。我们在第一章中曾经提到过，认知科学从其诞生开始就在方法论上有别于传统哲学的认识论，而具身认知进路虽意欲挑战早期认知科学的总体框架，但在研究方法上仍然延续了自行为主义时代以来的实证主义精神。因此，可以说直到 20 世纪 80 年代末 90 年代初，认知科学家们仍然极为崇尚实证科学的研究方法，而贬低哲学的、社会历史学的以及精神分析的方法。科学领域内对实证精神的普遍优越感构成了一种方法论的沙文主义。方法论沙文主义形成的主要动因我们已经在第三章详细阐述，即在 19 世纪传统哲学的危机背景下，一部分人认为哲学的危机就在于其形而上学的思辨方法的惰性和陈腐，从而试图用自然科学的方法来拯救哲学，由此酿成了一种对自然科学方法的盲目崇拜情绪。对哲学的科学改造最终成就了现代实验心理学，在现代心理学中心从德国转移到美国的同时，方法论沙文主义就在北美这块实用主义的土地上落地生根，并以行为主义运动作为其极端的形式表现出来。在认知革命发生后，信息加工心理学虽然批判行为主义的外周论，但却在很多方面延续着行为主义对心理学的规范❶，特别是其方法论的沙文主义。

二、认知科学与现象学的"联姻"

19 世纪哲学的危机之后，随着大陆哲学家最终通过批判传统哲学的二元论思维方式探索出现代哲学的真正出路，以探索意识的本质结构为主题的现象学名声斐然，并很快成为现代哲学中具有重大影响力的组成部分。然而，这种影响却因一种科学主义的追求而被屏蔽在心理科学和认知科学的界域之外。作为具身认知进路提出者之一的瓦雷拉等人，在 1991 年最初提出具身认知主张的时候，他们还没有认识到现象学的这种影响力。他们虽承认具身认知进路的灵感来自梅洛－庞蒂的具身性思想，但显然当时他们既没有充分地理解梅洛－庞蒂的具身现象学，也没有充分理解整个现象学的理论根基。他们将胡塞尔的现象学视为与西方哲学主流——理论反思的倾向相一致的东西而予以否定，认为现象学如果仍然以理性和反思作为主要的方法论追求，就

---

❶ ［美］T. H. 黎黑. 心理学史：心理学思想的主要趋势［M］. 刘恩久，宋月丽，骆大森，等译. 上海：上海译文出版社，1990：485－486.

不可避免地要面临失败。❶ 瓦雷拉等人对胡塞尔现象学的误解主要受休伯特·德雷福斯（Hubert Dreyfus）的影响。后来随着英语世界中一些现象学家（如Langsdorf、Marbach、Roy、Zahavi 等）对胡塞尔现象学的解释日益增多，人们展开了对德雷福斯现象学解读的批判，才使具身认知提倡者对现象学的误解和偏见逐渐消除。特别是著名的现象学家丹·扎哈维（Dan Zahavi）与具身认知进路早期的提倡者之一汤普森的合作，使现象学得以更好地为认知科学家们所理解，这促成了现象学与认知科学的"联姻"。

现象学与认知科学的"联姻"有两个突出的表现，一个是 1996 年瓦雷拉明确提出了神经现象学的研究方案，将现象学分析下的第一人称报告与第三人称神经生理学的和行为的数据相结合。关于神经现象学我们在第三章中已经有所评述，这里不再重复。单就瓦雷拉对现象学由否定到接纳的态度转变来看，足以说明在对人类意识经验的研究道路上，方法论的沙文主义已经有所松动。而埃文·汤普森在 2007 年独立出版的另一著作《生命中的心智：生物学、现象学和心智科学》则彻底抛弃了认知科学在方法论上的优越情结。这本书以一种异常开放的视角来看待和解释人类的意识经验，并将现象学的"第一人称视角"用作最有力的论证工具。书中，汤普森对梅洛－庞蒂和胡塞尔现象学的论证和解读充分展现了他对现象学的理解更加深入和准确。

值得注意的是，埃文·汤普森本人更为主要的是一位哲学家，或许他对现象学的接纳和解释相较于其他认知科学家而言是容易的和顺理成章的。不过，今天我们仍然可以欣喜地看到，认知科学在广泛地涉及多个学科领域的同时已经不再具有起源于 19 世纪的那种对科学方法的沙文主义情结。它将心灵哲学、现象学、语言学置于与神经科学、计算机科学同等重要的地位，并且加强了不同领域之间的合作和交流。从心理学到认知科学再到心智科学（the sciences of mind），其间变化的不仅仅是名称，还包含对人类意识经验的理解立场和研究方法的态度转变。不得不说，这是 21 世纪关于意识经验研究

---

❶　VARELA F，THOMPSON E，ROSCH E. The Embodied Mind：Cognitive Science and Human Experience［M］. Cambridge：MIT Press，1991：20.

的重大发展和进步。然而，与此同时还必须看到具身认知提倡者对现象学的把握虽然较以往有所提升，但在很多方面仍然是片面的，这种片面性主要导源于一种"拿来主义"的功利性动机。即当某个问题涉及现象学的具体内容，就将现象学借用来对该问题加以讨论，这决定了具身认知提倡者对现象学的解读只停留在实用的水平上，而不能从根本上把握现象学的主旨，其最为典型的表现就是具身认知提倡者对于现象学的研究方法仍存在误解。

在具身认知提倡者看来，现象学对于认知科学或心智科学之所以重要的一个主要原因就是，任何以人类心智作为研究对象的科学都要将意识和主体性作为考察内容，而现象学正是以仔细地描述、分析和解读人的鲜活的意识经验为主旨的。因此现象学可以引导和澄清对主体性和意识的科学研究。在瓦雷拉的神经现象学中，现象学正是作为能够提供一种关于第一人称的主体性经验的结构说明，"与来自第三人称的神经数据建模形成互惠约束"的。然而，这种互惠约束是瓦雷拉的一厢情愿，换句话说，瓦雷拉的神经动力学确实需要现象学的理论支持，但现象学未见得能够从神经动力学中获益。因为一种以现象学的观点为假设前提的实证研究，除了提供一种来自动力系统的话语方式之外，并没有给出任何超出现象学观点的新颖见解。这种研究甚至不如那些完全独立于现象学的神经学研究，因为独立的神经学研究并不受限于现象学对意识经验的结构说明，这种独立反倒能够提供更具价值的关于意识的神经相关物的参考。

当然，瓦雷拉为了避免被指过于依赖现象学，他采用了一种实验神经现象学的研究模式，强调了一种第一人称的方法，这种方法通过培养个体向自身经验呈现的能力，以在实验中报告他们是如何经验到他们的认知活动的。为了加强这种方法的可操作性，瓦雷拉等人特别指出，他们的实验神经现象学的被试一定是经过现象学训练的人，这种训练包括系统的注意力训练、正念训练和情绪的自我调节训练。显然，瓦雷拉认为，通过将这种第一人称的方法视为现象学的方法，或者说通过将现象学的方法仅限于第一人称的主体经验报告，就可以在实际研究中制造一种"互惠约束"的事实。然而，除去实验过程所承载的研究任务，这种被神经现象学的拥护者们所标榜的所谓第一人称的现象学方法❶，几乎与 100 多年前威廉·冯特的实验内省法无异。一个被试，即便接受过现象学的训练，如果仅仅是让他在实验过程中报告他的经验，也不足以提供真正的现象学说明。那么，为什么现象学有着其他科学或一般内省法所不具有的独特能力，从而提供出关于意识的本质说明？一种现象学的研究方法究竟是什么呢？

三、一种现象学的研究方法究竟意味着什么

通常，人们认为，现象学作为 20 世纪最重要的哲学运动之一，其最为突出的特点和最独特的核心就是它的方法。❷ 正如梅洛－庞蒂在《知觉现象学》的导言中所言："充满责任感的哲学家的想法一定是，现象学可以作为一种思维方式或样式来加以运用和认识。"❸ 现象学的研究首先是一种哲学研究，而哲学的本质是思考，是质疑，是揭示，是反思。对于现象学的创始人胡塞尔来说，他所要思考、质疑、揭示和反思的是 19 世纪近代哲学和科学共同陷入危机之中的深刻根源以及哲学的真正本性和目标。一种真正的哲学其目标是要理解人及其存在，显然自然科学所提供的对人的理解方式是不可取的，因为自然科学把人看成物理世界的一部分，这种理解已经日益激起普遍的不满甚至使欧洲人在其全部存在意义上陷入了危机。我们知道，胡塞尔现象学的一个突出的目标就是追求和建立一种真正的科学，这种科学以一种真实可信的确定性为基础。因此，胡塞尔主张，在我们进行任何有效的认识的开端，须将现有的由自然科学和近代哲学提供给我们的一切知识、一切看待事物的态度和方式悬搁起来，同时将由之形成的我们日常生活的观念和态度也一并悬搁起来。只有这样我们才能回到认识的起点，一个未受"污染"的世界，这就是直接经验的现象世界。因此，现象学才成为关注主体意识现象的领域。

❶ ［加］埃文·汤普森. 生命中的心智：生物学、现象学和心智科学 ［M］. 李恒威，李恒熙，徐燕，译. 杭州：浙江大学出版社，2013：287.

❷ ［美］赫伯特·施皮格伯格. 现象学运动 ［M］. 王炳文，张金言，译. 北京：商务印书馆，2011：889.

❸ MERLEAU–PONTY M. Phenomenology of Perception ［M］. SMITH C（Trans.）. London：Routledge and Kegan Paul，1962：viii.

可以看出的是，瓦雷拉的神经现象学主要参照的是胡塞尔在晚年提出的对超验主体的研究。胡塞尔将超验主体看作我们日常经验的整个世界甚至科学的整个世界的根源或"起源"。因此，只有经由一种反思才能够获得关于这个超验主体的本质结构。当然，现象学明确地反对那种"未经训练的无批判力的观察者的报告，因为一种细致的直观和如实的描述并不是一种当然的事情，它们需要高度的颖悟力、训练和认真的自我批评"❶。而且，现象学的反思绝对不能仅限于一种对私人的和个人现象的纯粹反思。"因为现象学的描述所处理的不仅是经验的主体方面，不仅是那些只有在对自身的反思活动中才能成为主题的主体行为与意向"❷，而且还处理那些不需要任何反思就出现在主体面前的经验对象。因此，现象学的反思在更多时候是一种回归到非反思的原初状态的反思。所谓现象学的直观，一方面表现在要排除一切旧有偏见的意义上，另一方面也表现在这种直观是一种本质的直观，即不仅只有个别的材料，特别是不只有感觉的材料是直接的所与，数学的洞察同样是一种直接直观，是一种对本质的直观。正是在这个意义上，胡塞尔明确反对实证主义将一切有效的知识都建立在经验基础上的做法。而且，需要注意到，胡塞尔试图通过反思在主体性的核心中发现客观本质的超越论现象学绝不是所有现象学家共同的追求，梅洛－庞蒂就曾经明确地质疑胡塞尔的纯意识反思，而提出一种意向性反思，即我们在反思的最后得到的不是一个纯粹的自我意识主体，而是一个有着特定对象内容的意识，"与产生对象相反，意向性反思使对象的基本统一性清晰起来"❸。

事实上，胡塞尔的现象学并非仅仅提供了一种关于主体意识的研究方法，作为哲学家，胡塞尔的现象学承担了建立一种普遍哲学之基础的伟大任务。因此，现象学的方法绝不仅仅是有意识的主体的简单内省，它广泛地包含了

---

❶ ［美］赫伯特·施皮格伯格. 现象学运动［M］. 王炳文，张金言，译. 北京：商务印书馆，2011：901.

❷ ［美］赫伯特·施皮格伯格. 现象学运动［M］. 王炳文，张金言，译. 北京：商务印书馆，2011：900.

❸ MERLEAU－PONTY M. Phenomenology of Perception［M］. SMITH C（Trans.）. London：Routledge and Kegan Paul, 1962：X.

历史的、逻辑的和哲学的方法。胡塞尔说，由于"我们这些人……是由伟大的过去时代的哲学家培养起来的人"，"是过去的继承人"，因此，"为了……达到一种彻底的自身理解，必须进行深入的历史的和批判的反思"❶。正如梅洛-庞蒂所言，"如果说曾有哪一种历史显示出应该对其作出解释的话，那就是哲学的历史。正是在我们自身中，而不是任何其他地方，我们发现了现象学的统一性和真正含义"❷。如此，现象学的一种更为典型的研究方法正是本质直观的方法在历史反思中的应用，它以人类思想史为考察对象，在对旧有的人类思想发展进程的考察中获得深刻的洞见。运用历史反思的方法，胡塞尔考察了自然科学的客观主义立场的思想起源，并以此确立了普遍悬搁的事实依据。同时，由于人的全部活动，既包括科学研究也包括哲学思考都是人的意识活动的结果，因此，现象学除了要反思以往思想进程的历史逻辑而获得近代哲学与科学陷入危机的根源之外，更为主要地以主体意识现象作为自己全部考察的核心和基本任务，建立起一种以揭示人的意义、人的真正存在为主要责任的真正的哲学。从一定意义上讲，现象学的这一方法适用于对任何学说、主张、观点、进路的批判性考察。

　　如果我们超出胡塞尔现象学的范围来探讨现象学的方法，现象学方法的内涵就会因外延的扩大而变得更加鲜明易察。正如施皮格伯格所言，使全部现象学者联合起来的是这样一个共同的信念，"即只有返回到直接直观这个最初的来源，回到由直接直观得来的对本质结构的洞察，我们才能运用伟大的哲学传统及其概念和问题；只有这样我们才能直观地阐明这些概念，才能在直观的基础上重新陈述这些问题，因而最终至少在原则上解决这些问题"❸。从根本而言，瓦雷拉的神经现象学是有违现象学的基本精神的。他不加反思地将查莫斯提出的"解释的鸿沟"视为前提，并试图用一种心-身耦合性方

---

❶ HUSSERL E. The Crisis of European Sciences and Transcendental Phenomenology［M］. CARR D（Trans.）. Evanston：Northwestern University Press，1970：17-18.

❷ MERLEAU-PONTY M. Phenomenology of Perception［M］. SMITH C（Trans.）. London：Routledge and Kegan Paul，1962：viii.

❸ ［美］赫伯特·施皮格伯格. 现象学运动［M］. 王炳文，张金言，译. 北京：商务印书馆，2011：38.

案来弥合这种解释的鸿沟。瓦雷拉的这一做法正是胡塞尔曾经予以批判的现代心理学所处的那种科学理念与经验方法之间的紧张关系。这种紧张关系显然与笛卡尔留传下来的对二元世界的研究任务密切相关，即一方面按照物理主义的方式将生命世界当作自然的一部分来研究，包括查莫斯所言的对脑的物理结构的研究，也包括瓦雷拉所进行的神经动力学的研究；另一方面，通过"内在的体验"的途径来研究心灵的任务，这种"内在的体验"就是心理学家关于他自己本身固有的主观东西的原初的内部体验，在查莫斯那里这意味着对意识经验的解释。同样对于瓦雷拉而言，人类经验的主体性质也是需要被理解的重要任务。胡塞尔认为，"只要心理学屈从于要建立一种有着严格方法的有关心－身经验知识的诱惑，并相信，凭借其确证的方法的可靠性，它已经实现了其科学意义"❶，那么"不管它具有多少实际的成果，不管有多少证明可靠的方法技巧在其中起支配作用"❷，它都不是真正的科学，不是那种在近代初期作为理性启蒙的科学精神的实现。因此，一种现象学的研究方法不是仅仅局限于对人类意识经验进行研究的局部方法，它与其他任何研究方法都不能构成互惠关系，而应该是一切科学研究内在所应具有的科学精神和普遍哲学基础。

四、心理学探索一条更为广阔的方法论路径之可能

关于实验法，国内学者在 20 世纪 60 年代就开展过讨论。1965 年 10 月 28 日，《光明日报》刊发了葛铭人的《这是研究心理学的科学方法和正确方向吗?》一文，文章针对当时的杭州大学陈立发表的三篇实验报告提出了几点批评，其中最为典型的是：（1）这种实验心理学研究的对象是经过抽象之后的心理现象，与实际发生的心理现象不同；（2）实验研究设计过于简单，因此没有实际意义。作为回应，陈立给出了一些解释并认为，科学研究没法不是

---

❶ HUSSERL E. The Crisis of European Sciences and Transcendental Phenomenology ［M］. CARR D （Trans.）. Evanston：Northwestern University Press，1970：214.

❷ HUSSERL E. The Crisis of European Sciences and Transcendental Phenomenology ［M］. CARR D （Trans.）. Evanston：Northwestern University Press，1970：213.

抽象的，他们的实验设计也是经过反复考虑的。尽管如此，陈立也表示，"葛铭人同志的批评，总的来说，……是击中了要害的"❶。另有学者在21世纪提出了对心理学实验法的一些诟病❷❸，这些都反映出实验法在心理学研究中的诸多问题。今天，在实验的认知心理学内部，人们更加注重研究的生态学效度，这是一种健康的发展走向，然而在实际操作中，受制于实验法本身的各种约束，认知心理学的研究多为细节性的、琐碎的认知片段，少有能够切中人的意识层面或生活层面的问题，更不必提及人的意义世界了。这样一种心理学显然是令人不满的。因此，如认知科学一样，心理学必须打破严格的方法论壁垒，探索一条更符合其本性的研究道路。

　　一门学科的研究方法在一定程度上取决于其学科性质。正是历史上对于心理学作为自然科学的尝试使得主流心理学一直以来都采用实验室实验法和数理统计的方法进行研究。然而，现代心理学的这一角色定位从一开始就是武断的，是在对自身本性不甚清晰的情况下盲目遵从自然科学典范的结果。正如西格蒙德·科克（Sigmund Koch）所言，"心理学从它的诞生之日起就如此与众不同：它在取得自己的知识内容之前，事先完成了对体制化存在地位的追求；它在澄清自己所研究问题的性质之前，事先就规定好了自己所要遵循的方法论程序"❹。心理学追求科学身份的动因是历史性的，然而，这一动因并未被今天心理学的从业者所认识，在国内尤其如此。实际上，受冯特思想的影响，大多数心理学家都认为心理学要保持其科学的属性必须采用自然科学的研究方法，这也就决定了心理学中的方法论沙文主义。如果心理学家们能够放眼于心理学之外，听一听康德对科学的界定，将有助于我们突破方法论的壁垒。康德说："任何一门学问，只要能构成一个系统，即一个按原则

---

❶　陈立. 对心理学中实验法的估价问题［J］. 心理科学通讯，1966（1）：32 - 34.

❷　刘庆明，姚本先. 论心理实验法的困境与出路［J］. 四川教育学院学报，2006（1）：34 - 35，38.

❸　曹洪霞. 实验室实验法存在的问题及解决方法［J］. 四川教育学院学报，2007（7）：28 - 29，32.

❹　转引自：高申春. 心理学的困境与心理学家的出路——论西格蒙·科克及其心理学道路的典范意义［J］. 社会科学战线，2010（1）：34 - 39.

而被组织起来的知识的整体，都可称为‘科学’。"❶ 因此，一个领域是否可称为科学不是由其采用的方法决定的，而是取决于其所研究的问题，以及由这些问题所带来的一系列系统的知识结构。

当然，心理学发展至今天就人类心理及行为问题的回答莫衷一是，但心理学的确提供了一套系统的知识体系，并在一定程度上有助于我们认识和理解人性。然而，这一套知识体系显然不是单一地来自实验室，甚至可以说，绝大多数都出自非实验心理学家。心理学作为科学的角色更多来自像精神分析、人本主义这样的将心理学设定为人文科学的研究立场。那么，一门学科是自然科学还是人文科学的判定标准是什么呢？思想史上有不同的看法，如文德尔班认为自然科学与人文科学的对立就在于方法上的对立，李凯尔特进一步将此发展为自然科学寻求普遍的法则概念，而人文科学寻求普遍的价值概念的观点；19世纪，在哲学等非自然科学的领域还掀起了一股心理主义的热潮，这股热潮显然以这样一种立场为出发点，即认为相比于自然科学以数学为基础，全部人文科学都必然关涉人类的心理过程，因此，心理学应该是所有人文科学的基础，这种观点以布伦塔诺和胡塞尔为典型代表；另有卡西尔的区分，认为自然科学与人文科学所应对的对象是不同的，自然科学努力在主体间寻求客观的对象世界，而人文科学则应对的是包含意义、价值的位格世界，前者是感知到的，后者是表达而出的。按照关子尹先生的解读，如果一个学科其关注的终极对象不外乎是人类的心智活动，那么，它便当属人文科学，❷ 因此，从这个意义来讲，心理学在本质上理应是人文科学。

然而问题并不这么简单，自然科学与人文科学的分野只是原则和逻辑上的，却不是事实上的。像心理学这样的包含诸多种类问题的学科，这些问题包括心理的起源和个体发生、心理的神经相关物、个体心理与群体心理等，特别是当考虑文化的因素之后，心理学显然很难成为具有单一性质的科学，

---

❶ 转引自：［德］恩斯特·卡西尔. 人文科学的逻辑［M］. 关子尹，译. 上海：上海译文出版社，2013：译者序.

❷ ［德］恩斯特·卡西尔. 人文科学的逻辑［M］. 关子尹，译. 上海：上海译文出版社，2013：译者序.

并且在当代人文科学的研究背景下，心理学很有可能在具体的研究主题中被拆解成不同的亚类，这些亚类已经作为一些独立的学科存在，如语言学、文化人类学、宗教心理学等。今天，由于这种拆解，心理学在基础研究层面成为一个狭窄的领域，很多对心理学的人文部分感兴趣的学者最终不得不放弃心理学者的身份，当然，如果以问题为核心，那么学者的学科身份是无须计较的，但是就一个学科的构建和发展而言，这种拆解和远离不利于学科本身知识体系的完善，学科性质的定位也是不合理的。因此，心理学必须加强学科本体论和方法论的研究，充分将当代人文科学的研究方法加以吸收，探索一条更广阔的方法论路径。

第二节　心智的离身性、具身性与超越性

一、笛卡尔二元论中心智的离身性与超越性

从第五章我们对笛卡尔二元论的逻辑追踪中可以看出，在笛卡尔的二元论体系中，确立了心灵（mind）在本质和属性上区别于物质实体的观念，这种区分在一定程度上加强了心灵的独立性地位。在近代初期那个自然科学意欲以唯物论战胜宗教神学灵魂独立说的时代，二元论显然在很大程度上保全了心灵的实在性，这是对近代初期所盛行的自然主义态度的一种防御性反应。那么，今天我们应该如何看待笛卡尔的这种心智独立性观念呢？显然，笛卡尔并没有主张心灵在素朴存在论的意义上能够离开身体。在他的《第一哲学沉思录》中明确地表达了这样的观念："我出现在我的身体中，就像一名舵手出现在船只上，不仅如此，我最为紧密地与之相联，也就是说，与之混合在一起，以至于我与身体构成了一个事物。"❶ 笛卡尔甚至在认识论的意义上也否定了心灵与身体的分离性，即身体绝不是受我认识的一个他物，它是和我

---

❶ DESCARTES R. Discourse on Method and Meditations on First Philosophy ［M］. CRESS D A（Trans.）. Indianapolis：Hackett Publishing Company，1998：98.

紧密连接在一起并且能够被我直接感受和体验到的东西。否则，"我作为仅仅是思维之物的那个人，当身体受伤时，将不会感觉到疼痛；或者毋宁说，我将通过纯理智手段来觉察伤口，就像舵手通过观察来判断他的船只是否有损坏。当身体需要食物或饮料时，我会明确地对此加以理解，而不是对饥饿和口渴的感觉感到困惑。因为显然这些口渴、饥饿、疼痛等感觉不是别的，……它就是心灵和身体的混合"❶。

因此，在笛卡尔的观念中，心灵与身体既是相互区别的又是紧密结合在一起的。其离身性观念就表现在他将身体与心灵视为两个不同的实体：即便这两个实体是不可分离的，但仍是不同的；即便是混合的，但仍不能合而为一。物质的身体包括脑必须经由松果体来向心灵转换，特别是笛卡尔将心灵的本质视为理性、思想、思维，而理性的来源是某种先验的理性——上帝，这样心灵就与拥有感觉的身体几乎没有什么关系了。因此，整个具身性哲学思潮便以此作为批判笛卡尔二元论的契机，确立人类理性的身体经验根基。然而，在确定这一根基之后，人们似乎不得不承认人类理性对身体经验的超越性质。笛卡尔的心灵实体概念表达出人类拥有一种超越个别经验和身体经验的认识能力，不论这种认识能力是被称为理性还是被称为本质的直观，它都不仅仅只停留在身体性经验的水平上。从这一点来说，笛卡尔心灵观念所具有的离身性同时也是一种超越性。

当然，离身性这个词来源于具身认知提倡者莱考夫和约翰逊。为了能够与早期认知科学划清界限，并标明一种新的认知科学所具有的开创性，他们将自己所主张的新的认知科学称为具身认知科学，而将早期认知科学的心智观视为离身的。同时，为了取得一种思想逻辑的理论支持，他们认为具身认知的观念以梅洛－庞蒂的现象学为基础，而早期认知科学则是以笛卡尔的二元论哲学为基础。由于梅洛－庞蒂的现象学思想致力于批判笛卡尔的二元论，因此，具身认知科学便取得了批判离身的认知科学的权力和资格。在莱考夫

---

❶ DESCARTES R. Discourse on Method and Meditations on First Philosophy ［M］. CRESS D A（Trans.）. Indianapolis：Hackett Publishing Company，1998：98.

和约翰逊看来，早期认知科学将心智看成离身的，因为，它不顾心智的生物学起源这一事实，将心智类比为运行于计算机当中的程序，并在符号加工的亚人层次上寻找认识的起源，既在心脑关系问题上是离身的，也在脑与身体的生物学关系上、心智与身体经验的关系上是离身的。心智具身性观念的核心主张就是强调身体性经验在心智的形成和发展过程中所具有的重要作用。因此，心智具身性的观念可能只是一种关于人类经验起源的学说。如果说达尔文的生物进化论提供了生物有机体在生物学性状上的起源说明，那么心智具身性的主张可以被看作主体经验的进化论。它致力于为我们描述人类理智现象的由来，而不是把理智视为上帝或先验的构成物。然而，这种起源性说明并不能否认理智现象本身的存在及其超越性质，就如生物进化论不能否认作为进化结果的完善的生命机制较其低级形态具有超越性一样。

二、从梅洛－庞蒂的具身性思想看具身性思维方式的地位

我们在第五章曾提到，梅洛－庞蒂的具身性思想是在修正胡塞尔超越论现象学的基础上发展而来的。这样的表述很容易造成一种误解，似乎梅洛－庞蒂的具身性思想要比胡塞尔的现象学更优越和先进。具身认知进路的提倡者早年看待胡塞尔的态度正是受到这种现象学发展轨迹的误导，从而对胡塞尔现象学思想持否定态度。后来，具身认知提倡者在转变了对胡塞尔现象学的观念之后，又未加任何说明地同时采用梅洛－庞蒂和胡塞尔二者的思想，就现象学所具有的那种批判精神而言，这种做法是有欠妥当的，而且也是与现象学的主张相违背的。事实上，胡塞尔的超越论现象学思想与整个具身性思维方式存在着一种初看起来对立的倾向，如果不对此加以厘清，不仅没有理由将二者同时用于对问题的探讨，而且也无法把握他们各自的思想逻辑。

我们知道，梅洛－庞蒂在晚期的著作中表述出对胡塞尔现象学体系越来越多的批评意见，如他对胡塞尔本质直观概念的批判和抛弃，对意向性概念的怀疑等，而所有这些批评不能不说是他具身性思想的彻底化。我们前文已经指出包括梅洛－庞蒂在内的具身性思维方式的一个重要的主旨就是要在超

越二元论思维方式的同时为认识提供一个起源。对于胡塞尔来说，现象的开端是一个以意识的本质直观为前提和背景的说明任务，即一切现象都要在主体意识的参照系中获得解释和说明，而具身性思维方式必须抛弃任何先在的前提来解释现象，包括意识这个前提，甚至要解释这个先在前提的起源。所以梅洛－庞蒂的"计划是'一切都从头做起，将自己安置在这些方法❶还未曾使用过的地方（即尚未被加工过的经验中）'"❷。这样，梅洛－庞蒂就为自己的哲学树立了全部努力的标杆。

然而，梅洛－庞蒂为全部现象所提供的基础、起源和开端并不能以牺牲经验（特别是詹姆斯提供的纯粹经验）的最高成就为代价。同样，具身性思维方式所批判的主－客对立也不能取消主观与客观在人的认识领域或现象世界中所具有的区分性职能。因为提供一种起源性的说明并不是使任何东西都停留于未决的状态。著名的现象学运动研究者施皮格伯格对梅洛－庞蒂的思想提出了质疑："将梅洛－庞蒂的思想说成是暧昧的哲学是有些过分了。尽管如此，在他的现象学中确实有一种倾向，即使现象停留于一种不确定的状态之中，其结果就是将争论的问题和结论都弄得模糊不清了。"❸

梅洛－庞蒂对胡塞尔现象学的改造还表现在修正其唯心论的倾向上。对此，我们在第五章中已经有所论述，这里需要指出的是，梅洛－庞蒂通过意向性反思的概念批评胡塞尔的纯意识反思，梅洛－庞蒂说，在反思的尽头我们看到的是主体的在世存在，而不是一个纯粹的意识主体。这是梅洛－庞蒂现象学最具特色的内容。他试图通过"将人的实存与人的实存借以得到'体现'的身体看成是一个东西，……将现象学导入生活和研究的具体混合之中"，从而使现象学更好地发挥作用。"但是人们可能会问，将实存与身体看成是同一的，是否有时会为换取参与可能适当也可能不适当的各种各样事业的可疑的机会，而有接近于出卖现象学与生俱来的权利的危险。更严格地说，

---

❶ 指哲学提问的方法。

❷ 转引自：［美］赫伯特·施皮格伯格. 现象学运动［M］. 王炳文，张金言，译. 北京：商务印书馆，2011：766.

❸ ［美］赫伯特·施皮格伯格. 现象学运动［M］. 王炳文，张金言，译. 北京：商务印书馆，2011：759.

这种投入到身体中和投入到历史中，在多大程度上允许现象学从必要的距离上观察自己？如果现象学不再能将自己从对现象的'投入'中分离出来，那么它如何还有可能存在？"❶ "'出现在世界之中'乍看上去是用中性的材料取代我思的相当有独创性的方法，这种中性的材料最终将在认识论未能填补的主体与客体之间的裂隙上架起桥梁。但事实果真如此吗？在什么意义上我们果真可以断言我们是在与世界接触呢？如果我们不想做一个独断论者，做出这种断言的代价难道不就是将我们关于世界的概念从某种存在着的东西（不论我们是否与它接触）下降到某种我们被插入其中的东西吗？作为这样的世界就变成梅洛－庞蒂有时称作'间世界'（intermonde）的东西。"❷ "但是如果这个世界实际上就是唯一的世界，那么我们有权利谈论什么呢？……一旦我们停止与世界接触，这个'世界'还将留下什么。简单地断言我们出现在世界中，这似乎是想要以快刀斩乱麻的办法了解问题，而不是解决问题。但是梅洛－庞蒂的刀有足够大的力量这样做吗？"❸

也许，梅洛－庞蒂的具身性现象学意在用一种更为彻底的反思精神告知我们那种经常逃离我的身体经验是一切理智活动的背景和条件，正是因为一种在世存在的意向性使心智既内嵌于身体，又不断地超越身体。因此，梅洛－庞蒂的具身性现象学并不是优于胡塞尔现象学的更好选择，二者之间的关系并非替代与被替代的关系。一种具身性的意识观念为超越性的意识提供了一个根基和起源。然而，一个具有身体起源的意识并不意味着它需要时时刻刻沉浸于身体与世界的交换之中，意识一经从在世存在的身体中成长起来，它所拥有的意向性就使其具有一种超越身体经验的倾向。

---

❶　[美] 赫伯特·施皮格伯格. 现象学运动 [M]. 王炳文，张金言，译. 北京：商务印书馆，2011：758.

❷　[美] 赫伯特·施皮格伯格. 现象学运动 [M]. 王炳文，张金言，译. 北京：商务印书馆，2011：749.

❸　[美] 赫伯特·施皮格伯格. 现象学运动 [M]. 王炳文，张金言，译. 北京：商务印书馆，2011：749.

第三节　具身认知进路的现状

在当代，以心智的具身性为主题的认知研究，除了前文提到的瓦雷拉的神经现象学，还有瓦雷拉与汤普森在新世纪初共同提倡的具身－生成进路，威尔逊的认知－情境嵌入模式以及一些强调身体体验在认知判断和思维中作用的实证研究。在具身认知风生水起的研究浪潮中，我们需要分辨哪些研究符合具身性概念的真正内涵，真正属于具身性思潮，哪些是对具身性概念的误解和过分泛化。有些研究虽然出于追逐学术潮流的目的被冠以具身性头衔，但实际上根本无关乎具身性思潮的理论主旨，甚至与具身性观念背道而驰。我们在本书的好几处都讨论了神经现象学，从总体来看，基本可以确定神经现象学不仅不符合现象学的主旨，而且也与具身性思潮相去甚远，其唯一存在的价值仅在于为神经科学的数据提供现象学的解释模板。而如果考虑神经科学对自治性的要求的话，这一价值也就微乎其微了。威尔逊的认知－情境嵌入模型我们在本书的第二章也有提及，这里不再赘述。除此之外，瓦雷拉与汤普森的具身－生成进路从生物进化的起点开始说明主体性的起源，结合对现象学的阐释力图给出一个关于心智由来的说明，可以被视为具身认知进路的一个较有前途的研究方向。具身－生成进路在研究方法上突破了传统认知科学的实证主义纲领，在研究主题上对心智的起源进行考量，亦可视为对具身性思潮的进一步推进。同时，这一进路在对现象学的吸纳上表现出了极具开放性的姿态，并为未来心智科学研究的整合奠定了可能性基础。这里我们的目的不是重新讨论具身认知进路的研究模式，而是要通过前面几章的论述来对当今具身认知研究的热潮进行审视，同时指出这一曾经声称具有革命性质的心智研究进路在今天如何与它竭力批判的标准认知科学和现象学共处。

一、对心智具身性观念的一个误解：心灵与身体的因果关系

依据整个具身性思潮的主旨，有两个重要的判断标准是需要予以考量的。首先，是否只要提到身体就是具身性观念的表现？通过第四章我们对现代哲

学的具身性思潮的追溯可知，具身性思潮对身体的重视主要是将身体作为体验的主体，并强调身体性经验，而不是客观的可观察的、那个生理的或物理的身体。其次，对身体性经验的强调意在说明一种前反思的自我觉知的存在，即通过对认识的先验理性起源进行批判，具身性思潮将认识的起点归结为纯粹经验或身体性经验。如果脱离心智起源的主旨而无限夸大身体经验的认知意义或心智意义，则会导致一种极端主义的错误。

从前面的论述可知，具身性思维方式所着力阐释的身体概念绝不是通常意义上的物理的、生理的身体，具身性思维方式也绝不是单纯地强调我们的心灵或认知受身体的影响和作用。因为这个强调没有任何意义。就如"苏格拉底惯常在雪地里终日沉思，而笛卡尔的头脑只当他身暖时才起作用"❶ 一样，谁会否认健康舒适的身体体验是一切可能的思想活动的条件和背景呢？但在现有的具身认知研究中仍然存在一个明显的误解，就是将"心智是具身的"这一主张理解为"身体状态对认知过程的影响"。一些研究者所做的研究似乎旨在表明，"心智是具身的"这一假设可以通过身体状态对认知过程的影响作用来验证。这种误解将具身性的核心范畴——身体经验与认知过程的关系理解为一种因果作用，将传统哲学和传统心理学中意识或心灵对身体的因果支配作用倒转过来，这与整个具身性思潮的主张相去甚远，甚至是相对立的。从根本而言，造成这种误解的原因仍然是受笛卡尔二元论影响的近代以来的自然科学思维方式，这种思维方式将身体理解为生理的或物理的实在，是与心灵不同的实体。因此，从一个实体向另一个实体的转变就被视为一种因果作用。在一种因果作用中理解意识或心灵与身体的关系违背了具身性哲学思潮的根本逻辑，就好像在身体之中仍然存在着某个相对独立的心灵一样。实际上，在以梅洛－庞蒂为代表的具身性思潮中，我就是我的身体，我的身体的姿态与我的认知判断不是一致的，而是同一的。所以，当我被要求摇头时，我不是因为摇头而产生了否定的态度，而是摇头本身内在固有一种否定

❶ RUSSELL B. The History of Western Philosophy ［M］. New York：Simon and Schuster, Inc. , 1945：492.

的态度。反过来，我的否定态度如果需要表达，一定是表达为摇头，或者在某些文化中表现为点头。不管怎样，身体姿态本身就是认知。同理，我的表情与情绪体验同样是不可分离的，二者的关系亦不是因果的，不是因为我快乐所以我微笑，也不是因为我微笑所以我感觉到快乐，而是微笑与快乐内在地、同一地存在着。一个正在愠怒的人，无论如何表达不出一个自然的微笑，他的伪装会被一眼识破。

早在梅洛－庞蒂写作《行为的结构》一书时，他就对心灵与身体的因果作用进行了批判性分析。梅洛－庞蒂认为，说心灵"作用于"身体这一表达是不适当的，因为"身体不是一部封闭的、心灵只从外面作用于它的机器"❶。身体绝不是受我认识的一个他物，它是和我紧密连接在一起并且能够被我直接感受和体验到的东西。否则，"我作为仅仅是思维之物的那个人，当身体受伤时，将不会感觉到疼痛；或者毋宁说，我将通过纯理智手段来觉察伤口，就像舵手通过观察来判断他的船只是否有损坏。当身体需要食物或饮料时，我会明确地对此加以理解，而不是对饥饿和口渴的感觉感到困惑。因为显然这些口渴、饥饿、疼痛等感觉不是别的，……它就是心灵和身体的混合"❷。出于同样的原因，将这一因果关系倒转过来说身体"作用于"心灵也是不适当的。一种视觉的偏差可能会决定个体看到一个与众不同的世界，但是在艺术家或哲学家的沉思之中，这种视觉偏差可能会获得一种普遍的意义，从而成为他洞察人类生存的某一"方面"的契机。因此"当某些难以纠正的身体特性被整合到我们的经验整体中时，它们在我们这里就不再具有作为原因的地位"❸。我们不是被动地受我们的身体的限制，我们有一种将自身的特性揭示为普遍存在意义的能力，个体不会让他孤立的行为系统在他自身中起作用，在这个范畴里，心灵与身体不再被区别开来。

---

❶ ［法］莫里斯·梅洛－庞蒂. 行为的结构［M］. 杨大春，张尧均，译. 北京：商务印书馆，2010：296.

❷ DESCARTES R. Discourse on Method and Meditations on First Philosophy［M］. CRESS D A (Trans.). Indianapolis: Hackett Publishing Company, 1998：98.

❸ ［法］莫里斯·梅洛－庞蒂. 行为的结构［M］. 杨大春，张尧均，译. 北京：商务印书馆，2010：297.

二、当代具身认知进路与标准认知科学

在具身认知进路的挑战下，标准认知科学的很多问题被激发出来，如基于数理逻辑和二进制编码的计算机符号表征问题，计算能否算得上是一种心智和认知问题？人类心智的更为本质的属性是什么？心脑关系的程序隐喻是否恰当？等等。具身认知进路激发我们思考未来在计算机科学与人类心智研究领域之间或许不再是双向的互相启发关系，而有可能是一种单向的启发作用，即有关人类心智本质的研究对计算机领域或人工智能领域产生影响。如果这样，那么，具身认知进路对标准认知科学的很多批评将被消解。如具身认知进路曾指责标准认知科学的表征概念将心智视为"自然之镜"，这是基于计算机科学领域将符号的表征和计算过程用于对人类认知的解释。但如果这种类比关系被切断，表征概念所受到的质疑就不再有效了，因为对于计算机而言，符号所表征的根本不是外在世界本身，而是人类理解的世界。计算机科学家的所有努力都是致力于将人类的经验世界转换成计算机的二进制编码，并用计算机语言来实现编码之间的转换或计算。当然，表征概念也并非完全不适用于人类心智，但是人们可能要明确表征概念的所指。就人类使用的语言来讲，语言本身也是一种符号，同样，这种符号表征的也不是自然世界本身，而是人类经验中的自然世界，更简单地说，语言所表征的是人类经验，至于人类经验和自然世界的关系则是另一个问题了。吉布森的知觉生态理论恰恰是对后一问题的解释。当然，这其中认知可能在几个水平上都有发生。

心智的计算机隐喻所带来的另一个问题是，如果人类心智与计算机的符号计算过程一样，那么一种亚人水平的解释层次就是可行的。受梅洛－庞蒂具身现象学思想的影响，具身认知进路直指这一问题的中心，致力于批判传统主客、心身二元论，并力图说明心智的身体经验起源，并认为认知导源于身体经验的感知运动循环系统，而不是符号的表征与转换，在这一点上人类心智与动物心智是连续的。在一定程度上，具身认知进路的这一质疑确实是命中要害的。但是，认知导源于身体经验的强调似乎也要在恰当的水平上，因为人类心智的重要特征的确与语言符号的中介作用有关，尽管人类的语言

有其"符号接地"的感知运动机制或意义的具身性，如我们在判断"爬铅笔"这句话是否有意义时，会参照"有像我们这样身躯的有机体能否在铅笔上爬行"来判断，但绝大多数语言可能没有这样的身体参照，我们如何运用身体参照来理解"认知科学的研究领域"这一词组呢？因此，人类语言的丰富性和不同的抽象水平似乎预示了，在研究主题上，具身认知进路仍然需要说明人类心智在哪些方面区别于动物心智，人类心智是如何在身体经验的感知运动水平上逐渐发展出一些高级的形态，那些高级形态能否在某种意义上被称为离身的？至于克拉克的延展认知概念似乎力图融合认知的具身性与符号的表征性和计算性，但却以丢失认知本身的核心本质为代价，最终将认知与认知工具或认知媒介以及认识发生的背景相混淆。❶❷

三、当代具身认知进路与现象学

不论最初具身认知进路对现象学有哪些误解，一个不可否认的事实是，具身认知进路将现象学引入科学的视野中。这不仅促进了认知科学和实验心理学领域中人们对现象学的广泛关注和研究，也促进了人类心智的研究方法和研究视角的多元化。然而，现象学可不是拯救科学的友好使者。从根本而言，现象学正是从对科学主义的批判中发展而来的。正如梅洛－庞蒂所言，现象学"从一开始就是对科学的反思"❸。这种反思掘开了科学的安身立命之所。随着人们越来越了解现象学，现象学与科学之间的这种紧张关系就将变得越发清晰起来。现象学出现在科学视野中对于科学而言无论如何都将是颠覆性的，而这一点并没有被具身认知进路的提倡者们所意识到。当然，我们这里所说的科学意指狭义的自然科学。不管怎样，在现象学的观照下，人们对科学视野中有关人类心智的见解产生的质疑可以获得更为清晰的评判。同

---

❶ 刘志斌，高申春. 具身视域下的延展认知及其反思［J］. 西南民族大学学报（人文社会科学版），2016（3）：218－221.

❷ ADAMS F, AIZAWA K. The Bounds of Cognition［J］. Philosophical Psychology, 2001, 14：43－64.

❸ MERLEAU－PONTY M. Phenomenology of Perception［M］. SMITH C（Trans.）. London：Routledge and Kegan Paul, 1962：Ⅷ.

时，科学对自身所具有的承载人类认识任务的秉性也不会使其因此关上对现象学的欢迎之门。在现象学的严苛拷问下，科学的自觉性会不断提高，其姿态也必将越来越谦逊和谨慎起来。从这一点来说，现象学对科学的颠覆性也具有建设性。

从具身认知进路的发展现状来看，瓦雷拉与汤普森的具身－生成进路从生物进化的起点开始说明主体性的起源，结合对现象学的阐释力图给出一个关于心智由来的说明，可以被视为具身认知进路的一个较有前途的研究方向。在瓦雷拉去世之后，汤普森独立开拓的具身－生成进路在研究方法上突破了传统认知科学的实证主义纲领，在研究主题上对心智的起源进行考量，亦可视为对现代哲学中具身性思潮的进一步推进。同时，这一进路在对现象学的吸纳上表现出了包容性的姿态，并为心智科学研究的整合奠定了可能性基础。今天，对人类心智的研究成为一个极具开放性的领域，它突破了以往壁垒森严的哲学、生物学、心理学、计算机科学、语言学等学科界限，使这些领域被统一在心智科学的旗帜之下。作为一个高度整合性的视野和思想方式，心智科学将更具历史性和自觉性地提供出关于人类心智的解释。

第四节　具身认知科学的未来

一、具身认知理念下教育教学改革的可能与限度

近年来，具身认知被视为一股新势力和新取向在教育教学中引发了一系列应用领域的革新性尝试。人们在批判传统所谓"离身"教学形态的基础上，努力探索以具身认知为指导思想的课堂教学改革及学习环境的创设等。然而，任何一种理论主张，即便代表了时代前沿，要想应用于教育教学过程，都需要首先明晰该理论的真正动因，再经过详细的论证，才不会造成教育教学的失误。教育是培养人的活动，盲目地改革和创新，带来的是对人的影响，差之毫厘，失之千里。

认知科学中的具身认知进路是现代哲学中具身性思潮的支流，具身性思

潮和具身认知进路都旨在解释高阶心智的起源和由来。就具身认知进路而言，它发端于语言学中关于语义理解机制的解释。在更广泛的意义上，现代具身性哲学思潮以批判笛卡尔的二元论和解决其遗留的"理性从何而来"问题为背景，旨在通过揭示身体的现象性，以说明心智的起源和由来。所谓身体的现象性意指，身体不能被简单地等同于物理世界的客观实体，它必须被纳入主体的感知、经验世界，在心智发生和发展过程中，被主体感受着的身体扮演着极其重要的角色。很多研究已揭示，心智、语言、知觉、意识都起源于身体经验。认知科学的具身认知进路同样旨在说明认知过程，包括言语的理解以及与身体经验的密切关系。因此，心智的具身性观念是一种关于人类心智起源的学说。如果说达尔文的生物进化论提供了生物有机体在生物学性状上的起源说明，那么心智的具身性主张可以被看作主体经验的进化论。它致力于为我们描述人类理智现象的开端，而不是把其视为某种先验的构成物。

认知科学中的具身认知进路旨在提供心智的发生起点和基础，以便在人工智能上取得新的进步。哲学思潮中关于心智的具身性观点旨在从现象视角看待身体，以解决心身二元对立的矛盾，确立心身统一观。因此，从具身认知的兴起来看，其更为根本的是关于认识起源的一种观点，当然在这种观点被加以论述展开的过程中，也发展出知识论、认识论和系统论。这些理论激发了人们关于人类认识与人工智能的区别、课堂教学过程的改进、教育内容体系的调整等反思。

（一）具身认知理念下的教育教学观对传统教育的批评

在具身认知席卷全球的大背景下，教育教学领域掀起了一股新的改革浪潮。研究者认为，传统教育以早期符号主义认知科学为理论范式，凸显了学习过程的离身性、封闭性和预设性，使课堂教学过程陷入困境。而作为第二代认知科学的具身认知理论强调认知过程的涉身性、体验性、情境性和生成性，这种认知观与教育教学中所倡导的学生主体性、参与性和技术拓展性相契合，因此在认知科学中发生的具身认知革命可作为教学改革的样板，以驱动和促进传统教学形态的转化。在与具身认知理念对比的基础上，部分研究者将以往的教育教学过程与第一代认知科学联系起来，认为传统教育教学形态具有相应的一些缺陷，而具身认知理念下的教育教学过程将打破固有的困境，促进教育教学的科学化。以具身认知为理念的教育教学改革主要讨论了以下三个问题。

1. 学习是头脑中的事件，还是需要有身体的参与？

持有具身认知理念的教育研究者们认为，传统课堂教学以理性主义为理念支持，把学习过程看成精神实体内在认知的形成、重组和使用过程，或是头脑中的符号表征、编码和加工过程。这种认知主义的学习观忽视了身体在学习过程中的作用，甚至认为身体会干扰和阻抑抽象知识的学习，是一种离身式的教学思维方式。[1] 正如经典认知科学将认知视为符号表征和计算的过程，把学习当成发生在"脖颈以上"的无身学习一样，传统教育忽视甚至抑制学生的身体体验，使身体长期处于被压抑和规训的地位，削弱了学生的能动性、主体参与性。根据具身认知理论，心智起源于身体经验，并受身体的塑造，因此认知过程的组成成分绝非仅有大脑，还有身体甚至外界环境的参与，须倡导教育教学过程中对身体参与的重视，为身体经验参与学习创造技术条件。[2]

然而，这种对以往教育教学过程的批判其实并不准确。如果以具身认知兴起的 20 世纪 80 年代为时间节点，将之前的教育教学视为传统观点，那么，所谓传统的教育教学理论观点中不乏对身体经验的强调。例如，奥苏贝尔（Ausubel）在 20 世纪 60 年代提出有意义的学习理论中包含了实验室的实验学习过程[3]，皮亚杰（Piaget）在 20 世纪 20 年代后逐步提出的认识发展阶段论也指出，头脑中的认知图式源于个体早期的感知运动经验[4]，加涅（Gagne）

---

[1] 邱关军. 从离身到具身：当代教学思维方式的转型 [J]. 教育理论与实践，2013，33（1）：61－64.

[2] 郑旭东，王美倩. 从离身走向具身：创造学习的新文化 [J]. 开放教育研究，2014，20（4）：46－52.

[3] AUSUBEL D P. The Psychology of Meaningful Verbal Learning [M]. New York：Grune and Stratton，1963.

[4] [瑞士] 让·皮亚杰. 智力心理学 [M]. 严和来，译. 北京：商务印书馆，2015.

关于学习结果的分类中也提到了动作技能❶，以及约翰·安德森（John Anderson）程序性知识的实际操作性❷等。这些典型的认知主义学习理论中，并没有明确排斥身体过程，而这些观点对教育教学的影响远远大于早期认知主义认知科学的观点。从这个角度说，将以往的教育教学过程与第一代认知科学联系起来，运用具身认知理论来批评传统教育教学观，是刻意地竖立了一个假想的稻草人。而且，正如即将在后文论述的，教学过程中身体的参与度必须符合教学内容的性质和教学对象的年龄特点，特别是技术的应用只能是辅助性的，不能喧宾夺主，以技术为主导的教学过程不仅不会促进学习，反倒会导致注意力分散、学习目标散杂、学习低效浅薄等问题。

2. 教学过程是单向的灌输，还是双向的互动？

第一代认知主义的认知科学采用串行处理策略解决信息加工过程，即由系统各个部件顺序地处理数据，因而被视为一种线性信息加工方式。这种策略一方面导致计算机信息加工过程对错误的零容忍能力，另一方面，尽管计算机技术的发展使得 CPU 运行速度越来越快，记忆能力（内部存储空间）也逐渐提高，但是当认知任务接近生物脑，一个编程机器却要花上数分钟甚至数小时。❸ 因此，认知科学中兴起了联结主义，它努力在计算机上实现人脑的并行网络结构，以提升错误容忍力和运行速度。同时，具身认知进路也批评这种线性信息加工方式，认为认知是个体通过身体实现的与环境信息相耦合的过程，比如视觉是一种涉及身体、运动和与环境交互作用的过程，这种观点被视为对早期认知科学内在表征的知觉解释的一种挑战。

倡导教育教学"身体转向"的研究者认为，受到第一代认知主义认知科学的影响，教师趋向于把课堂教学活动看作类似于计算机的信息输入、编码、存储、提取的过程，从而使教学沦为简单、线性的工作流程，导致教学的简

---

❶ ［美］R. M. 加涅. 学习的条件与教学论［M］. 皮连生，等译. 上海：华东师范大学出版社，1999.

❷ ［美］约翰·安德森. 认知心理学及其启示［M］. 秦裕林，程瑶，周海燕，等译. 北京：人民邮电出版社，2012.

❸ 保罗·M. 丘奇兰德，田平. 功能主义 40 年：一次批判性的回顾［J］. 世界哲学，2006（5）：23－34.

单化和庸俗化。❶ 相反，教学过程应该是生成性的，教学过程中，师生在互动中偶遇、创造、解释课堂事件，而不是从教师到学生的单向灌输。然而这种批评逻辑是牵强的。

　　首先，具身认知进路指出计算－表征式人工智能存在应变能力缺失的不足，因为人们不可能将作为人类各种能力基础的大量背景信息都在计算机中加以表征，这些基础性的背景信息是通过身体获得的经验，因此要想使人工智能更接近人类心智，必须研制具有从环境中学习能力的机器人。然而，以具身性观点研制的机器人与那些对知识进行表征编码的机器人相比较并不具有绝对的优越性。相反，前者被称为简单机器，而后者则被称为高层次机器人。❷

　　其次，将教师在教育教学中的单向灌输置于认知主义认知科学的作用下有失公允。且不说一线教师有多少人了解认知科学的计算－表征逻辑，即便是了解这一认知解释，并渗透于教学实践，这与教师的单向灌输做法也毫无关联。因为作为早期认知科学代表的信息加工心理学特别强调编码和存储过程中个体信息加工的主动性。单向灌输的填鸭式教学更主要的原因在于教学条件、教学进度、教师缺乏应对学生提问的能力，而不是教师持有早期认知科学的观点。

　　最后，具身认知进路强调认知的生成性和教学的生成性并不是一个概念，前者以个体为对象，意在强调个体认知的发生和形成过程，后者则以教学过程中师生的双向互动为对象，意在强调教师依据学生课堂的表现和疑问调整教学的应变能力。生成性教学奠基于 20 世纪 70 年代美国心理学家维特罗克（Wittrock）的生成性学习理论，该理论属于认知主义建构论的一部分。教育学家雅斯贝尔斯（Jaspers）也曾在其著作《什么是教育》中提到生成性教学概念。有研究甚至认为，像卢梭和杜威这样的经典教育家，也拥有生成性教

---

❶ 王会亭. 从"离身"到"具身"：课堂有效教学的"身体"转向［J］. 课程・教材・教法，2015，35（12）：57－63.

❷ ［加］保罗・萨伽德. 心智：认知科学导论［M］. 朱菁，陈梦雅，译. 上海：上海辞书出版社，2012：209.

学的思想。❶ 因此，以具身认知为依据，提倡生成性教学既不切实际，也拉低了教育学本身的创造力。

3. 教学是在封闭的环境下，按预设的程序开展固定内容的按部就班式教与学，还是在开放的环境下，开展形式多样的探索式教学？

从这一问题的措辞上，我们似乎能够直接得出答案，"封闭"与"开放"相比较，"固定内容"与"形式多样"相比较，"按部就班"与"探索式"相比较，后者明显优于前者，然而如果换一种表述方式，答案可能就不那么确定了。封闭的教学环境可以是"无干扰的"，开放的教学环境可能是"信息杂乱的"，固定内容的教学可以是"目标明确的"，形式多样的教学则可能导致学生"目不暇接""注意分散"，按部就班的教学也可以是井然有序的，探索式教学可能导致"混乱多变""效率低下"。因此，不能仅从带有情感倾向的表达方式来判断孰是孰非。

实际上，对这一问题的讨论涉及现代认识论下的知识观。以具身认知为理念的教育教学评论者认为，传统认识论中的理性主义将知识看成普遍的、必然的、明确的认识结果，这种知识观在追求确定性和科学性的同时，摒弃了知识的经验的、个性的、情境的、偶然的特征。早期认知科学同样将知识看成按逻辑表征的符号，认为认识就是对符号进行精确的运算，因此，无关乎特殊情境。在教育教学中，这种知识观表现为，以教学内容为核心，将知识按其内在逻辑顺序进行设定，依次向学生传授，导致教学过程的"去情境化"❷、教学环境单一❸等问题。作为对传统认知科学的挑战，具身认知观将知识和认识活动看成环境嵌入的，而不是脱离场景和语境的中立、客观的内容和行为❹，因此，在一些教育研究者看来，具身认知理论所宣称的"认知的

---

❶ 郭雯. 关于"生成性教学"的研究综述 [J]. 淮南师范学院学报，2014，16（4）：144 – 148.

❷ 王会亭. 从"离身"到"具身"：课堂有效教学的"身体"转向 [J]. 课程·教材·教法，2015，35（12）：57 – 63.

❸ 马晓羽，葛鲁嘉. 基于具身认知理论的课堂教学变革 [J]. 黑龙江高教研究，2018（1）：5 – 9.

❹ 张良. 论具身认知理论的课程与教学意蕴 [J]. 全球教育展望，2013（4）：27 – 32，67.

情境性"似乎可以作为反对"去情境化教学"的有力武器。

那么，具身认知所提出的"认知的情境性"是否足以反对"抽象表征的知识观"呢？答案是否定的。在具身认知的立场上，所谓"认知的情境性"是指有机体嵌入（embedded – in）环境并用身体活动来利用其所处的环境。❶例如，蓝鳍金枪鱼用身体活动来操控和利用其所处的环境——水流来快速游动，单足机器人需要一个可以根据自身接触地面时的回弹力、腿部弹跳的静息长度以及倾斜角度等参数随时调整运动的动力系统，而不是一个按既定程序执行的一成不变的控制器。然而这一具身认知观点只停留在简单的身体动作问题上，与拥有高水平心智能力的人类学生面对的课堂学习内容无法同日而语。

其实，关于知识的普遍性与特殊性的争论是现代哲学的一大主题。通常人们认为，现象学是代表认识情境论的哲学观点。因为现象学倡导认识回归生活世界，将形式化的抽象科学定理、法则、公式向其原初的特殊情境还原，以获得科学知识的丰富意义和现实价值。然而，胡塞尔对自然科学的批评不能被简单理解为对科学知识本身抽象表征性的否定，否则，如果我们学习的知识都是特定情境性的，而非跨情境的普遍原理，那么，知识的体系性和结构性将被取缔，知识的实践价值也不复存在。实际上，胡塞尔对近代自然科学的批判，并不是针对其本身的科学性，而是指出自然科学的"奥卡姆剃刀"削减了人的意义和价值的多样性，将所有事物都规定了唯一的标准化答案。因此，科学追求的唯一性和确定性一方面要与探索的可能性相统一，另一方面还要与意义和价值的多样性相统一。相关联的，教育教学中不能仅仅预设知识的标准答案，而是允许发散思维的探索，不能仅仅是知识的传递，还要有人文情怀的培育、人生意义和价值的引导。而依据具身认知理论提出的所谓注重教学的情境性，既没有被充分论证，也缺乏清晰的解释。

---

❶ CLARK A. Supersizing the Mind：Embodiment，Action，and Cognitive Extension ［M］. Oxford：Oxford University Press，2008：131.

（二）从具身认知与符号认知的关系看其作为教学改革依据的不足

1. 具身认知与符号认知分歧的本质

通常人们把早期以认知主义为基本立场的认知科学称为标准认知科学，而将宣称对标准认知科学进行革命并取而代之的具身性观点称为认知科学的具身认知进路。前者认为认知是符号的（symbolical），后者认为认知是具身的（embodied）。关于标准认知科学与具身认知进路的关系，当代很多学者越来越认为，后者并未构成对前者的革命性替代。在克拉克看来，这种发生在认知科学中的转变虽然醒目，但一种关于本质上具身的、环境嵌入的心智科学形态尚不明了。❶ 戈德曼认为，具身认知研究应该更确切地被称为具身性取向（embodiment – oriented）的认知科学，并指出"从传统认知科学到具身性取向的认知科学之间的过渡是温和而缓慢的，而非激进的"❷。来自美国威斯康辛大学的哲学教授夏皮罗认为，具身认知进路在某些方面并未与标准认知科学形成竞争，只是推动它将边界加以拓展，在另一些构成竞争性解释的方面取得了部分胜利，但很可能在其他领域遭遇失败，而在"有机体身体的属性限制或约束了其能够习得的概念"方面，具身认知则彻底失败了。❸

由此可以看出，对于具身认知是否应该取代符号认知的问题，认知科学界是存在争论的，这种争论对符号认知所代表的意识的超越性质保留肯定的态度。实际上，具身认知的主张受启发于法国现象学家梅洛－庞蒂的身体现象学，梅洛－庞蒂反对笛卡尔的二元论，认为那种经常逃离我们的身体经验，不是理智过程的对立物，而是一切理智活动的背景和条件。但同时，梅洛－庞蒂也阐述道，一种在世存在的意向性使心智既内嵌于身体，又不断地超越

---

❶ CLARK A. An Embodied Cognitive Science？ ［J］. Trends in Cognitive Sciences，1999，3（9）：345 – 351.

❷ GOLDMAN A I. A Moderate Approach to Embodied Cognitive Science ［J］. Review of Philosophy and Psychology，2012，3（1）：71 – 88.

❸ ［美］劳伦斯·夏皮罗. 具身认知 ［M］. 李恒威，董达，译. 北京：华夏出版社，2014：236.

身体。❶ 一种心智的具身性观念为超越性的意识提供了一个根基和起源，然而，具有身体起源的意识并不意味着需要时时刻刻沉浸于身体与世界的交换之中，意识一经从在世存在的身体中成长起来，它所拥有的意向性就使其具有一种超越身体经验的倾向。因此，心智的符号性观点并没有失效。❷

经过 40 年的发展，今天，具身认知进路也已不像其最初那样雄心勃勃地想要取代符号主义了，而是在研究方案和内容上不断与符号认知观相和解。实际上，可以说心智既是具身的，也是符号的。具身认知与符号认知的分歧不在于认知的性质究竟是什么，而只是在认知起源问题上，前者提供了一种补充性说明。

2. 以具身认知为依据进行教育教学改革的前提

以具身认知为理念进行教育教学改革的主张需要两个前提条件：其一，具身认知对符号认知具有优越性；其二，以往教育的弊端根源于符号主义认知科学。但细究起来，这两个前提都站不住脚。

首先，在具身认知流行的时间里，尽管很多人不断强化和夸大具身认知与符号认知的区别，将具身认知进路视为对传统符号主义的革命，甚至认为，在认知科学的研究纲领上，具身认知可以取代符号认知。然而，心智与身体经验的关系并不是静态的、既定的，"认知或心智是具身的"，只是说身体经验参与形成认知或心智，并不意味着认知或心智在任何水平上、时时刻刻都与身体经验相耦合。这种起源性说明并不能否认理智现象的存在及其超越性质，就如生物进化论不能否认作为进化结果的完善的生命机制较其低级形态具有超越性一样。如上文所说，具身认知进路并非关于认知性质的颠覆性假说，而是对认识起源和发展的补充性说明。在认知性质的问题上，符号性和具身性两种理论相比较，前者可能更具优势，至少成熟的或接近成熟的人类认知主要是符号性的。因此，具身认知科学并不是对传统认知科学的革命性或替代性学说。

❶ MERLEAU – PONTY M. Phenomenology of Perception ［M］. SMITH C（Trans.）. London：Routledge and Kegan Paul，1962：X.

❷ ［美］劳伦斯·夏皮罗. 具身认知［M］. 李恒威，董达，译. 北京：华夏出版社，2014：56.

其次，以具身认知为理念的教育实践革新犯了"贴标签"的错误。通常，学术领域在进行论争时，要先将对方论点加以陈述，从中找到逻辑问题或矛盾，然后再提出和论证己方观点。这种方式本身是没有问题的。然而，由于掌握和理解对方观点并不容易，又因为己方观点的输出需得有一个值得批评的靶子，因此，很多作者为了让整个论证过程看上去逻辑连贯，往往在陈述对方观点时采用"贴标签"的方式。所谓"贴标签"，就是为了反对或批评一个人或一种观点，先给他（它）冠以一个名号、扣上一顶帽子，然后通过批评该标签所代表的立场来批评被贴标签的人和观点。"贴标签"的方式直接而简明，因为所贴"标签"的问题通常是明显的，这样，不需要耗费精力去了解对方观点的详细逻辑背景，又能使己方观点顺理成章且立得住。为了将理想与现实联系起来，也为了营造教育有待改革的现实意义，将传统教育与符号认知观对应起来，以具身认知取代符号认知的宣言为武器，倡导具身认知理念下的教育教学改革，以反对传统教育教学方式，不失为一种有效的策略。然而，"贴标签"往往会犯两个错误。一是，所贴标签与被贴标签者并不吻合，会导致在进行批判时犯"打到稻草人"的错误，即所批评的内容并非对方的真正论点，而只是作者的一种误解，这样己方观点的输出就成了无的放矢，缺乏合理充分的立意基础；二是，如果论争仅仅停留在理论层面，那么可以理解为百家争鸣的学术生态表现，但是，一旦争论双方的论点涉及实践应用，甚至被作为教育实践和教育改革的逻辑基础，那么，"贴标签"错误所带来的负面影响将是巨大的。

（三）以具身认知为理念进行教育教学改革的可能问题

在未充分理解具身认知进路与标准认知科学关系的情况下，盲目地认为具身认知进路具有优越性，从而反对符号认知、反对表征学习以及与传统认知科学相关的学习形态，将具身性理念在教育教学实践中推广，将导致教育教学实践的重大失误。就目前教学实践中出现的苗头来看，有两大问题十分凸显。

1. 不区分年龄特征的过度身体参与

我们看到，由于知识体系的日益丰富，学生学习的内容越来越抽象化，因此学习的过程也越来越脱离实际，这让很多学生失去了学习的兴趣和动力。具身性理论对人与环境动力系统的强调以及"回归生活世界"的主张揭示出，知识本身是抽象化的，但知识的传授过程必须是灵活生动、从实际出发的，必须能够让学生把握问题的根源和出发点，这样才有利于调动学习的兴趣、保持稳定持久的学习动力。但是，人们可能会质疑，所谓的新型学习方式未必在原有符号认知理论中不被包含，只是原有符号认知理论更多以学习内容的形象化、可操作化、可理解性来表述。同时，具身认知的学习方式如何在像解析几何、微积分以及爱因斯坦的相对论的解释上发挥作用？因此，如果完全以具身认知理论对身体体验的强调为基础，彻底改变一切原有的教育教学方式是不恰当的。

按照皮亚杰的认知发展阶段理论，儿童在 2—7 岁，已经由动作思维发展到表征概念思维，7—11 岁的儿童已经不再受感知的束缚，当思维与感知冲突时，处于具体运算阶段的儿童能做出与感知相反的逻辑判断。[1] 当然这样的成就是奠基于生命最初两年的感知 – 运动探索的。虽然有人批评皮亚杰理论中有关于预先给予的世界与预先存在的认知者的设定，但这并不影响其认知发展阶段理论整体上的有效性。

当人们把具身认知进路作为取代传统符号认知的优势理论时，那么就将造成不分个体发展的年龄阶段，不区分教学内容，过分倚重和突出身体在知识学习过程中的参与。中学课堂中的教育教学过分注重情境性、具身性，不仅违背认知发展特征，导致学习效率低下，还将使学生的思维浮于表面。目前，已有研究尚未揭示出具身认知理论在高水平思维活动中应用的可能。因此，还不能下结论说，具身认知理论必将引发教育教学过程中的新的转向和变革，否则，这种结论就是武断和盲目的。因为，从具身认知进路与符号加工认知科学的关系来看，前者尚不能完全取代后者，那么理论上讲，以具身认知理论为支持的教育教学方式同样不能取代传统的以归纳和逻辑演绎为主

---

❶ ［美］B. J. 瓦兹沃思. 皮亚杰的认知和情感发展理论［M］. 徐梦秋，沈明明，译. 厦门：厦门大学出版社，1989：80.

的教育教学方式。传统课堂教学不是不重视身体参与的实践，只是认为课堂教学中要提高效率，必须保证内容的聚焦，以理性来理解知识，至于如何增强学生的实践能力，可以通过其他途径来补充。

从其意在提供关于高阶心智起源性说明的理论动因来看，具身性理论在教育教学中的合理应用场景应为，低龄段儿童的认知学习，高龄段儿童新知识的学习、态度和习惯的养成教育。因此，将具身认知理论应用于学前、小学阶段和特殊儿童的教育教学实践，应用于诸如语文阅读（或语言学习）、道德教育以及情感教育等内容上是合理而有效的尝试，却不宜泛化到所有学段和所有内容的学习中。

2. 偏离教学重心的过度技术化

由于具身性理论强调认知活动中身体参与的重要作用，因此一些促进具身学习的数字技术被应用到课堂教学中，如虚拟仿真（VR）、增强现实（AR）、人工智能（AI）等。有研究表明，采用虚拟场景技术来学习语言比单纯使用图片学习语言效果更好，[1] 通过仿真系统模拟操作实验的学生，学习成绩明显高于只听讲解的学生。[2] 即便如此，并不能因此认为技术应用在教育教学中起主要作用。这些技术应用取得良好效果的关键在于其改善了语言学习的情境性和实验实践的操作性。然而与其他达成同样效果的手段比较，数字技术既有优势也有劣势，比如后者需要有大量的资金投入，且会增加教师工作负担[3]等。另外，语言学习和实验操作只是教学内容中的一部分，课堂教学中技术应用带来的便宜究竟能在多大程度上与教学效果的整体提升相匹配，还很难确定。当教育教学的主要问题在于学生注意力分散、学习动机和学习主动性不足时，技术的大量投入只是隔靴搔痒。

---

[1] LAN Y J, FANG S Y, LEGAULT J, et al. Second Language Acquisition of Mandarin Chinese Vocabulary: Context of Learning Effects [J]. Educational Technology Research & Development, 2015 (5): 671 – 690.

[2] MCVEIGH D, BLACK J, FLIMLIN G. How System Simulations Improve Student Learning by Assisting in the Creation of Clear Mental Models [DB/OL]. (2008 – 03 – 03) [2022 – 02 – 19]. https://www.learntechlib.org/p/27451/.

[3] 赵健. 技术时代的教师负担：理解教育数字化转型的一个新视角 [J]. 教育研究, 2021 (11): 151 – 159.

教学过程是一个包含物理环境、人际氛围、师生互动、信息传递和加工、认知发展等多因素的复杂过程，对任何一个因素的片面夸大和抽象都会使得这一过程失衡。目前，数字技术的应用是向这一过程注入了又一新环节，这一新环节与已有因素的衔接不当，将导致教育形式浮华、教学内容空洞、信息资源过量、课堂教学迷失、学生情感失落等问题。❶ 而且，技术应用所带来的学习效果提升往往是短暂的。经济合作与发展组织多年的调查结果显示，数字技术对于提高教育效果的影响并不显著，学生在课堂上使用电脑的频率通常和学习成绩呈负相关。实际上，数字技术的应用主要是为了方便教师之间的沟通，以及辅助教师获得更多的教学资源，以应用于课堂教学。持久学习效果的保障一定是学生在课堂上集中注意力和保持学习主动性。靠技术实现人的参与感，是对人主体性的削弱，是对技术的盲目追崇。

教学作为一种社会性活动、系统性活动，受多方面因素的影响。大多数情况下，教学的效果并不完全取决于教学活动本身，还与国家经济发展水平、社会文化观念、教育体制、学校建制、教师素养和学生个体发展需求相关联。同时，教学过程充满各种矛盾和冲突，如教师和学生孰为主导、发现学习与接受学习的效果与效率如何兼顾、技术应用的成本与产出效能如何平衡等。因此需要在发展学生探索能力和教学进度之间、在师生互动与个体内化之间、在身体操作与思维加工之间、在认知学习与情感、态度、习惯养成之间、在技术应用与脑力开发之间、在知识获得与意义追寻之间寻找平衡点，从而使教育教学不仅提升学习者的学习效果，激发其创造性，还能有效而持久地促进个体生命的展开。而所有这些必须以问题本身为靶向，绝不是找到一种理论模型进行套用就可以解决的。

二、语言理解的具身性

语言理解是人主动为视、听觉的语言材料构建意义的一种认知加工过

---

❶ 王美倩，郑旭东. 后信息时代教育实践的具身转向——基于哲学、科学和技术视角的分析[J]. 开放教育研究，2020，26（6）：69－76.

程。❶ 以人机类比为基础的早期认知科学认为，人脑对语言的加工同其他认知加工一样，与身体知觉无关，认为语言信息的意义会以抽象的符号或命题的形式保存在大脑中，我们通过将听到或看到的语言信息与脑中的符号、命题相匹配形成对语言的理解。20 世纪 80 年代，反对强人工智能立场而提出的中文屋思想实验❷，引发了关于人类语言理解的讨论，同时，有人提出了语言理解的概念隐喻理论。❸ 隐喻不仅是一种语言修辞现象，而且是实现语言理解的一种认知加工过程。概念隐喻理论认为概念系统可以分为具体概念和抽象概念，身体对外界的感知参与形成了具体概念，其中包括基本的行为概念（如摸、吃等）、空间关系概念（如上、左、后等）、基本物理本体概念（如一些实体、容器等）等，而抽象概念正是在这些具体概念的基础之上通过映射作用建构并实现理解的，即"不直接来自身体经验的概念，本质上都是通过隐喻存在的"❹。随后，莱考夫与约翰逊又指出，人类拥有具身的心智，其概念系统及意义来自活着的身体，并受其塑造。关于语言理解的这一具身认知观点，成为信息加工心理学中具身认知进路的重要支持和论据。

早在 20 世纪末，费尔德曼（Feldman）就和莱考夫开始了有关语言神经理论的相关研究，在 2004 年又和纳拉亚南（Narayanan）一起正式提出了语言神经理论。❺ 该理论认为某一动作的语义正是支持该动作的肌肉和复杂神经的协同，换言之，各个动作的神经肌肉协同就是这一动作延伸出的词汇语义的生理基础。❻ 语言神经理论主张，在语言加工中人对语言材料的理解是由不自

---

❶ 彭聃龄. 普通心理学 [M]. 4 版. 北京：北京师范大学出版社，2012：345.

❷ ［美］约翰·塞尔. 意识的奥秘 [M]. 刘叶涛，译. 南京：南京大学出版社，2009：14.

❸ LAKOFF G, JOHNSON M. Philosophy in the Flesh：The Embodied Mind and Its Challenge to Western Thought [M]. New York：Basic Books，1999.

❹ ［美］乔治·莱考夫，马克·约翰逊. 我们赖以生存的隐喻 [M]. 何文忠，译. 杭州：浙江大学出版社，2015.

❺ 杨亦鸣. 语言的理论假设与神经基础——以当前汉语的若干神经语言学研究为例 [J]. 语言科学，2007，6（2）：60 – 83.

❻ FRIEDERICI A D. Neurophysiological Aspects of Language Processing [J]. Clinical Neuroscience，1997（4）：64 – 72.

主的想象、对材料中所述事件的模拟而实现的。❶ 近年来，认知心理学家们在语言学研究基础上，采用脑成像技术，对音位、词汇、句子和语篇四个语言理解单元进行了实验研究。❷

　　采用 ERP 技术了解大脑理解动词含义时的活动起始于普尔弗米勒（Pulvermüller）❸ 团队，他们得出结论：理解某一动词时活跃的运动脑区和做这个动作活跃的运动脑区是一致的，还发现类型不同的动词在激活的脑区与加工的速度方面存在差异。之后有学者发现，与脸部和肢体部位相关的动作单词会激活大脑额叶前部，❹ 进一步证明单词语义中的动作成分会在感知运动皮层得到加工。P300 成分是出现在刺激后 300ms 左右的正波，是在 ERP 研究中最典型并且最常用的一种内源性成分，其与认知加工过程密不可分，被学者们认为是了解心理活动的一个窗口。P300 成分具有不会受刺激部位的生理特性影响的特点，常和人的注意、判断、记忆、思维、认知及推理等高级神经心理过程的活动功能有关，是反映认知功能的客观指征。❺

　　目前已发现，对简单形象的动词、名词和一些抽象词组的理解都可以激活感觉运动皮层，即认为词汇的理解是具身的。❻ 然而，词汇理解的具身认知脑神经机制研究，以国外印欧语系作为实验材料居多，同时作为实验材料的语词的抽象水平较简单，对较抽象词汇的具身性探讨还不足。语言理解的具身认知观认为，抽象语词是通过隐喻得以理解的，那么，简单词汇和抽象程度较高的词汇相比在具身性上是否存在显著的差异？基于此，有研究考察了

　　❶ MARTIN A, WIGGS C L, UNGERLEIDER L G, et al. Neural Correlates of Category－Specific Knowledge ［J］. Nature, 1996, 379 (15)：649－652.

　　❷ SMALL S, BUCCINO G, SOLODKIN A. The Mirror Neuron System and Treatment of Stroke ［J］. Evelopmental Psychobiology, 2012, 54 (3)：293－310.

　　❸ PULVEMÜLLER F, HAUK O, NIKULIN V, et al. Functional Links between Motor and Language Systems ［J］. European Journal of Neuroscience, 2005, 21 (3)：793－797.

　　❹ HAUK O, JOHNSRUDE I, PULVEMÜLLER F. Somatotopic Representation of Action Words in Human Motor and Premotor Cortex ［J］. Neuron, 2004, 41 (2)：301－307.

　　❺ YANG J, SHU H. Embodied Representation of Tool－Use Action Verbs and Hand Action Verbs：Evidence from a Tone Judgment Task ［J］. Neuroscience Letters, 2011, 493 (3)：112－115.

　　❻ 苏得权，钟元，曾红，等. 汉语动作成语语义理解激活脑区及其具身效应：来自 fMRI 的证据［J］. 心理学报, 2013, 45 (11)：1187－1199.

不同抽象水平中文名词理解时的脑电活动，以验证语言理解的具身认知观的解释力。

即便是简单名词的理解也涉及各个脑区的参与和激活。其中两侧颞叶和部分枕叶的活动与视觉对词汇的输入表征和识别有关，躯体运动中枢和躯体感觉中枢的参与代表了对名词词汇所表征的对象的操作性和体验性的激活，即当我们理解一个名词性语词时，其中包含对该语词所指示事物的动作，如"苹果"，对该语词的理解不仅仅涉及符号接地的问题，即将"苹果"这个语词符号与苹果的实物形象相关联，而且涉及对苹果可进行怎样的操作和体验，如"拿""握""咬""吃""味道"等，这些与"苹果"相关的动作和体验也参与对"苹果"的理解，这一过程中额叶的参与起到整合顶叶、颞叶和枕叶相关信息的作用，即额叶将来自枕叶和颞叶的语词形象和实物形象与自身的操作和体验关联起来，共同建构"苹果"这一语词的内涵。

理解抽象词汇时，被试的大脑被激活得很充分，绝大部分脑区都参与了理解词义的过程。和理解简单词汇一样，被试的额－中央区和顶－中央区的激活十分明显。右半脑的额叶 50～100ms 时出现了一个明显的负成分，并在随后的 100～150ms 的时间窗内稍加扩展，在 150～300ms 的时间窗内电压逐渐增高，在随后在 350～400ms 的时间窗口该区转为明显的正性成分；右半脑的右侧顶中央区在刺激出现后的 0～50ms 的时间窗出现一个负成分，随后该区域负性电压的面积逐渐缩小、电压幅值升高，在 350～400ms 的时间窗出现正成分。这些变化意味着此时运动皮层依旧较活跃，这也说明了抽象词汇以隐喻的方式被大脑理解时，神经动作系统与词汇加工之间的功能性联系同样需要动作成分的参与。

传统的语言加工脑定位观点认为，左脑作为语言加工优势半球负责语言的初级加工，右脑则负责语言的运用，加工习语和隐喻等非直义语言材料。但之后有学者发现，在加工隐喻语料时，右脑的激活程度反而会低于左脑。[1]

---

[1] STRINGARIS M, GIORA G, BRAMMER D. How Metaphors Influence Semantic Relatedness Judgments: The Role of the Right Frontal Cortex [J]. Nezrroirnage, 2006, 33 (2): 784-793.

由于语言加工本就是极为复杂的过程，因此有学者提出了隐喻加工的"全脑说"。❶ 实验研究结果显示，在理解抽象词汇时，左右脑皆得到了激活，验证了这一观点。

比较简单、抽象两组语词理解实验被试的平均脑电地形图，可以看出，当被试理解简单词汇时，大脑激活程度相比在被试理解抽象词汇的激活程度要弱。这与简单词汇在生活中出现频率较高，并有具体形象记忆有关，不需要提取额外的信息进行加工❷，因此其激活的脑区较少、激活程度也较弱；而抽象词汇没有具体可以被记忆的实物，理解时需要调取更多的信息进行整合加工，所以会激活更多的脑区，且激活程度也更为强烈。相比理解抽象词，被试理解简单名词时运动脑区的语言认知成分要更加活跃，证明简单词汇理解的具身性相比抽象词汇的具身性要高，简单名词的理解也涉及包括两侧颞叶和部分枕叶、躯体运动中枢和躯体感觉中枢等各个脑区。

以上实证研究结果带来的启示是，理解简单名词在很大程度上涉及对该语词所表征的实物的操作和体验，但理解抽象名词并非如此，抽象名词所进行的操作不是直接的，需要大量协同性的相关信息的综合调取，因而激活的脑区面积更广泛，也更强烈。但这是否意味着理解抽象名词需要在简单语言符号理解的基础上，通过映射语法逻辑和语义表征的结构化特征，从而实现高阶的理解，还需要进一步有针对性地对抽象语词理解过程的脑机制进行深入探究。

三、具身认知的未来：心智的身体经验之源

心智从何而来？或自我从何而来，理性从何而来，认识的能力从何而来？对这些问题的探求是现代哲学与科学的努力方向之一。20 世纪初，威廉·詹姆斯从怀疑意识的实体性出发，否弃了高高在上的超验自我和心灵实体，认

---

❶ HACKLEY S, WOLDORFF M, HILLYARD S. Cross – modal Selective Attention Effects on Retina, Myogenic, Brainstem, and Cerebral Evoked Potentials [J]. Psychophysiology, 1990, 27 (2)：195 –208.

❷ GUO Y L, GUAN H H. Effects of Semantic Congruence on Sign Identification：An ERP Study [J]. The Journal of the Human Factors and Ergonomics Society, 2020, 62 (5)：800 –811.

为纯粹经验是所谓超验实体的基础，作为直接生活之流的纯粹经验"供给我们后来的反思及其概念性范畴以材料"❶。20世纪30年代，皮亚杰的发生认识论同样追问认识的起源和发生机制，认为思维并非个体发展到一定年龄突现的心理特质，在感觉－运动智力的获得和概念的再现表象发生之间存在连续性，"言语的和反省的智力以具体的或感觉－运动的智力为基础"❷。当代人类学、语言学、脑科学、生物学同样对代表人类最高成就的心智特征的起源感兴趣。这持续了百余年的研究志趣使人们看到，心灵、自我和理性的起源问题是现代思想领域中持续更新的重要议题。

（一）知觉的身体经验基础

作为意识或心智最简单层面的知觉过程是有机体在其具身的历史中发展而来的认知机能。所谓具身的历史意指知觉的实现是一个身体参与的生成的过程。1945年，梅洛－庞蒂在《知觉现象学》中提出，知觉过程是以身体经验为中介，对从不同视角看到的对象的不同侧面加以整合实现的。也就是说，知觉的过程不是某一时刻，甚至不是任何时刻视野中所呈现的对象，而是暗含了一个前提，即我将我的身体设想为一个移动的对象，在面向知觉对象运动的各个阶段我的身体都保持其同一性，这使我能够在内部将所有熟悉的景象都绘制在一起，这样我才能解释该知觉对象并将之构建为它实际所是的样子。赫尔德和海因于1958年发表的关于"手眼协调依再传入刺激实现的重组适应"实验进一步提供了一个来自动物知觉习得过程的验证。这个实验以一些在黑暗中被饲养的小猫为被试，这些小猫仅在控制的条件下能见到光。将小猫分成两组，一组能够正常的四处移动，但每一只都被套上了一副架子和篮子，将第二组的小猫一对一地放到第一组小猫背着的篮子里，这样第二组小猫的移动完全是被动的。经过几周这样的训练之后，将它们放出来。结果发现，第一组小猫的行为正常，但那些被带着四处走动的小猫，其行为看起来像是瞎的：它们跌跌撞撞碰到东西，并在边缘处跌倒。这一实验支持一种

❶ JAMES W. Essays in Radical Empiricism [M]. New York：Longman Green and Co.，1912：93.
❷ ［瑞士］让·皮亚杰. 儿童智力的起源 [M]. 高如峰，陈丽霞，译. 北京：教育科学出版社，1990：1.

关于知觉的生成性观点，即物体不是直接通过视觉的特征提取被看到的，而是通过身体活动对视觉的引导才被看到。❶ 这也是当代认知科学中具身认知进路的主要观点之一。

（二）语言结构和语言理解的具身性

语言的或概念的结构并非人的头脑中固有的某种先验特征，而是基于人的感知 – 运动经验，以隐喻或拓扑的形式逐层向上抽象的产物。语言学的一个重要的导向，是通过对语言结构、语言理解过程的分析以了解人类心智的特征和过程。20 世纪的语言学中，诺姆·乔姆斯基（Noam Chomsky）的"转换 – 生成语法"观是最具影响力的论点之一。乔姆斯基将 17、18 世纪理性主义心理学体系关于语言的部分重新加以发展，提出对语言的分析不能仅仅停留在语料的表层结构上，而需同时对深层心智操作的组织原则加以说明。心智在语言的深层结构和表层结构之间的转换、表征能力是天赋的。乔姆斯基的语言学论点驳斥了以经验论为准则的语言习得观，认为人类的语言能力所具有的创造性和艺术性使任何形式的教育显得无能为力。❷ 乔姆斯基关于语言与心智关系的论点影响广泛，但在心智如何实现对语言的理解上，他所提供的框架似乎表明，我们是拥有特殊语言能力的物种，我们的心智具有一种转换生成语法，使得我们自然而然地能够实现在语音和意义之间的转换和理解。

然而，乔姆斯基的说明并没有进一步提供关于语言理解过程的细节，人们进一步追问，如果对语言的理解仅是一种表征和转换，那么转换之后的意义又是如何获得的呢？对符号进行加工的计算机是否理解其处理的符号呢？赛尔的中文屋思想实验是对这一追问的形象化描述。❸ 基于此，新生代语言学家努力证明，概念和语言的理解不是某种心智结构的自动完成，而是借

---

❶ HELD R，HEIN A. Adaptation of Disarranged Hand – Eye Coordination Contingent upon Re – Afferent Stimulation [J]. Perceptual and Motor Skills，1958，8（3）：87 – 90.

❷ ［美］诺姆·乔姆斯基. 语言与心智 ［M］. 3 版. 熊仲儒，张孝荣，译. 北京：中国人民大学出版社，2015：9 – 10.

❸ SEARLE J R. Minds, Brains, and Programs ［J］. Behavioral and Brain Sciences，1980，3（3）：417 – 424.

由隐喻的方式向身体的感知－运动经验"接地"实现的。❶ 这一被称为索引假设的语言理解理论指出，人们对语词符号的理解经历了三个阶段，第一个阶段是语词被索引或映射到知觉符号，如语词"茶杯"被索引到对茶杯的视觉和触觉等知觉映像上；其后第二个阶段，知觉符号进一步带来与之有关的环境信息；因此，理解的第三个阶段就是判断环境信息是否与知觉符号相啮合。按照这一解释，人们无法仅仅通过指令将符号与其他符号关联起来而理解符号的意义，就像中文屋思想实验所表明的那样，理解必须以某种方式被接地。所谓接地即符号被索引或映射到知觉系统的内容上。因此，索引假设认为，"意义是具身的，即它源于身体和知觉系统的生物力学性质"❷。

（三）意识发生的初始条件

从种系发展的视角来看，意识并非有机体发展或进化至高等水平时才涌现的特殊机能。相反，在生命的原初状态，某些意识发生的基本条件或基本特征有可能就已经具备。生物进化论思想为此提供了可行性的论证方案。在传统理性主义心理学以及某些突现论者看来，意识是有机生物体的一种高阶智能，它代表一种反思和内省的能力，它使具备这种能力的物种在本质上区别于其他物种。但是，当人们尝试在电子计算机上模拟并复制代表高阶反思的概念、判断和推理能力时，却并未复制或创造出数字化的有意识心智。于是，人们询问为何电子计算机不足以是有意识的，一种有意识的心智出现的条件是什么？20 世纪末以来，一些新观点的出现改变了原有的认知。人们越来越在这一点上达成共识，即不论是对象意识还是自我意识，都包含一个以自身为射线原点的视角，在生命诞生之初，这种视角必定以一个与周围环境隔离开的、有界的、内整合的自体组织为条件。埃文·汤普森认为，细胞通

---

❶ ［美］乔治·莱考夫，马克·约翰逊. 我们赖以生存的隐喻 ［M］. 何文忠，译. 杭州：浙江大学出版社，2015：101－104.

❷ GLENBERG A，KASCHAK M. Grounding Language in Action ［J］. Psychonomic Bulletin & Review，2002，9（3）：558－565.

过建立边界使其与其所不是的东西区别开❶，正是生命的自创生系统使意识乃至自我意识的涌现成为可能。尼古拉斯·汉弗里在此基础上进一步强调，"动物个体不仅是一个空间上有界的包"，而且"是一种自我整合并且自我个体化的整体，它的边界都是主动加强并自我维持的。在界墙的一边是'我'，另一边则是'非我'"❷。因此，一个有意识的生命个体无论其目前所达到的心智水平多么让人惊叹，其最早的生命雏形都是以生命"体"的形式存在，此时的意识虽然只是一种原生的感觉或感受质，但通过不断分化其内在结构，使得整个生命机制越来越精密和复杂，与脑的复杂化相伴生的感受质也就不断地演化为高水平的心智、意识和自我意识。

（四）身体图式建构的自我

作为人类心智水平最高成就的自我意识源于脑对身体图式的逐步构建。当代脑神经科学中，心-身问题的现象意蕴有一种表达方式：心智中的身体（the body in the mind）❸，这种表达方式一方面提示出身体的现象性，另一方面也明确了身体在生成和构建心智中的作用。达玛吉欧从个体心智发生的视角探讨了人类自我意识的由来，认为不仅心智状态存在不同水平，自我意识同样可以区分出不同等级，从原我到核心自我，再到自传体自我。但不论何种水平的心智，其发生都有赖于我们的脑有一种地图绘制能力，它能够将所有得自感官的，得自身体的，得自回忆的，得自自身以往图像的神经模式绘制成图像，脑神经科学家杰拉德·埃德尔曼也提出了相同的观点❹。深层次的心智，即对对象的清晰的意识，由不同图像混合而成，包括对象本身的图像，也包括在认知对象时，主体我的视角、我对心智中所描绘对象的拥有感、我

---

❶ ［加］埃文·汤普森. 生命中的心智：生物学、现象学和心智科学［M］. 李恒威，李恒熙，徐燕，译. 杭州：浙江大学出版社，2013：83.

❷ HUMPHREY N. How to Solve the Mind – Body Problem［J］. Journal of Consciousness Studies，2000，7（4）：18.

❸ JOHNSON M. The Body in the Mind：The Bodily Basis of Imagination，Reason，and Meaning［M］. Chicago：University of Chicago Press，1987.

❹ EDELMAN G M. Wider than the Sky：The Phenomenal Gift of Consciousness［M］. New Haven：Yale University Press，2004：51.

对该对象图像的能动性以及我对自己活着的身体的原始感觉。总之，对象意识的实现不仅仅只是一个对象和主体认知的简单联系，而是充斥了来自身体的各种信息。从自我意识的基本层次——原我的形成来看，脑在将所有外部、内部的经由身体而绘制的图像整合起来的过程中，得自身体内部、代表生物体运动方面的图像运作尤其具有特殊性，这种特殊性体现在：一是这种图像是最早被感觉到的身体图像，参与描绘主体与对象的关系；二是作为身体的原始感觉，身体图像进一步参与形成了原我。原我是对身体的原始感觉，包含身体形态和结构图像、内感觉图像以及外感觉门户图像。更为重要的，"原我是建构核心自我必须的跳板"❶，基于此，自传体自我才得以发展起来。因此，可以说，在自我的发生过程中，身体经验扮演着重要的角色。

现象维度下的心–身关系中，身体被认为是主体所体验着的身体，这样的身体更具现象性而非物质性或生理性。现象的身体与物质的、生理的身体不同，原因在于：首先，生理–心理事件并不在客观的因果序列中；其次，"我"与"我身体"的关系不同于"我"与外部对象的关系；最后，身体的空间性有别于客观的空间。因此，身体不是仅为心灵提供营养和宿地的载体，而是心灵始终体验着的并由之发展而来的经验起点，心灵也不是一个被放置于身体中的既成之物，不是控制躯体机器的"脑中小人"，而是作为身体感知和身体运动结果的内在建构。

关于心灵、自我和理性的起源问题，目前几个已经取得的进展值得关注。作为意识或心智最简单层面的知觉过程是有机体在其具身的历史中发展而来的认知机能。语言的或概念的结构并非人的头脑中固有的某种先验特征，而是基于人的感知–运动经验，以隐喻和拓扑的形式逐层向上抽象的产物。作为人类心智水平最高成就的自我意识源于脑对身体图式的逐步构建。意识并不是有机体发展或进化至高等水平时才涌现的特殊机能，相反，在生命的原初状态，某些意识发生的基本条件或基本特征已经具备。

---

❶ ［美］安东尼欧·达玛吉欧. 意识究竟从何而来？——从神经科学看人类心智与自我的演化［M］. 陈雅馨，译. 台北：商周出版社，2012：221.

从现代科学和哲学对心智起源问题给出的解释可以看出两个共同的趋势：一是以种系和个体发生学为视角，论证高水平心智的演化过程，以此消除传统观念中对高层次精神实体的抽象假设；二是这些研究者均强调了身体经验在构建心智过程中的作用。已有研究为人们解释心智、意识、自我这些人类精神之谜提供了日益丰富的新材料、新视角和新思路，激发了进一步深入理解人类自身精神现象的强烈动机。

第七章　结　　语

今天，对人类心智的研究成为一个极具开放性的领域，它突破了以往壁垒森严的哲学、生物学、心理学、计算机科学、语言学等学科界限，使这些领域被统一在心智科学的旗帜之下。作为一个高度整合性的视野和思想方式，心智科学将更具历史性和自觉性地提供出关于人类心智的解释。

一、"心智"概念辨析

心智，其对应的英语词汇是"mind"，有时也被译为"心灵"。现代汉语语境中"心智"与"心灵"两种译法所代表的意义有时是重叠的，如关于"mind"的研究领域被区分为"the philosophy of mind"和"mind science"，前者的译文往往有"心灵哲学"和"心智哲学"两种，但后者的译文则比较统一——心智科学。由此可见，心智与心灵仍然存在一定的区别。

汉语中，心灵一般指的是一种超越物理世界的精神实体。所谓心，即思想与情感；灵者，可作形容词解，灵巧、聪明、灵慧，也可作名词解，灵魂、幽灵。心灵合二为一，有整体的、人格的、主体之意味。心智，则指脑力、智慧、才智，与解决问题的能力有关。通常"心灵"一词被用于对应哲学思想背景中的"mind"，而心智则被用于对应现代科学特别是认知科学背景中的"mind"。这样看来，"the philosophy of mind"译为心灵哲学，"mind science"译为心智科学更为恰切，也与学界习惯相吻合。

以上述辨析为基础，这里所说的心智，是当代脑神经科学、认知科学、计算机科学等领域探讨的包含辨别、分析、综合、判断、推理、抽象、解决问题等认知能力及其总和。如果没有特别说明，心智往往被等同于个体的意识，如英国伦敦大学的神经科学家克里斯·弗里思（Chris Frith）在探索脑与心智的关系时认为，心智只是脑活动有意识的那部分，存在脑"知道"但有意识的心智并不知道的事情。● 澳大利亚哲学家、认知科学家查莫斯，也是在这个意义上探讨有意识的心智（the conscious mind）的。显然，心智是一种更为高级的智能状态，那些被归属为非心智的、无意识的、原始本能的部分，即便是心理的也只属于较低层次的生物属性。因此，现代哲学和科学探讨心智的起源，从本质而言，即要说明人类的高级的思维、智能、语言等能力是如何产生并发展的。

二、何谓身体经验

如前所述，身体经验概念区别于传统的物质身体观念，代表的是现象的、主体第一人称视角下的身体知觉。从脑神经科学的角度讲，一切经验，必定有感官和脑的相互作用，视觉经验是受到光刺激的视觉器官（眼睛）与脑的相互作用，听觉经验是受到声音刺激的听觉器官（耳蜗）与脑的相互作用。那么身体经验中的身体是指怎样一种感官呢？广义上讲，在有机体中，除脑之外的其余部分都可视为身体感官，这样一来，像眼睛和耳蜗这样的特殊感官都被包含在身体之中。当然身体经验也可以特指除却视、听、嗅、味、肤五种基本感觉经验之外，身体的运动、平衡、饥饿、口渴等本体感觉经验。以批判传统认识论哲学主客二元分立世界观为主旨的现代身体哲学，将传统的视听感官经验扩展为身体经验，并揭示其直接性●、整体性、感知－运动一体性，否弃了独立的、抽象的、高高在上的心灵观念，认为心灵是嵌入多模态的感知－运动耦合系统中的一环。由此，身体经验不仅代表了一种现象性身体的特征，而且与传统的感官经验相区别。

首先，身体经验包含各种感官经验，且具有通感性。传统观念中，五种基本感官经验获得来自外部世界的五种不同的信息，这些感官之间彼此无法

● ［英］Chris Frith. 心智的构建：脑如何创造我们的精神世界［M］. 杨南昌，等译. 上海：华东师范大学出版社，2012：37.

● 李昕桐. 施密茨的身体现象学及其启示［D］. 哈尔滨：黑龙江大学，2013.

沟通，只能依赖心灵对各种信息予以相加和整合。新视角下的身体经验是感官互通的，"身体的诸部分以一种特殊的方式内在地关联着：它们并非并列地铺展开来，而是彼此包含"❶。因此，知觉不是视觉、触觉和听觉的相加，"我用我的全部生命存在整体地进行觉察，对于呈现在所有感官中的事物，我能立即把握其独特的结构"❷。

其次，以看和听为主要机能的感官经验，是确定外部对象或对象外在性的手段，而身体经验则始终与确定自身存在相关。五种基本的感官经验都倾向于确立外部对象世界，所谓知识（knowledge）即是对外部世界的知晓，培根因此肯定了感官经验的重要作用，一种常识的客观性思维便起源于此。而如果"痴迷于存在（being），很容易就忘了我的经验的视角性（perspectivism）"，身体经验就容易被遮蔽。相反，身体经验（体验），是一种整合的内在过程，是确认自身存在的途径❸，它时刻揭示着自我与世界的联系，事物是"我"身体的延伸，"我"的身体是世界的延伸，通过身体世界围绕着"我"。❹通过从客观世界中撤回，身体将随身带回那个连结它与周围环境的诸意向之线，并最终向我们揭示出知觉世界的知觉主体。❺

最后，相较于感官经验，身体经验具有一种原初的统一性。身体经验是比视听感觉经验更基础性的认识手段，视觉的发展建立在身体运动经验的基础上。各种感觉的统一性可以在儿童身上被广泛地注意到，成年人的感官日益分化并有了更为突出的地位，即便如此，成人之后我们仍然会以一个整体性的身体来感知。❻这意味着在感觉分化之前有一个感觉的初始层，这个被称

❶ MERLEAU – PONTY M. Phenomenology of Perception ［M］. SMITH C（Trans.）. London：Routledge and Kegan Paul，1962：98.

❷ MERLEAU – PONTY M. Sense and Non – sense ［M］. DREYFUS H L，DREYFUS P A（Ttrans.）. Evanston：Northwestern University Press，1964：50.

❸ 高桦. "内知觉"、"意识事实"与"现象性原理"——论理解狄尔泰"体验"概念的基本前提 ［J］. 现代哲学，2018（2）：81-91.

❹ MATTEWS E. The Philosophy of Merleau – Ponty ［M］. Montreal & Kingston，Ithaca：McGill – Queen's University Press，2002：227.

❺ MERLEAU – PONTY M. Phenomenology of Perception ［M］. London：Routledge，2002：72.

❻ WELSH T. The Child as Natural Phenomenologist：Primal and Primary Experience in Merleau – Ponty's Psychology ［M］. Evanston：Northwestern University Press，2013：56.

为通感的最初层次，正是所有感知赖以分化的身体经验。❶

三、身体经验对心智的构建

从皮亚杰探讨智力的起源到今天，哲学、心理学、脑科学领域中，对心智这一主题感兴趣的研究者们凝聚成一股共同的趋势——探索心智、意识、自我的起源问题。同时，人们也达成了一个共识：身体经验是心智发生、发展的重要来源。前文提到了叔本华、尼采、威廉·詹姆斯以及生命哲学家狄尔泰和柏格森在 19 世纪末强调了身体的认识论意义，梅洛－庞蒂在 20 世纪 40 年代系统阐述了身体经验如何参与知觉的形成。除此之外，当代研究者在探讨心智从何而来的问题时，同样论证了身体的重要性。语言学家莱考夫和约翰逊论述了语言和概念如何受身体经验的塑造❷；脑神经科学家达玛吉欧将来自身体内的感觉信号视为原始感觉的唯一来源，原始感觉直接参与原我的形成，进而促进核心自我的诞生❸；汉弗莱（Humphrey）认为，意识最为核心的特征即感受，感受在低等动物的身体表面发生偶联和反馈，随着神经系统向内伸展而使感觉和反应逐渐去耦合并实现两种表征分化，这成为意识演化进程中的关键一步。❹这些研究者以意识和心智为视角，在探索其起源问题时，揭示了身体的现象性，确立了"心智、意识和自我起源于身体感受"这一主张。由此，意识、心灵、心身交换等概念得到澄清，心智、意识和自我的起源问题得以展开，而心－身问题则获得了更具启发性和建设性的内涵。

---

❶ MERLEAU – PONTY M. Phenomenology of Perception［M］. London：Routledge，2002：264.

❷ LAKOFF G，JOHNSON M. Philosophy in the Flesh：The Embodied Mind and Its Challenge to Western Thought［M］. New York：Basic Books，1999.

❸ ［美］安东尼欧·达玛吉欧. 意识究竟从何而来？——从神经科学看人类心智与自我的演化［M］. 陈雅馨，译. 台北：商周出版社，2012.

❹ HUMPHREY N. A History of the Mind：Evolution and the Birth of Consciousness［M］. New York：Simon & Schuster，1992.

参考文献

[1] [德] 埃德蒙德·胡塞尔. 内时间意识现象学 [M]. 倪梁康, 译. 北京: 商务印书馆, 2009.

[2] [加] 埃文·汤普森. 生命中的心智: 生物学、现象学和心智科学 [M]. 李恒威, 李恒熙, 徐燕, 译. 杭州: 浙江大学出版社, 2013.

[3] [美] 安东尼欧·达玛吉欧. 意识究竟从何而来?——从神经科学看人类心智与自我的演化 [M]. 陈雅馨, 译. 台北: 商周出版社, 2012.

[4] [美] B. J. 瓦兹沃思. 皮亚杰的认知和情感发展理论 [M]. 徐梦秋, 沈明明, 译. 厦门: 厦门大学出版社, 1989.

[5] [美] 保罗·M. 丘奇兰德, 田平. 功能主义40年: 一次批判性的回顾 [J]. 世界哲学, 2006 (5): 23–34.

[6] [加] 保罗·萨伽德. 心智: 认知科学导论 [M]. 朱菁, 陈梦雅, 译. 上海: 上海辞书出版社, 2012.

[7] [美] 布鲁斯·罗森布鲁姆, 弗雷德·库特纳. 量子之谜——物理学遇到意识 [M]. 向真, 译. 长沙: 湖南科学技术出版社, 2013.

[8] [美] 丹尼尔·丹尼特. 心灵种种——对意识的探索 [M]. 罗军, 译. 上海: 上海科学技术出版社, 2010.

[9] [美] E. G. 波林. 实验心理学史 [M]. 高觉敷, 译. 北京: 商务印书馆, 1982.

[10] [德] 恩斯特·卡西尔. 人文科学的逻辑 [M]. 关子尹, 译. 上海: 上海译文出版社, 2013.

[11] [智] F. 瓦雷拉, [加] E. 汤普森, [美] E. 罗施. 具身心智: 认知科学和人类经验 [M]. 李恒威, 李恒熙, 王球, 等译. 杭州: 浙江大学出版社, 2010.

[12] [英] Chris Frith. 心智的构建: 脑如何创造我们的精神世界 [M]. 杨南昌, 等译. 上海: 华东师范大学出版社, 2012.

［13］高申春. 冯特心理学遗产的历史重估［J］. 心理学探新，2002，22（1）：3－7.

［14］高申春. 范式论心理学史批判［J］. 自然辩证法研究，2005，21（9）：29－32.

［15］高申春. 心理学：危机的根源与革命的实质——论冯特对后冯特心理学的关系［J］. 吉林大学社会科学学报，2005，45（5）：150－155.

［16］高申春. 心灵的适应——机能心理学［M］. 济南：山东教育出版社，2009.

［17］高申春. 心理学的困境与心理学家的出路——论西格蒙·科克及其心理学道路的典范意义［J］. 社会科学战线，2010（1）：34－39.

［18］［美］H. D. 阿金. 思想体系的时代：十九世纪的哲学家［M］. 王国良，李飞跃，译. 北京：光明日报出版社，1989.

［19］［美］赫伯特·施皮格伯格. 现象学运动［M］. 王炳文，张金言，译. 北京：商务印书馆，2011.

［20］［美］杰拉尔德·埃德尔曼. 第二自然——意识之谜［M］. 唐璐，译. 长沙：湖南科学技术出版社，2010.

［21］［美］克里斯托夫·科赫. 意识探秘：意识的神经生物学研究［M］. 顾凡及，侯晓迪，译. 上海：上海科学技术出版社，2012.

［22］［美］劳伦斯·夏皮罗. 具身认知［M］. 李恒威，董达，译. 北京：华夏出版社，2014.

［23］［美］雷·斯潘根贝格，黛安娜·莫泽. 科学的旅程［M］. 郭奕玲，陈蓉霞，沈慧君，译. 北京：北京大学出版社，2008.

［24］［加］罗伯特·J. 斯坦顿. 认知科学中的当代争论［M］. 杨小爱，译. 北京：科学出版社，2015.

［25］［美］罗姆·哈瑞. 认知科学哲学导论［M］. 魏屹东，译. 上海：上海科技教育出版社，2006.

［26］［美］M. 怀特. 分析的时代：二十世纪的哲学家［M］. 杜任之，译. 北京：商务印书馆，1987.

［27］［德］马丁·海德格尔. 存在与时间［M］. 陈嘉映，王庆节，译. 北京：生活·读书·新知三联书店，2006.

［28］［法］莫里斯·梅洛－庞蒂. 行为的结构［M］. 杨大春，张尧均，译. 北京：商务印书馆，2010.

［29］［美］诺姆·乔姆斯基. 语言与心智［M］. 3版. 熊仲儒，张孝荣，译. 北京：中

国人民大学出版社，2015.

[30] 庞学铨. 身体性理论：新现象学解决心身关系的新尝试 ［J］. 浙江大学学报（人文社会科学版），2001，31（6）：5－13.

[31] 彭聃龄. 普通心理学 ［M］. 4 版. 北京：北京师范大学出版社，2012.

[32] ［美］乔治·莱考夫，马克·约翰逊. 我们赖以生存的隐喻 ［M］. 何文忠，译. 杭州：浙江大学出版社，2015.

[33] ［美］R. M. 加涅. 学习的条件与教学论 ［M］. 皮连生，等译. 上海：华东师范大学出版社，1999.

[34] ［瑞士］让·皮亚杰. 儿童智力的起源 ［M］. 高如峰，陈丽霞，译. 北京：教育科学出版社，1990.

[35] ［瑞士］让·皮亚杰. 智力心理学 ［M］. 严和来，译. 北京：商务印书馆，2015.

[36] 苏得权，钟元，曾红，等. 汉语动作成语语义理解激活脑区及其具身效应：来自 fMRI 的证据 ［J］. 心理学报，2013，45（11）：1187－1199.

[37] ［美］T. H. 黎黑. 心理学史：心理学思想的主要趋势 ［M］. 刘恩久，宋月丽，骆大森，等译. 上海：上海译文出版社，1990.

[38] 王申连，郭本禹. 奈塞尔：认知心理学开拓者 ［M］. 广州：广东教育出版社，2012.

[39] ［德］韦尔海姆·狄尔泰. 人文科学导论 ［M］. 赵稀方，译. 北京：华夏出版社，2004.

[40] ［美］威廉·詹姆斯. 彻底的经验主义 ［M］. 庞景仁，译. 上海：上海人民出版社，2006.

[41] ［美］威廉·詹姆斯. 心理学原理 ［M］. 方双虎，等译. 北京：北京师范大学出版社，2019.

[42] 夏基松. 现代西方哲学 ［M］. 上海：上海人民出版社，2009.

[43] ［美］约翰·安德森. 认知心理学及其启示 ［M］. 秦裕林，程瑶，周海燕，等译. 北京：人民邮电出版社，2012.

[44] ［美］约翰·塞尔. 意识的奥秘 ［M］. 刘叶涛，译. 南京：南京大学出版社，2009.

[45] 张述祖. 西方心理学家文选 ［M］. 北京：人民教育出版社，1983.

[46] ［加］泽农·W. 派利夏恩. 计算与认知：认知科学的基础 ［M］. 任晓明，王左立，译. 北京：中国人民大学出版社，2007.

[47] ADAMS F, AIZAWA K. The Bounds of Cognition [J]. Philosophical Psychology, 2001, 14: 43 – 64.

[48] AUSUBEL D P. The Psychology of Meaningful Verbal Learning [M]. New York: Grune and Stratton, 1963.

[49] BALLARD D, et al. Deictic codes for the embodiment of cognition [J]. Behaves & Brain Sciences, 1997, 20: 723 – 767.

[50] BLOCK N. Are Absent Qualia Impossible? [J]. The Philosophical Review, 1980, 89 (2): 257 – 274.

[51] BLOCK N. Troubles with Functionalism [A] // BLOCK N. Readings in the Philosophy of Psychology. Cambridge: Harvard University Press, 1980: 268 – 305.

[52] BROOKS R. Intelligence Without Representation [J]. Artificial Intelligence, 1991, 47: 139 – 159.

[53] BRUNER J S. Beyond the Information Given [M]. New York: Norton, 1973.

[54] CLARK A. An Embodied Cognitive Science? [J]. Trends in Cognitive Sciences, 1999, 3 (9): 345 – 351.

[55] CLARK A. Supersizing the Mind: Embodiment, Action, and Cognitive Extension [M]. Oxford: Oxford University Press, 2008.

[56] COMTE A. The Positive Philosophy [M]. MARTINEAU H (Trans.). London: George Bell & Sons, 1896.

[57] DENNETT D. Toward a Cognitive Theory of Consciousness [A] // SAVAGE C W. Minnesota Studies in the Philosophy of Science (Vol. 9). Minneapolis: University of Minnesota Press, 1978.

[58] DENNETT D. Elbow Room: The Varieties of Free Will Worth Wanting [M]. Cambridge: MIT Press, A Bradford Book, 1984.

[59] DESCARTES R. Discourse on Method and Meditations on First Philosophy [M]. CRESS D A (Trans.). Indianapolis: Hackett Publishing Company, 1998.

[60] DILTHEY W. Descriptive Psychology and Historical Understanding [M]. ZANER R M, HEIGES K L (Trans.). Hague: Martinus Nijhoff, 1977.

[61] EDELMAN G M. Wider than the Sky: The Phenomenal Gift of Consciousness [M]. New Haven: Yale University Press, 2004.

［62］ FRIEDERICI A D. Neurophysiological Aspects of Language Processing ［J］. Clinical Neu-
roscience, 1997 （4）: 64 – 72.

［63］ GIBSON J. The Ecological Approach to Visual Perception ［M］. Boston: Houghton – Miff-
lin, 1979.

［64］ GLENBERG A, KASCHAK M. Grounding Language in Action ［J］. Psychonomic Bulle-
tin & Review, 2002, 9 （3）: 558 – 565.

［65］ GOLDMAN A I. A Moderate Approach to Embodied Cognitive Science ［J］. Review of
Philosophy and Psychology, 2012, 3 （1）: 71 – 88.

［66］ HACKLEY S, WOLDORFF M, HILLYARD S. Cross – modal Selective Attention Effects
on Retina, Myogenic, Brainstem, and Cerebral Evoked Potentials ［J］. Psychophysiolo-
gy, 1990, 27 （2）: 195 – 208.

［67］ HAUK O, JOHNSRUDE I, PULVEMÜLLER F. Somatotopic Representation of Action
Words in Human Motor and Premotor Cortex ［J］. Neuron, 2004, 41 （2）: 301 – 307.

［68］ HELD R, HEIN A. Adaptation of Disarranged Hand – Eye Coordination Contingent upon
Re – Afferent Stimulation ［J］. Perceptual and Motor Skills, 1958, 8 （3）: 87 – 90.

［69］ HUMPHREY N. A History of the Mind: Evolution and the Birth of Consciousness ［M］.
New York: Simon & Schuster, 1992.

［70］ HUMPHREY N. How to Solve the Mind – body Problem ［J］. Journal of Consciousness
Studies, 2000, 7 （4）: 5 – 20.

［71］ HUSSERL E. The Crisis of European Sciences and Transcendental Phenomenology ［M］.
CARR D （Trans. ）. Evanston: Northwestern University Press, 1970.

［72］ JACKENDOFF R. Consciousness and the Computational Mind ［M］. Cambridge: MIT
Press, A Bradford Book, 1987.

［73］ JAMES W. Essays in Radical Empiricism ［M］. New York: Longman Green and
Co. , 1912.

［74］ JOHNSON M. The Body in the Mind: The Bodily Basis of Imagination, Reason, and
Meaning ［M］. Chicago: University of Chicago Press, 1987.

［75］ LAKOFF G. Women, Fire and Dangerous Things: What Categories Reveal about the Mind
［M］. Chicago: University of Chicago Press, 1987.

［76］ LAKOFF G. How the Body Shapes Thought: Thinking with an All too Human Brain

〔A〕// SANFORD A J. The Nature and Limits of Human Understanding: The 2001 Gifford Lectures at the University of Glasgow. Edinburgh: T. & T. Clark Publishers, Ltd., 2001: 49 – 74.

〔77〕LAKOFF G, JOHNSON M. Philosophy in the Flesh: The Embodied Mind and Its Challenge to Western Thought〔M〕. New York: Basic Books, 1999.

〔78〕LINDLBOM J, ZIEMKE T. The Body – in – Motion and Social Scaffolding: Implications for Human and Android Cognitive Development〔J〕. Cognitive Science and Society, 2005: 87 – 95.

〔79〕MARTIN J. A Computational Model of Metaphor Interpretation〔M〕. San Diego: Academic Press Professional, Inc., 1990.

〔80〕MARTIN A, WIGGS C L, UNGERLEIDER L G, et al. Neural Correlates of Category – Specific Knowledge〔J〕. Nature, 1996, 379 (15): 649 – 652.

〔81〕MATTEWS E. The Philosophy of Merleau – Ponty〔M〕. Montreal & Kingston, Ithaca: McGill – Queen's University Press, 2002.

〔82〕MERLEAU – PONTY M. Phenomenology of Perception〔M〕. SMITH C (Trans.). London: Routledge and Kegan Paul, 1962.

〔83〕MERLEAU – PONTY M. The Structure of Behavior〔M〕. FISHER A L (Trans.). Boston: Beacon Press Boston, 1963.

〔84〕MERLEAU – PONTY M. Sense and Non – sense〔M〕. DREYFUS H L, DREYFUS P A (Ttrans.). Evanston: Northwestern University Press, 1964.

〔85〕MERLEAU – PONTY M. The Visible and the Invisible〔M〕. LINGIS A (Ttrans.). Evanston: Northwestern University Press, 1968.

〔86〕NAGEL T. What is It Like to be a Bat?〔J〕. The Philosophical Review, 1974, 83 (4): 435 – 450.

〔87〕NEISSER U. Cognitive Psychology〔M〕. New York: Appleton Century Crofts, 1967.

〔88〕NEISSER U. Cognition and Reality: Principles and Implications of Cognitive Psychology〔M〕. New York: W. H. Freeman and Company, 1976.

〔89〕NEISSER U, NOVICK R, LAZAR R. Searching for Ten Targets Simultaneously〔J〕. Perceptual and Motor Skills, 1963, 17: 955 – 961.

〔90〕NEWELL A, SIMON H. Computer Simulation of Human Thinking〔J〕. Science, 1961,

134（3495）：2011 - 2017.

[91] OAKSFORD M, CHATER N. A Rational Analysis of the Selection Task as Optimal Data Selection [J]. Psychological Review, 1994, 101：608 - 631.

[92] PULVERMÜLLER F. Words in the Brain's Language [J]. Behavioral and Brain Science, 1999, 22（2）：253 - 279.

[93] PULVEMÜLLER F, HAUK O, NIKULIN V, et al. Functional Links between Motor and Language Systems [J]. European Journal of Neuroscience, 2005, 21（3）：793 - 797.

[94] PYLYSHYN Z W. Cognition and Computation：Issues in the Foundations of Cognitive Science [J]. Bahavioral and Brain Sciences, 1980, 3（1）：111 - 132.

[95] RUSSELL, B. The History of Western Philosophy [M]. New York：Simon and Schuster, Inc., 1945.

[96] SEARLE J R. Minds, Brains, and Programs [J]. Behavioral and Brain Sciences, 1980, 3（3）：417 - 457.

[97] SMALL S, BUCCINO G, SOLODKIN A. The Mirror Neuron System and Treatment of Stroke [J]. Developmental Psychobiology, 2010：293 - 310.

[98] SUSAN G M. Hearing Gesture：How Our Hands Help Us Think [M]. Cambridge：Harvard University Press, 2003.

[99] THELEN E, SCHONER G, SCHEIER C, et al. The Dynamics of Embodiment：A Field Theory of Infant Perseverative Reaching [J]. Behavioral and Brain Sciences, 2001, 24（1）：1 - 86.

[100] VARELA F. Neurophenomenology：A methodological Remedy for the Hard Problem [J]. Journal of Consciousness Studies, 1996, 3（4）：340.

[101] VARELA F, THOMPSON E, ROSCH E. The Embodied Mind：Cognitive Science and Human Experience [M]. Cambridge：MIT Press, 1991.

[102] WELSH T. The Child as Natural Phenomenologist：Primal and Primary Experience in Merleau - Ponty's Psychology [M]. Evanston：Northwestern University Press, 2013.

[103] WILLIAM R U. Dualism：The Original Sin of Cognitivism [M]. Durham：Acumen Publishing Limited, 2006.

后　记

这本著作是以我的博士论文为主体，同时加入了近几年的一些研究心得整合而成的。当我因构思这本书的后记而重新翻看博士论文的后记时，仍然觉得那时的感悟是如此鲜活地表达了这一成果的生成历程。因此，本书的后记也是以博士论文的后记与感悟为主。

一篇博士论文乃至整个读博的历程对于一个人是至关重要的。抛却文本本身的学术价值不谈，单单是论文选题、构思、写作的整个过程就充满了令人难忘而深刻的生命体验，它会将人置于最彻底的绝望之中，也会给人带来最充实、最清晰的时间刻度。所以这则后记大抵是我读博期间生活过往的抒怀。

2012 年，硕士毕业五年后，我带着无比复杂的心情重新回到吉林大学攻读博士学位。关于世界末日的传说以及母亲的离世使那一年在记忆里呈现出如梦如幻的色调。人都说，不管多大年纪，只要有母亲在，就还可以是孩子。所以从那一年起，我身上的稚气完全褪去了。如今早已是不惑之年，历经诸多人生无常，感悟从生到死的跨度里，应该无所谓绝对意义上的成功与失败，那些生命里无法逃脱的幸与不幸、痛苦与欢乐大概都是"活着"这个命题赋予生者的体验之花，不管怎样都是美的。

选择读博，是因为感到自己功力浅薄，需要回炉再造。作为一名心理学专任教师，在"心理学史"的教学中，我一直被心身关系问题所困扰。因此，怀着一颗虔诚的求学之心回到吉林大学哲学社会学院，这里的哲学研究氛围令人心驰神往。于是带着对心身关系问题的思考，我开启了读博生涯。可以说，整个读博过程是对这一问题逐步深入理解的递进之旅。我很幸运，通过对心身关系问题的思考打开了一扇通往学术领域的门户，对脑神经科学、心灵哲学这些学科的接触和了解拓宽了我的学术视野，并最终形成了我的博士论文以及现在的这本专著。

我时常凝望校园里的树木感慨时间匆匆，不论是在吉林大学读博时的高大杨树，还是回到新疆师范大学后的白桦。十年树木，百年树人。读博的五年，我对人生形成了一个相对系统的观点，并终于超脱出以前的偏狭和执拗，得以洞悉一种智慧的活法，愈发地了解自我并明确想去践行的人生。

读博历程中的收获以及我日后学术态度的养成，都得益于我的恩师高申春教授的引领与指导。在硕士期间，高老师严谨治学的态度和追求真理的志趣就已令吾辈崇敬之至，而其贵重的人品和宽厚的胸襟更令我常怀感念之心。在此，感谢高老师的引领使我得以进入学术之门，感谢老师在我忧思困顿时给予的耐心教诲。感谢吉林大学的包容和馈赠，让我不断增长见识并得以目睹诸多学者的风采，聆听他们厚积薄发的思想积淀，从他们身上，我看到了学者应有的豁达、自信、持重等人格魅力，他们将成为我一生追逐效仿的榜样。

同时，我在学术道路上的每一步成长还要归功于我的家人，感谢他们多年来的支持和鼓励，让我得以撇开繁文缛节，潜心治学；感谢我的先生在我最失落和绝望时给予的安慰和陪伴；感谢我的工作单位新疆师范大学的资助；感谢出现在我生命里的所有可爱的朋友们，你们的真诚和情谊是柔软而温存的暖流，不断灌溉我的心田。

最后，感谢知识产权出版社王颖超编辑的辛勤工作与鼎立相助，从确立出版意向到签订合同，再到校对文稿、出版成书，王老师真诚而朴素的沟通方式时常令我如沐春风。感谢所有对本书出版给予助力的审校老师，是你们让这本著作得以最终示人。

李莉莉

2024 年初冬于新疆师范大学温泉校区